本书由深圳市可持续发展专项(KCXFZ20201221173413037)资助出版

中国水环境治理产业发展研究报告（2022）

ANNUAL REPORT ON THE DEVELOPMENT OF WATER ENVIRONMENT GOVERNANCE INDUSTRY IN CHINA (2022)

水环境治理产业技术创新战略联盟
深圳市华浩淼水生态环境技术研究院
主编

河海大学出版社
HOHAI UNIVERSITY PRESS
·南京·

图书在版编目(CIP)数据

中国水环境治理产业发展研究报告. 2022 / 水环境治理产业技术创新战略联盟，深圳市华浩淼水生态环境技术研究院主编. -- 南京 ：河海大学出版社，2023.11

ISBN 978-7-5630-8495-1

Ⅰ. ①中… Ⅱ. ①水… ②深… Ⅲ. ①水环境—环境综合治理—产业发展—研究报告—中国—2022 Ⅳ. ①X321.2

中国国家版本馆 CIP 数据核字(2023)第 213372 号

书　　名	**中国水环境治理产业发展研究报告(2022)** ZHONGGUO SHUIHUANJING ZHILI CHANYE FAZHAN YANJIU BAOGAO (2022)
书　　号	ISBN 978-7-5630-8495-1
责任编辑	周　贤
责任校对	张心怡
封面设计	张育智　周彦余
出版发行	河海大学出版社
地　　址	南京市西康路 1 号(邮编:210098)
电　　话	(025)83737852(总编室)　(025)83787763(编辑室) (025)83722833(营销部)
经　　销	江苏省新华发行集团有限公司
排　　版	南京布克文化发展有限公司
印　　刷	江苏凤凰数码印务有限公司
开　　本	787 毫米×1092 毫米　1/16
印　　张	16.75
字　　数	333 千字
版　　次	2023 年 11 月第 1 版
印　　次	2023 年 11 月第 1 次印刷
定　　价	128.00 元

《中国水环境治理产业发展研究报告(2022)》编委会

主　任

刘国栋　孔德安

副主任

倪晋仁　张建民　宋永会　彭文启　王沛芳　戴济群　陈晨宇　杨小毛
周　文　张　平　高徐军　吕新建　吕海江　赵晓峰　王正发　孙加龙
唐颖栋　魏　俊

主　编

孔德安

执行主编

田卫红

副主编

王　莹

编写人员

深圳市华浩淼水生态环境技术研究院

王　莹　宋云龙　李芸溪　郭　飞　刘大地　宋瑶君

中电建生态环境集团有限公司

柯雪松

中国电建集团华东勘测设计研究院有限公司

王旭航　赵思远　郭　聪　王韶伊　霍怡君

序

习近平总书记在党的二十大报告中指出，“中国式现代化是人与自然和谐共生的现代化”。“我们要推进美丽中国建设，坚持山水林田湖草沙一体化保护和系统治理，统筹产业结构调整、污染治理、生态保护、应对气候变化，协同推进降碳、减污、扩绿、增长，推进生态优先、节约集约、绿色低碳发展。”中国生态环境产业要加快发展方式的绿色转型，深入推进环境污染防治，提升生态系统多样性、稳定性、持续性，积极稳妥地推进碳达峰、碳中和。

自“十三五”以来，在习近平生态文明思想的引领下，中国生态环境事业取得历史性成就，生态文明建设从认识到实践都发生了历史性、转折性、全局性变化，创造了举世瞩目的生态奇迹和绿色发展奇迹：污染防治攻坚向纵深推进，绿色、循环、低碳发展迈出坚实步伐，生态环境保护发生历史性、转折性、全局性变化；传统生态环境领域成效显著，水体污染治理、大气污染治理、无废城市建设稳步推进；碳达峰与碳中和的战略全面推进，氢能、储能、碳监测与碳交易等相关行业迅猛发展，智慧技术在生态环境和绿色服务中的应用方兴未艾。在相应的生态环境领域涌现出一大批优秀企业、技术和工程，推动中国生态环境事业长足发展。

为响应习近平总书记提出的“推动绿色发展，促进人与自然和谐共生”号召，编者及所在团体在深耕水环境治理产业研究的基础上，拓展到开展生态环境治理工作所涉及的水处理、固废处理、“双碳”产业、储能产业、绿色服务等绿色产业领域。鉴于编者此前已连续编写并出版《中国水环境治理产业发展研究报告(2019)》《中国水环境治理产业发展研究报告(2020)》《中国水环境治理产业发展研究报告(2021)》,打造了“生态环境产业绿皮书”品牌,因此本书仍以水处理技术及行业发展研究作为开篇,以《中国水环境治理产业发展研究报告(2022)》(以下简称《产业报告 2022》)为名。《产业报告 2022》对绿色产业的关键技术、产业特征、国内外发展现状、竞争格局与前景趋势等进行了针对性剖析,以期有利于中国生态环境产业高质量发展,奋力开创生态环境保护事业新局面,稳步迈向美丽中国的美好新图景。

现将《产业报告 2022》总结的中国绿色产业发展的最新情况与从业者们分享,希望能对中国特色生态环境产业发展起到一定的促进作用。

2023 年 7 月于深圳

前　言

党的十八大以来，以习近平同志为核心的党中央大力推进生态文明建设，提出“生态兴则文明兴，生态衰则文明衰”，把生态环境的价值上升到文明兴衰的高度。2022年10月16日，习近平总书记在党的二十大报告中强调“中国式现代化是人与自然和谐共生的现代化”，“推动绿色发展，促进人与自然和谐共生”。

水环境治理产业技术创新战略联盟（以下简称“水环境联盟”）是在政府相关部门的指导和支持下成立的技术创新合作组织，现有成员单位近200家，涵盖了知名高校、科研院所和水环境治理产业链各个环节的优秀企业。为全力推动水环境治理产业的发展，水环境联盟实体机构——深圳市华浩淼水生态环境技术研究院（以下简称“华浩淼研究院”）发起编写了《中国水环境治理产业发展研究报告》（以下简称《产业报告》）并定期对外发布。

2019年，华浩淼研究院组织6家理事单位、8家水环境联盟成员单位共同完成了《产业报告2019》的编写，该报告于2020年3月正式出版发行，共计68万字。《产业报告2019》对水环境治理和水环境治理产业做出了明确界定，对水环境治理产业链的上游、中游、下游进行了清晰划分，其内容涵盖了水环境治理产业的背景和政策、重点领域和重点区域的水环境治理情况、水环境治理产业的发展前景等。

2020年及2021年，《产业报告》在前期基础上继续提升。《产业报告2020》结合城市水系统公共卫生安全、智慧水务、海绵城市、无废城市等热点问题对水环境治理产业的发展进行深度剖析，并针对“十四五”时期水环境治理产业的发展前景凝练出了“十大热点”;《产业报告2021》开展了水美乡村建设、高原湖泊水生生态系统保护、绿色低碳型污水处理技术、绿色产业基金等方面的专题研究。此外,华浩淼研究院2020及2021年度品牌活动——“绿色产业创新创业大赛”上的优胜项目也被收入报告附录,为生态环境产业的创新发展注入了活力。

“共筑梦想 创赢未来”绿色产业创新创业大赛自2020年创办至今已成功举办三届。三年来,绿色产业创新创业大赛吸引了众多“专精特新”企业、科研机构、投融资机构、社会组织等参与赛事,挖掘了一大批绿色产业优秀项目。为推动绿色发展,推广绿色产业创新创业大赛及优秀项目,组委会编写了《产业报告2022》,包括以水处理领域为代表的8篇专题报告。《产业报告2022》对绿色产业的关键技术、产业特征、国内外发展现状、竞争格局与前景趋势进行了针对性剖析,并且各专题报告均编入了相关领域的绿色产业创新创业大赛优秀项目介绍。

《产业报告2022》是编委会和国际、国内众多参赛选手多年的智慧结晶,也是深入贯彻习近平生态文明思想生动的实践,对政府、科技企业和投融资机构等极具参考价值,对推动中国绿色高质量发展,实现人与自然和谐共生的中国式现代化具有积极作用。

由于编制时间有限,书中难免有疏漏,恳请读者批评、指正。

目　录

第1篇

水处理产业创新发展研究

第 1 章　水处理概述

1.1　水处理的定义

水处理是指为使水质达到一定使用标准，而采取的物理、化学措施。此处的水处理指污水处理，不含给水。按处理对象或目的的不同，有工业废水处理和市政污水处理两大类。按处理方法的不同，有物理水处理、化学水处理、生物水处理等。水的温度、颜色、透明度、气味、味道等物理特性是判断水质好坏的基本标准。水的化学特性，如其酸碱度、所溶解的固体物浓度和氧气含量等，也是判断水质的重要标准。

1.2　水处理的基本方法

不同的水处理系统所采取的水处理方式有所不同，可以根据水的使用场景的不同进行分类，如表 1-1 所示。

表 1-1　水处理系统分类

	系统种类	简述
工业水处理	锅炉水	阻垢、防腐，防止锅炉结垢与腐蚀
	工业废水	达标排放，避免环境污染
	污水处理与中水回用	提高水的利用效率，减少甚至实现液体零排放
	工艺用水	满足特定生产工艺对水的要求（如除盐水、工艺用水供应等）
市政水处理	中央空调水	阻垢、防腐、控制微生物繁殖，防治中央空调循环水系统结垢、腐蚀、黏泥
	城市景观水	絮凝、沉降、灭藻、去异味
	雨水收集	增加水的供应，减少水的供需矛盾
	海绵城市建设	雨污分流、减少污染、增加水资源供应，初期雨水污染治理
	黑臭河建设	截污，底泥治理生态修复污水处理
	城市污水	回收再利用、达标排放，减少环境污染
	海水淡化	增加水的供应，减少水的供需矛盾

水处理的基本方法包含了物理法、物理化学法和生物法等，以去除废水中的固体、有机物、病原菌等，如图 1-1 所示。

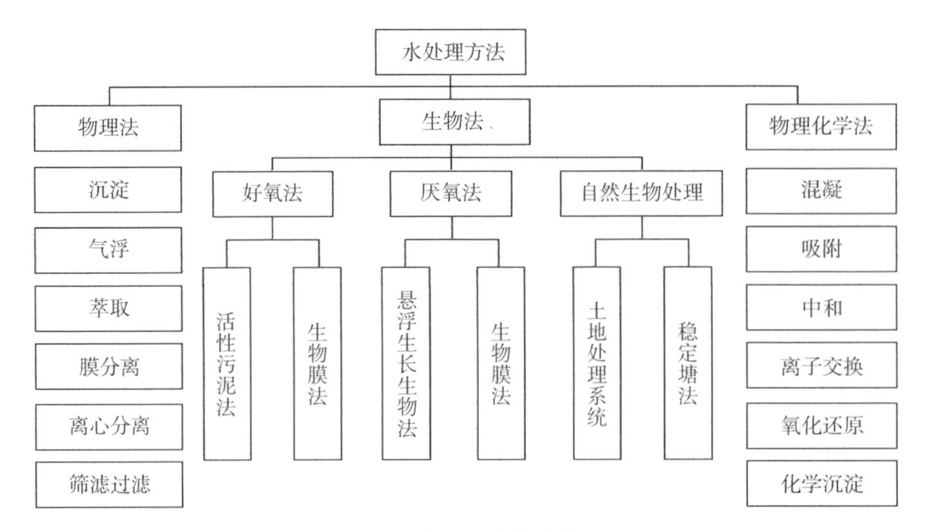

图 1-1 水处理的基本方法

1.3 水处理行业的发展历程

水处理的历史可追溯到古罗马时期，那个时期环境容量大，水体的自净能力也能够满足人类的用水需求，人们仅需考虑排水问题即可。随着城市化进程加快，生活污水通过传播病原体引发了传染病的蔓延，出于健康的考虑，人类开始对排放的生活污水进行处理。不仅如此，由于经济发展迅速，人们发现传统给水处理工艺已经难以满足社会的用水需求，污水再利用的工艺也成为人们的关注点。为了提高水质，改善环境，以生态学原理为基础的土地灌溉、氧化塘等污水处理技术也发展了起来。

生物膜法。1881 年，法国科学家发明了一座生物反应器，也是第一座厌氧生物处理池——Moris 池诞生，拉开了生物法处理污水的序幕。1912 年，英国皇家污水处理委员会提出以五日生化需氧量（BOD_5）来评价水质的污染程度。生物膜技术在 20 世纪 60 至 70 年代，随着新型合成材料的大量涌现再次发展起来，主要工艺有生物滤池、生物转盘、生物接触氧化、生物流化床等。

活性污泥法。1914 年，Arden 和 Lokett 在英国化学工学会上发表了一篇关于活性污泥法的论文，并于同年在英国曼彻斯特市开创了世界上第一座活性污泥法污水处理试验厂。1936 年提出的渐曝气活性污泥法（TAAs）和 1942 年提出的阶段曝气法（SFAS），分别从曝气方式及进水方式上改善了供氧平衡。1950 年，美国的 Mckinney 提出了完全混合式活性污泥法。

A^2O（厌氧-缺氧-好氧）工艺。该工艺是 20 世纪 70 年代，美国专家在厌氧-好氧磷工艺的基础上开发出来的，其同时具有脱氮除磷的功能。1986 年，我国建设的广州大坦沙污水处理厂采用了 A^2O 工艺，当时的设计处理水量为15万吨，是当时世界上最大的采用 A^2O 工艺的污水处理厂。

氧化沟工艺。1953年，荷兰的公共卫生工程研究协会的Pasveer研究所提出了氧化沟工艺，也被称为“帕斯维尔沟”。1967年，荷兰DHV公司开发研制了卡鲁塞尔（Carroussel）氧化沟。1970年，美国的Envirex公司投放生产了奥贝尔（Orbal）氧化沟。20世纪80年代，我国城镇的污水处理主要推广氧化沟工艺。

两段法工艺。20世纪70年代中期，德国的Botho Bohnke教授开发了AB法工艺。该工艺在传统两段法的基础上进一步提高了A段的污泥负荷，以高负荷、短泥龄的方式运行。其后，为了解决脱氮时硝化菌需要长泥龄，除磷时聚磷微生物需要短泥龄的矛盾，开发了AO-A^2O 工艺。奥地利研发出了Hybrid工艺，该工艺的两段之间有3个内回流装置，可以为第一段曝气池提供硝态氮、硝化菌以及为第二段曝气池提供碳源。

第2章　水处理技术工艺

2.1　水处理技术工艺概述

三级水处理工艺是现代污水处理技术的主要工艺（图1-2）。一级污水处理工艺主要去除污水中的悬浮固体污染物质，物理处理法大部分只能完成一级处理要求；二级污水处理工艺主要去除污水中呈交替和溶解性状态的有机污染物，主要采用生物处理法；三级污水处理工艺（即深度处理工艺），是在一级、二级处理后，进一步去除难以降解的有机物、氮、磷等能够导致水体富营养化的可溶性有机物等。

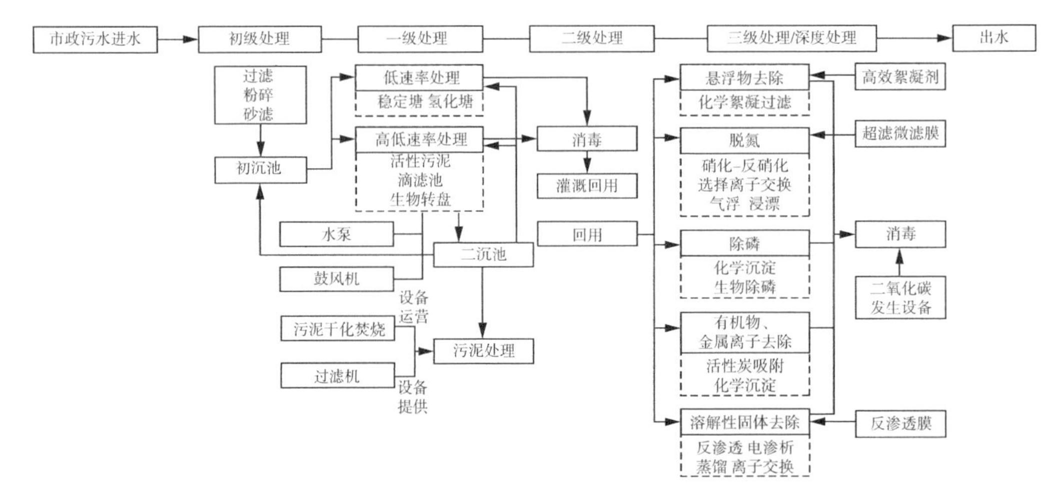

图1-2　污水处理工艺流程

一级处理工艺主要通过物理法实现固液分离，以去除水中的粗大颗粒和悬浮物（表1-2）。

表1-2　水处理一级处理常见工艺

方法	技术原理	常用设备
过滤法	利用过滤介质截流污水中的悬浮物	过滤介质有筛网、纱布、粒物； 常用的过滤设备有格栅、筛网、微滤机等

续表

方法	技术原理	常用设备
沉淀法	利用污水中的悬浮物和水的相对密度不同的原理，借助重力沉降作用使悬浮物从水中分离出来。根据水中悬浮颗粒的浓度及絮凝特性沉淀法可分为四种：1. 分离沉降（也称自由沉降）；2. 混凝沉淀（也称絮凝沉降）；3. 区域沉降（也称拥挤沉降、成层沉降）；4. 压缩沉淀	沉砂池：一般设在污水处理装置前，防止处理污水的其他机械设备受到磨损 沉淀池：利用重力的作用使悬浮性杂质与水分离。它可以分离直径为 20～100 μm 的颗粒。根据沉淀池内的水流方向，可将其分为平流式、辐流式和竖流式三种
浮选法	将空气通入污水中，并以微小气泡形式从水中析出成为载体，污水中相对密度接近于水的微小颗粒状的污染物质附在气泡上，并随气泡上升到水面，然后用机械的方法撇除，从而使污水中的污染物质得以从污水中分离出来	气浮池：一种主要运用大量微气泡捕捉、吸附细小颗粒胶黏物并使之上浮，以达到固液分离效果的池子 浮选机：在浮选机中经加入药剂处理后的污水，通过搅拌充气，使其中某些颗粒选择性地固着于气泡之上

二级处理工艺主要采用生物处理方法，以去除不可沉悬浮物和溶解性可生物降解有机物（表 1-3）。

表 1-3 水处理二级处理常见工艺

	技术原理	优势	劣势
活性污泥法	在人工充氧条件下，对污水和各种微生物群体进行连续混合培养，形成活性污泥。利用活性污泥的生物凝聚、吸附和氧化作用，以分解、去除污水中的有机污染物。然后使污泥与水分离，大部分污泥再回流到曝气池，多余部分则排出活性污泥系统。目前，国内外 95%以上的城市污水处理和 50%左右的工业废水处理都采用活性污泥法	具有很强的净化功能。去除 BOD（生化需氧量）可达到 95%以上；运行费用较低；适用范围广。适合于各种有机废水，大中小型污水处理厂	基建费、运行费高，能耗大，管理较复杂，易出现污泥膨胀现象；需建设多级反应池，增加基建投资费用及能耗；产生大量的剩余污泥，需要额外进行污泥无害化处理
生物膜法	在充分供氧条件下，用生物膜稳定和澄清废水的污水处理方法。生物膜是由高度密集的好氧菌、厌氧菌、兼性菌、真菌、原生动物以及藻类等组成的生态系统。经过充氧的污水以一定的流速流过生物膜时，膜中的微生物吸收、分解水中的有机物，使污水得到净化	管理方便，不发生污泥膨胀；产生的剩余污泥少；能够处理低浓度的污水	生物膜载体建设成本较高；处理效率比活性污泥法低；附着于固体表面的微生物量较难控制，操作伸缩性差

三级或深度处理工艺主要采用具有脱氮除磷工艺的生物处理方法，以去除水中的氮磷，部分还采用化学除磷法除磷；采用活性炭吸附法或反渗透法等，以去除水中剩余污染物；采用臭氧或氯消毒法等，以杀灭细菌和病毒。20 世纪 80 年代以前，我国污水处理厂主要采用传统活性污泥法的二级处理工艺；20 世纪 80 年代后，逐渐开发了氧化沟法、缺氧-好氧法（A/O）、厌氧-缺氧-好氧法（A^2O）、序批式活性污泥法（SBR）、膜生物反应器法（MBR）、曝气生物滤池法（BAF）等具有良好脱氮除磷功能的工艺。三级处理是污水最高处理措施，将经过二级处理的污水进行脱氮、脱磷处理，用活性炭吸附法或各类膜处理技术（如微滤、超滤、反渗透等）去除水中的剩余污染物，并用臭氧或氯消毒杀灭细菌和病毒，目前应用的技术主要包括常规工艺“老三段”、MBR 技术、生态塘工艺等（表 1-4）。

表 1-4 水处理三级处理常见工艺

方法	工艺特点	处理流程	下游用途
老三段	常规的三级处理工艺是在生物处理之后增加混凝、沉淀、过滤、消毒等处理过程，有砂滤、膜滤、反渗透、紫外线消毒、液氯、臭氧消毒等方式。单位水处理成本比较低	二级出水→混凝→臭氧脱色→机械加速澄清池→V 形滤池→紫外消毒→出水	满足农田灌溉用水、城市杂用水的水质要求
MBR 技术	MBR 技术即膜生物反应器技术，利用了膜分离的选择性和高效性，同时又利用了生物处理工程的有效性和彻底性，将水中的有害物质最大限度地除去。该工艺减少传统工艺大部分的处理单元，节省投资，耗能和传统水处理工艺相近	城市污水→曝气沉砂→MBR→臭氧脱色→二氧化氯消毒→出水	满足农业灌溉、城市杂用水、工业用水、景观环境用水中的河道类景观环境用水和景观湿地环境用水的水质要求
MBR＋DF 工艺	具有出水水质优良，操作压力低、运行能耗小，出水 pH 不降低、可直接回用等显著优势。随着双膜法水处理工艺技术的创新发展，成本会进一步降低	生活污水→预处理→MBR→DF→出水	满足再生水的所有用途对水质的要求
二级 RO（反渗透）工艺	借助压力使水分子强迫透过对水分子有选择透过作用的反渗透膜，即是反渗透净水的原理。反渗透装置根据各种物料的不同渗透压，可以使用大于渗透压的反渗透法进行分离、提取、纯化和浓缩。可除去水中 98%以上的溶解性盐类和 99%以上的胶体、微生物、微粒和有机物等	二级出水→过滤器→紫外消毒→微滤（MF）→一级 RO→pH 调节→二级 RO→加氯消毒→出水	满足再生水的所有用途对水质的要求
生态塘工艺	该工艺是污水经一定的前置处理后进入生态塘。利用生态塘的原有生态结构，结合人工强化手段（如人工增氧、放置微生物载体、投放水生动物、栽植水生植物、施用高效微生物菌剂）对污水中的有机物、N、P 等污染物进行高效降解、吸附、吸收处理，达到净化污水效果的同时，可以大幅度改善村镇水乡景观效果	二级出水→兼性塘→芦苇塘→曝气养鱼池→加氯消毒→出水	出水水质达到农业灌溉和水产养殖水体标准
曝气生物滤池	滤料层截留水体中的污染物，并被滤料上附着的生物降解转化，同时，溶解状态的有机物和特定物质也被去除，所产生的污泥保留在过滤层中，只让净化的水通过	二级出水→曝气生物池→过滤→消毒→出水	满足农业灌溉、简单工业用水以及城市杂用水的水质要求

本章将分别对膜法、化学法、活性污泥法与膜生物反应器法（MBR）、曝气生物滤池法（BAF）及移动床生物膜反应器法（MBBR）展开详细介绍。

2.2 膜法

膜法水处理相对于传统水处理方式具有能耗低、工艺简洁、水质应用范围广和出水水质大幅改善等诸多优势，目前已用于水净化、海水淡化和纯水制备等诸多领域。在城市污水的处理回用中，膜技术常用于二级处理后的深度处理。再生水工艺多以微滤（MF）、超滤（UF）代替常规的沉淀、过滤、吸附、除菌等预处理，以纳滤（NF）、反渗透（RO）进行水的软化和脱盐，目前使用最多的是微滤、超滤和膜生物反应器。随着膜价格的不断下降，膜技术在再生水处理中的应用将越来越广泛（表1-5）。

表1-5 水处理膜按孔径尺寸分类

膜种类	孔径大小（μm）	过滤效果	优势	劣势	应用场景
微滤（MF）	0.1～1	悬浮颗粒/细菌/大尺寸胶体	超大流量、无能耗保留住全部矿物质	不能直饮	化学工业水、溶剂、酸、碱等化学品过滤；生物化工菌体浓缩分离；电子工业超纯水制备；医疗领域无热源纯净水制备等
超滤（UF）	0.01～0.1	胶体/病毒/蛋白质/微生物/大分子有机物	运行压力低，有效去除细菌、病毒	不能有效去除溶解性物质	水处理超纯水和无菌水制造；高浓度活性污泥处理；化学工业胶乳回收；生物化工发酵产品浓缩精制；医药生理活性物质分离及精制等
纳滤（NF）	＜0.01	糖类/农药/小分子有机物/杀虫剂/重金属	允许低分子量溶质或低价离子透过，去除高分子量溶质或高价离子	系统运行压力、能耗介于超滤和反渗透之间	脱除溶液中的盐类及低分子物质；电子工业超纯水制备；食品果汁高度浓缩；医药生理活性物质浓缩、分离、精制等
反渗透（RO）	仅让水透过	溶解盐/原子/小分子/离子	水质安全稳定，能去除水中绝大部分溶解性物质	系统运行压力高，能耗大	海水淡化；下水的脱氮、脱磷、脱盐，水回收利用；化学工业石化废水处理；医药无菌水制造；农畜水产蛋白质回收；食品加工鱼油废水处理等

根据制造材质不同，水处理膜可分为无机膜和有机膜。无机膜主要是陶瓷膜、玻璃膜、金属膜，其过滤精度较低，选择性较小；有机膜由高分子材料加工而成，过滤精度较高，选择性大，广泛应用于污水资源化领域与工业特种分离等领域（图1-3）。

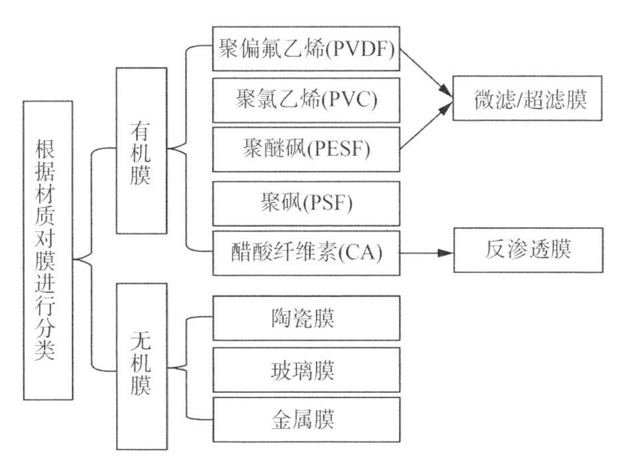

图1-3 水处理膜按制造材质分类

2.3 化学法

化学水处理技术指使用化学药剂来消除及防止结垢、腐蚀和菌藻滋生及进行水质净化的处理技术，是当前国内外公认的工业节水最普遍使用的有效手段。水处理药剂就是指用于水处理的化学品，又称水处理剂，被广泛应用于化工、石油、轻工、纺织、印染、建筑、冶金、机械、城乡环保等行业，以达到节约用水、防腐阻垢及净化废水的目的。中国水处理剂是随着现代水处理技术的引进而发展起来的，其开发时间比发达国家晚约30年，但发展速度很快，现已形成了自主研制、产业化的体系（图1-4）。

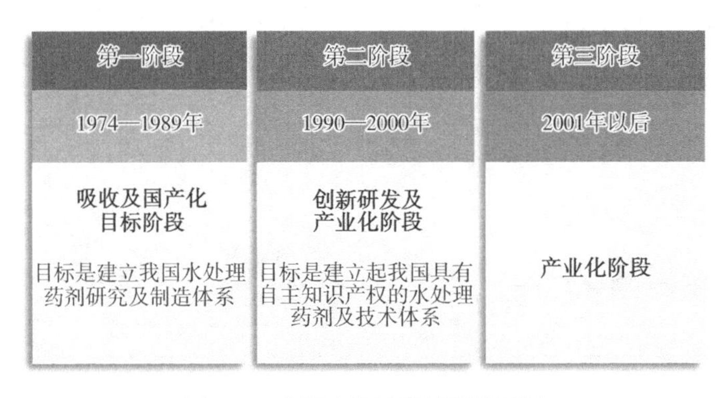

图1-4 中国水处理药剂发展历程

按照使用用途分类，水处理药剂可分为絮凝剂、阻垢分散剂、缓蚀剂等。絮凝剂是能使水溶液中的溶质、胶体或悬浮物颗粒产生絮状物沉淀的一种化合物；阻垢分散剂是能够控制污垢和水垢产生的一种物质；缓蚀剂则用于保护金属材料免受周围介质的作用而损坏；杀菌灭藻剂，又称杀生剂、杀菌剂，是一种能杀死水中细菌和其他简单生命体的化学品。此外，水处理药剂还包括各类辅助剂，如消泡剂、清洗剂、预膜剂、螯合剂、脱色剂、活性炭、消毒剂等（图1-5）。

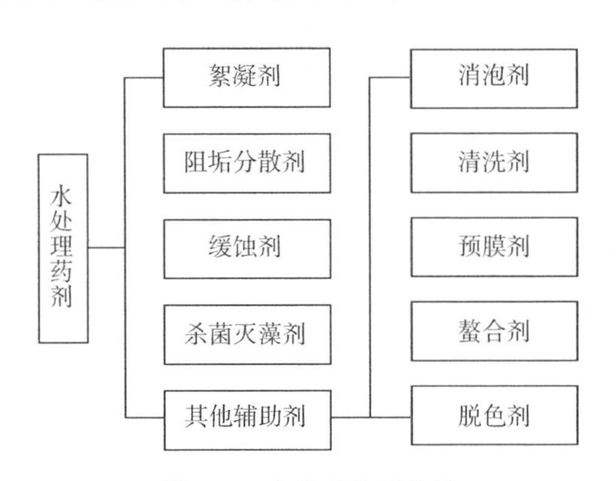

图1-5 水处理药剂分类

2.4　活性污泥法与膜生物反应器（MBR）工艺

活性污泥法工艺。活性污泥法指污水生物处理的一种方法，是在人工充氧条件下，对污水中各种微生物群体进行连续混合培养，形成活性污泥，利用活性污泥的生物凝聚、吸附和氧化作用，分解去除污水中的有机污染物。随着活性污泥法的发展，形成了氧化沟、AB 法、SBR 法、AO 法、A^2O 法等衍生工艺。

膜生物反应器（MBR）工艺。MBR 是指一种将膜分离技术与传统生物处理技术相结合的水处理工艺，属于生物膜法。在膜组件中，活性微生物与污水充分接触，不断氧化污水中能被其降解的有机物，使生化反应池中的活性污泥浓度（生物量）大大提高；而不能被微生物降解的有机物和无机物及活性污泥、悬浮物、各类胶体、大部分细菌则被截流，实现污水净化的目的（图 1-6、表 1-6）。

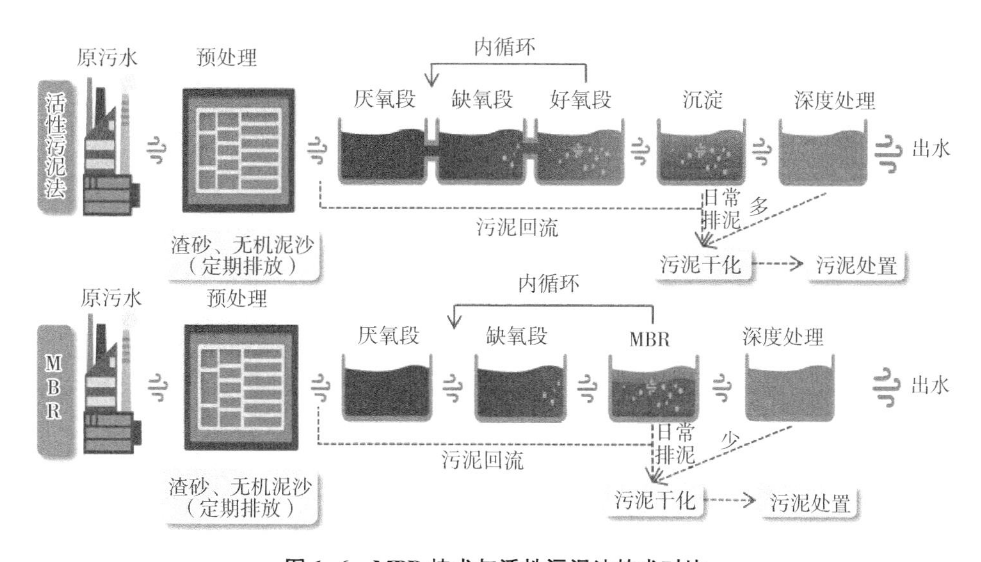

图 1-6　MBR 技术与活性污泥法技术对比

表 1-6　MBR 技术与活性污泥法的优缺点

	活性污泥法	MBR 技术
出水水质	分离效率依赖活性污泥的沉降特性、沉淀池中水力条件等因素，出水水质不够稳定，不能直接达到回用水标准	污染物去除效率极高，水质优良且稳定。优良的 MBR 工艺，其出水主要指标达到地表水Ⅲ类水体标准。可作为饮用水源地的补充水源，满足地表水回灌
占地面积	占地面积较大	占地面积小，约比普通活性污泥法节省占地 50%以上
剩余污泥	运行过程中会产生大量剩余污泥，污泥处置费用占运行费用的 25%～40%，且需防止污泥膨胀，增加运营管理工作量	剩余污泥量少，但剩余污泥较难处理

续表

	活性污泥法	MBR 技术
运行管理	工艺流程长，同时还存在污泥膨胀现象，管理操作也比较复杂	工艺流程短，实现了水力停留时间与污泥停留时间的完全分离，运行控制灵活，易于实现从进水到出水的全自动化控制

2.5 曝气生物滤池（BAF）工艺

BAF 工艺是 20 世纪 80 年代末起，在普通生物滤池的基础上，对生物膜反应器结构、滤料载体及曝气系统创新改进、增设反冲洗系统的新型污水处理工艺。其实现了自动化控制，能承载的水力负荷和有机负荷相较活性污泥法大幅提升（图 1-7）。BAF 工艺在欧美和日本等发达国家广为流行，目前随着我国对排水标准的提高，越来越多地将其用在了污水厂提标改造上。

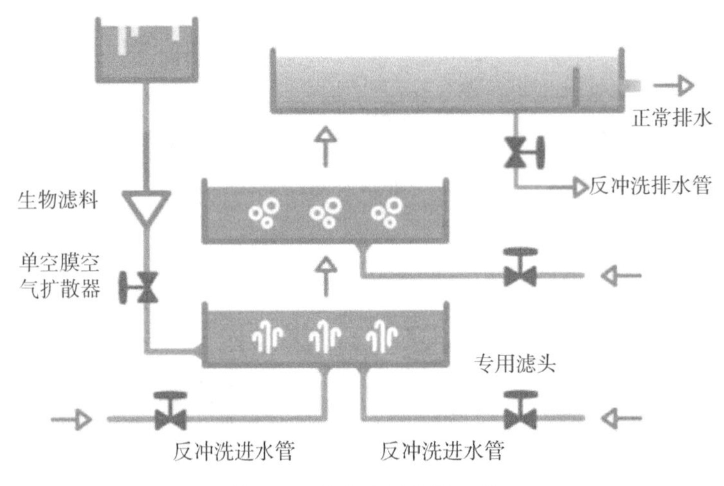

图 1-7 曝气生物滤池工艺

2.6 移动床生物膜反应器（MBBR）

MBBR 工艺是一种高效的利用微生物进行污水处理的技术，通过向反应器中投加一定数量的悬浮载体，提高反应器中的生物量及生物种类，从而达到提高反应器的处理效率和效果的目的（图 1-8）。该工艺具有净化效果好、出水水质高、装备化水平高、能耗低、占地省等优点。

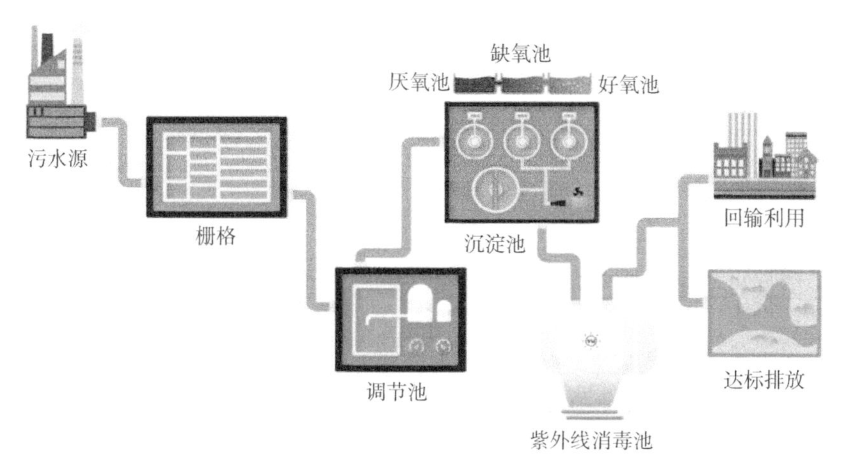

图 1-8　移动床生物膜反应器

第3章　水处理技术应用

3.1　市政污水处理

3.1.1　市政污水收集

市政污水的处理离不开市政排水系统的有效收集。目前，我国主流排水体制一般分为合流制和分流制两种。前者为污（废）水和雨水合一的系统，又分为直排式和截流式。直排式直接收集污水排放水体；截流式即临河建造截流干管，同时在合流干管与截流干管相交前或相交处设置溢流井，并在截流干管下游设置污水处理厂，当混合污水的流量超过截流干管的输水能力后，部分污水经溢流井溢出，直接排入水体。分流制为污（废）水和雨水有两个或两个以上管渠排放的系统，分为完全分流和不完全分流。完全分流制具有污水排水系统和雨水排水系统；不完全分流制未建雨水排水系统。在分流系统中还可以有污水和洁净废水的独立系统，以便于处理或回用。合流制系统造价低、施工容易，但不利于污水处理和系统管理；分流制系统造价较高，但易于维护，有利于污水处理。国内现推行全面的分流制，分流制体系的搭建，需根据城市发展情况和城市更新进展逐步改变。

对已建成的污水管网进行效能评估，其分析结果是制定污水处理提质增效方案的重要依据。排水系统错综复杂，基于排查成果，对污水管网系统诊断及分析评估，目的是初步判断现状管网的运行状况，进行现状污水系统整段评价与问题识别。

通过收集管网资料和踏勘现场，整理现有管网情况，利用物理探测等手段对管网进行属性测量。根据管网走向与连接关系将现状管网划分为若干个排水分区，每个排水分区都设一个末端检测点，可以代表整个分区的排水情况。根据检测点的实测数据初步分析出问题区域，优先对重点问题区域进行全面排查，辅以内窥检测等手段验证，得出影响目标的重点问题，从而为污水处理提质增效提供导向作用。污水管网诊断内容主要包括前期准备、管网探测、管网探测诊断、水质水量诊断、内窥检测分析等（图1-9）。

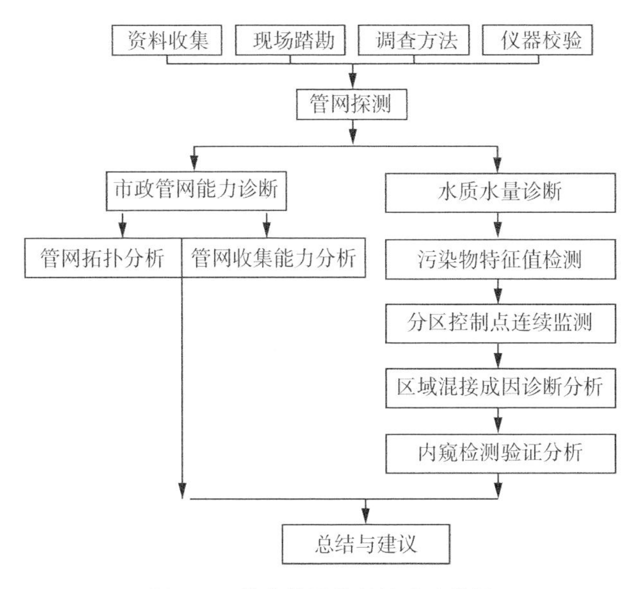

图1-9　排水管网诊断技术路线图

3.1.2　市政污水处理

市政污水可按区域分为城镇市政污水与农村生活污水。

城镇市政污水包括城镇居民住宅排水、公共设施排水和工厂生活设施排水。市政污水中有机物含量较高，特点是性质较为稳定，可生化性能较好，易于处理。相比地表水环境质量标准，一级标准A标准多项排放指标依旧低于地表V类水，未来污水处理排放标准还有提升空间（表1-7）。目前，各地污水处理排放标准提升趋势明显。

表1-7　地表水水质标准与城镇污水厂排放标准

基本控制项目	地表水环境质量标准（GB 3838—2002）					城镇污水处理厂污染物排放标准（GB 18918—2002）			
	Ⅰ类	Ⅱ类	Ⅲ类	Ⅳ类	Ⅴ类	一级标准		二级标准	三级标准
						A标准	B标准		
化学需氧量（COD）	15	15	20	30	40	50	60	100	120
五日生化需氧量（BOD_5）	3	3	4	6	10	10	20	30	60
悬浮物（SS）	—					10	20	30	50
动植物油	—					1	3	5	20
石油类	0.05	0.05	0.05	0.5	1	1	3	5	15
阴离子表面活性剂	0.2	0.2	0.2	0.3	0.3	0.5	1	2	5
总氮（以N计）	0.2	0.5	1	1.5	2	15	20	—	—
氨氮（以N计）	0.15	0.5	1	1.5	2	5（8）	8（15）	25（30）	—

续表

基本控制项目		地表水环境质量标准（GB 3838—2002）					城镇污水处理厂污染物排放标准（GB 18918—2002）			
		Ⅰ类	Ⅱ类	Ⅲ类	Ⅳ类	Ⅴ类	一级标准		二级标准	三级标准
							A标准	B标准		
总磷（以P计）	2005年12月31日前建设	0.02（湖库0.01）	0.1（湖库0.025）	0.2（湖库0.05）	0.3（湖库0.1）	0.4（湖库0.2）	1	1.5	3	5
	2006年01月01日起建设						0.5	1	3	5
色度（稀释倍数）		—					30	30	40	50
pH		6～9					6～9			
粪大肠菌群数（个/L）		200	2 000	10 000	20 000	40 000	1 000	10 000	10 000	—

农村生活污水治理是农村人居环境整治的重要内容。我国农村人口众多，每年产生大量的生活污水，但大多数村庄缺乏污水收集处理设施，大量污水随意排放，严重影响农村地区的环境卫生，威胁农村居民的饮水安全。习近平总书记多次做出重要指示，强调因地制宜做好厕所下水道管网建设和农村污水处理，不断提高农民生活质量。与城市污水排放不同，由于农村居民居住密度小，户与户、村与村之间距离较远，因此通过大规模管网收集污水比较困难。此外，由于农村的水污染特征、技术经济条件的特殊性，其所适用的污水处理工艺及设计参数也与城市有很大不同，故不能照搬城市污水处理办法（表1-8）。

表1-8　我国城市和农村污水排放特征对比

	城市	农村
污染来源	洗涤、厨用等生活污水；商业、工业活动排水；降水径流	农村生活污水；乡镇企业生产废水；禽畜养殖废水；农业面源污染；地表径流污染
污染物特征	含有大量病原微生物、悬浮物和化学物质，成分复杂	氮磷指标较高，污水易于生化降解
排放总规模	492.4亿吨/年	296.77亿吨/年
可集中处理规模	日处理规模可达万吨以上	多在500吨/日以下
集中处理率	＞90％	约17％
主要处理工艺	物化处理技术：沉淀、过滤、混凝、吸附和消毒技术；生物处理技术：氧化沟、A^2O、SBR、MBR膜法、净化槽技术	生物处理技术：氧化沟、A^2O、SBR、生物膜法等；生态处理技术：人工湿地法、稳定塘法、水生态修复法等；组合技术：生物＋生态

3.2　工业污水处理

工业污水处理和市政污水处理存在较大的差异，如表1-9所示。

表1-9　工业废水和市政污水处理特点

	市政污水	工业污水
处理技术	性质多变、排放不连续、对处理技术要求高	性质稳定、排放连续、活性污泥法+深度处理
资金支持	市政公用设施，中央预算内资金会给予补贴	排污企业不重视废水处理
市场秩序	市场格局初步形成	承接工业废水治理项目的治污企业鱼龙混杂，行业竞争混乱
规模效应	平均单体项目投资体量较大，不少企业日处理规模达到百万吨	工业废水处理项目普遍规模不够大，难以形成规模效应

工业污水成分复杂，含大量的有机物和其他有害物质，其性质与排量取决于工业生产的性质、工艺和规模等，不同的工业企业所排放的废水在质和量上各异（表1-10）。

表1-10　不同行业工业废水的危害

工业废水种类	危害
含无毒物质的废水	有些物质本身没有毒性，但在废水中浓度过高时，会对水体产生危害，如无毒的有机物过多会造成水体出现腐败现象
含有毒物质的废水	当人们接触废水时，危害人们身体健康；会毒害水中生物，有毒物质在生物体内积累，通过食物链传导到人体
含大量不溶性悬浮物的废水	这些物质沉积于水底，有的形成“毒泥”，如果是有机物，则会滋生腐败物，使水体呈厌氧状态；这些物质在水中还会阻塞鱼类的鳃，导致其呼吸困难，并破坏其产卵场所
含油废水	油漂浮在水面既有损美观，又会散发出令人厌恶的气味；燃点低的油类还有引起火灾的危险；动植物油脂具有腐败性，会消耗水体中的溶解氧
高浊度和高色度废水	导致光通量不足，影响生物的生长繁殖
酸性和碱性废水	不仅危害水中生物，还会损坏设备和器材
含多种污染物质的废水	各种物质之间会产生化学反应，或在自然光和氧的作用下产生化学反应并生成有害物质
含氮、磷等工业废水	湖泊等封闭性水域，由于含氮、磷物质的废水流入，会使藻类及其他水生生物异常繁殖，造成水体富营养化

3.2.1　工业废水处理

工业废水指工业生产过程中产生的废水和废液，含有随水流失的工业生产用料、中间产物、副产品以及生产过程中产生的污染物。工业污水种类繁多，成分复杂。按工业污水中所含主要污染物的化学性质分类，可分为无机废水、有机废水、放射性废水、重金属废水等；按工业企业的产品和加工对象分类，可分为制药废水、农药废水、制革废水、纺织印染废水、化工废水等。不同行业工业废水的特点及处理方法如表 1-11 所示。工业污水的污染严重，危害非常大，必须经过处理达标后才能排放至自然环境中。

表 1-11 不同行业工业废水的特点及处理方法

废水类型	特点	处理方法
造纸工业废水	废水中污染物浓度很高，含有大量纤维、无机盐和色素、酸碱物质、填料和胶料	处理造纸工业废水重点在于提高循环用水率，减少用水量和废水排放量。处理方法有浮选法、燃烧法、中和法等
化工、纺织业废水	成分复杂、毒性大、有机物浓度高、色度高、生物难降解物质多	采用厌氧-好氧生化处理与物化深度处理组合技术，常采用的物化法包括吸附、混凝、高级氧化、电解等
食品工业废水	污水一般具有较高的悬浮物、油脂，其他有机物含量也较多	采用物理处理方法、化学处理方法以及生物处理方法，如过滤、沉淀、混凝、氧化、污泥活性处理等
煤炭洗选业废水	富含由细小煤粒、黏土类颗粒组成的悬浮物、金属离子和各种处理药剂等	混凝沉淀法、重力浓缩沉淀、化学处理法等
冶金工业废水	含有悬浮物、石油类、重金属、氟化物、挥发酚和氰化物等污染物	需要多种物化工艺的组合，如利用混凝-砂滤-活性炭吸附-微滤-反渗透集成技术、微生物降解-絮凝耦合技术

3.2.2 工业污水回用

2019 年 11 月，我国主导编制的首个工业水回用领域国际标准《ISO 22447 Industrial wastewater classification（工业废水分类）》正式发布。该标准规定了工业废水的分类原则和命名方法，包括 34 大类、207 种工业类型，以及 8 大类、91 种水质指标参数，为工业水处理和再生利用提供了通用标签。

工业污水回用涉及多个行业。①火力发电行业。火电厂的节水途径包括采用空冷技术、提高循环水浓缩倍率、开展废水回用等。废水回用是火电厂节水减排的重要途径，通过废水回用，可以节约火电厂 30%以上的水资源。②钢铁行业。钢铁工业废水主要来源于生产工艺过程用水、设备与产品冷却水、烟气洗涤和场地冲洗等。钢铁废水具有色度较高、主要污染物浓度变化大、水质不稳定、浮油较多等特点。③化工行业。化工废水具有排放量大、毒性大、有机物浓度高、含盐量高、色度高、难降解化合物含量高、治理难度大等特点，但同时废水中也含有许多可利用的资源。④造纸行业。废纸造纸行业能耗和水耗高，废水量较大，污染物中主要含有纸屑、盐类等，废纸造纸废水采用物化（混凝、沉淀）和生化（A/O 法）处理工艺处理后，回用于造纸生产。⑤印染行业。印染废水是我国主要的工业废水之一，具有水量大、色度高、成分复杂等特点，易对环境造成严重的污染。使用生化和物化相结合的工艺可以将印染废水处理到一级排放标准。

工业回用再生水可用作循环冷却水、洗涤水或锅炉水以及产品用水。其中，循环冷却水通常对水质要求不高，污水通过过滤消毒处理即可使用；洗涤水和过滤水对水质要求比较高，污水需要经过深度污水处理工艺后，再加上脱盐工艺，如 RO 膜工艺，才可使用；产品用水对水质的要求远高于自来水，污水需要达到去离子的高纯等级，可采用 RO 膜叠加离子交换技术等工艺进行处理。

3.3　城市黑臭水体治理

《城市黑臭水体整治工作指南》推荐了 4 大类黑臭水体治理技术，分别为控源截污技术（截污纳管、面源控制）、内源控制技术（垃圾清理、生物残体及漂浮物清理、清淤疏浚）、生态修复技术（岸带修复、人工增氧、生态净化）、其他治理技术（活水循环、清水补给、就地处理、旁路治理）（图 1-10）。

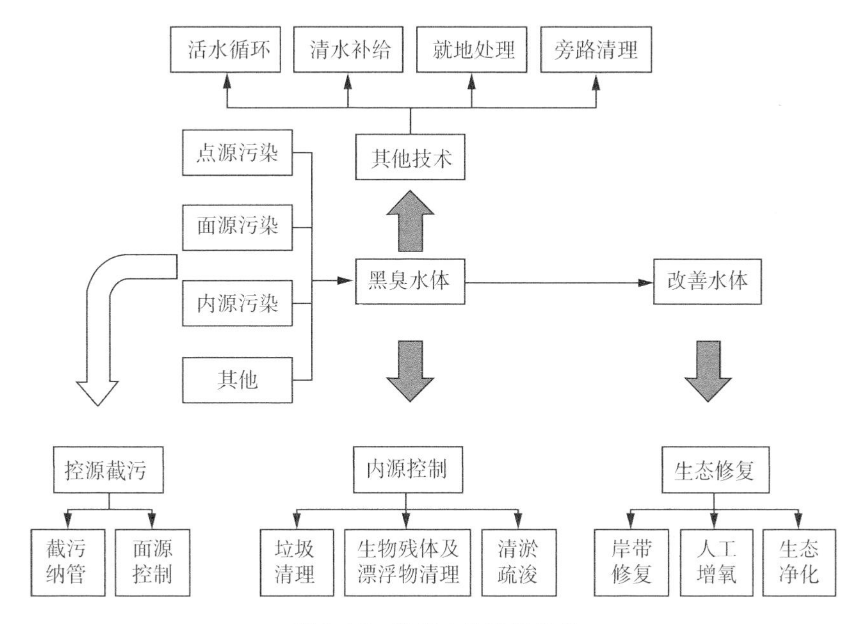

图 1-10　黑臭水体治理技术

不同的黑臭水体治理技术的适用范围如表 1-12 所示。

表 1-12　黑臭水体治理技术适用范围

	技术名称	适用范围
控源截污技术	截污纳管	从源头控制污水向城市水体排放，主要用于城市水体沿岸污水排放口、分流制雨水管道初期雨水或旱流水排放口、合流制污水系统沿岸排放口等永久性工程治理
	面源控制	主要用于城市初期雨水、冰雪融水、畜禽养殖污水、地表固体废弃物等污染源的控制与治理

续表

	技术名称	适用范围
内源控制技术	垃圾清理	主要用于城市水体沿岸垃圾临时堆放点的清理
	生物残体及漂浮物清理	主要用于城市水体水生植物和岸带植物的季节收割、季节性落叶及水面漂浮物的清理
	清淤疏浚	一般而言适用于所有黑臭水体，尤其是重度黑臭水体底泥污染物的清理，快速降低黑臭水体的内源污染负荷，避免其他治理措施实施后，底泥污染物向水体释放
生态修复技术	岸带修复	主要用于已有硬化河岸（湖岸）的生态修复，属于城市水体污染治理的长效措施
	生态净化	可广泛应用于城市水体水质的长效保持，通过生态系统的恢复与系统构建，持续去除水体污染物，改善生态环境和景观
	人工增氧	作为阶段性措施，主要适用于整治后城市水体的水质保持，具有水体复氧功能，可有效提升局部水体的溶解氧水平，并加大区域水体流动性
其他治理技术	活水循环	适用于城市缓流河道水体或坑塘区域的污染治理与水质保持，可有效提高水体的流动性
	清水补给	适用于城市缺水水体的水量补充，或滞流、缓流水体的水动力改善，可有效提高水体的流动性

3.4 海水淡化

海水淡化是指将海水里面的溶解性矿物质盐分、有机物、细菌和病毒以及固体分离出来，从而获得淡水的过程。我国淡水资源分布不均，多集中于我国南部地区，北方水资源匮乏且降雨量较小。海水淡化将解决我国淡水资源贫乏且分布不均的问题。

RO（反渗透）海水淡化工艺分为海水抽取、海水预处理、RO膜分离、产水后处理、浓盐水排放等技术步骤，需要由高压水泵提供电力驱动的高外压，从而实现反渗透技术（图1-11）。该技术耗能少，降低了制水成本，可以广泛使用；而且淡化

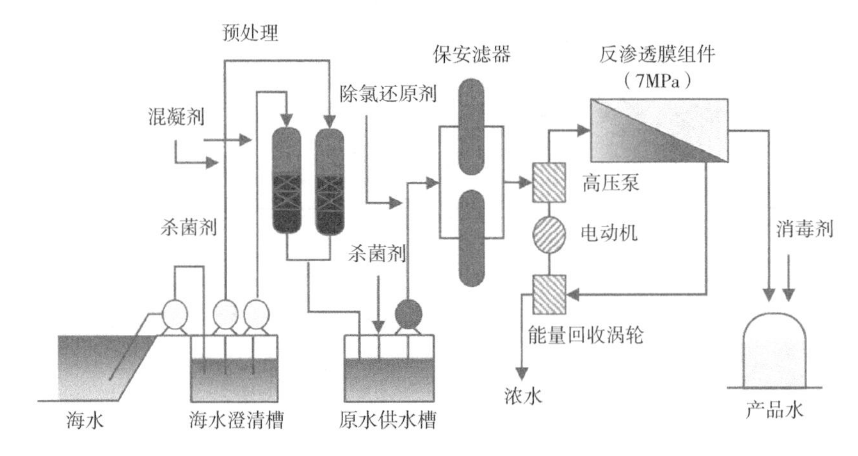

图1-11　海水淡化流程图

后的水质稳定，可以为工业和生活提供稳定的水源。但是，其存在浓盐水排放造成环境污染的问题。该工艺的回收率在 40%左右，剩余的浓盐水大部分直接排入大海。浓盐水对环境的影响主要体现在四个方面：高盐度、热污染、金属污染和化学污染。因此，为了进一步降低 RO 海水淡化工艺的能耗，更好地应对浓盐水对环境的污染，有必要发展海水淡化膜法集成技术。

第 4 章　我国水处理行业项目运作模式

当前，我国水务企业的经营运作模式主要有 BOO 模式、BOT 模式、TOT 模式、DBO 模式及 PPP 模式。污水污泥处理、生活垃圾填埋及焚烧主要以 BOT 模式为主，自来水供应主要以 BOO 模式为主。

BOO 模式。Building-Owning-Operation，即“建设—拥有—经营”。承包商根据政府赋予的特许权，建设并经营某项产业项目，但是并不将此项基础产业项目移交给公共部门。BOO 模式即为企业自筹资金（包括自有资金或金融机构贷款）投资建设自来水供应和污水处理设施，并运营管理，提供相应服务（图 1-12）。由于水务行业产业化及市场化改革，国内大多数水务企业完成了改制，实现了政企分开，转变为自主经营、自负盈亏的经营实体，因此该模式为国内水务企业普遍采用的经营模式。

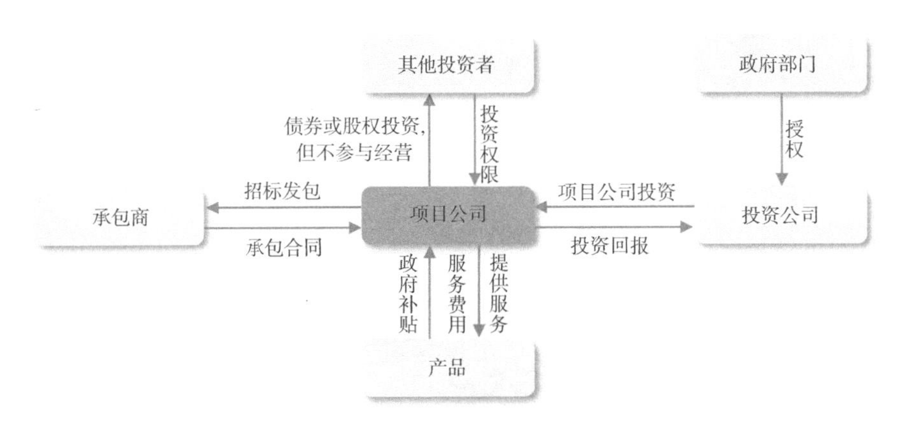

图 1-12　BOO 项目运作模式

BOT 模式。Build-Operate-Transfer，即“建设—运营—移交”，是建设方负责建设再进行运营，建设期一般为 1～2 年。建设方需投入建设所需全部资金。在 BOT 合同签订时，建设方需根据工程结算价扣除相关补贴等收入计算出实际投资金额，并根据一定的内部收益率确定经营合同期限及每吨污水处理费用，以保证在 BOT 服务期内收回投资并确保收益。当特许期结束后，企业按约定将设施无偿移交给政府部门，由政府指定部门进行经营和管理（图 1-13）。

TOT 模式。Transfer-Operate-Transfer，即“移交—运营—移交”。政府部门通过特许经营协议有偿转让已建成的公用基础设施的特许经营权，在特许经营期内，投资人拥有该设施的使用权，并被允许通过向用户收取适当的费用，回收投资成本并获得合理的回报。特许期届满，投资人将设施无偿移交给政府部门（图 1-14）。

PPP 模式。Public-Private-Partnership，即“政府和社会资本合作”，是指政府通过特许经营、购买服务、股权合作等方式，与社会资本建立一种利益共享、风险分担及长期合作关系，以便增强公共产品和服务供给能力（图 1-15）。

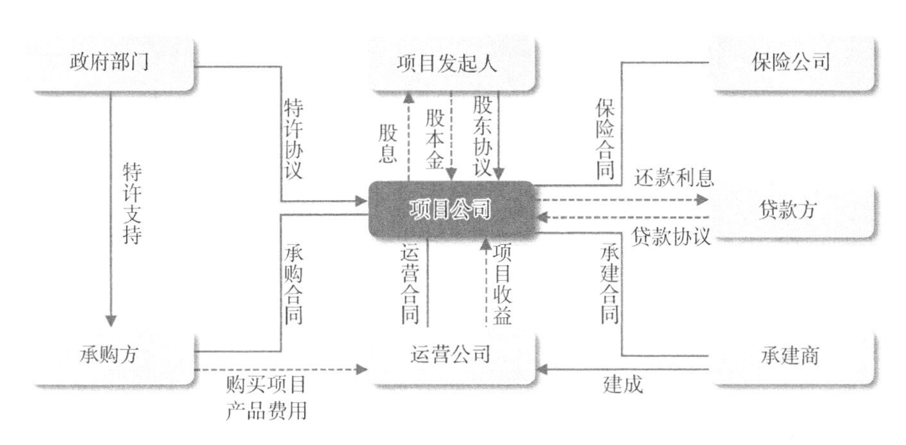

图 1-13　BOT 项目运作模式

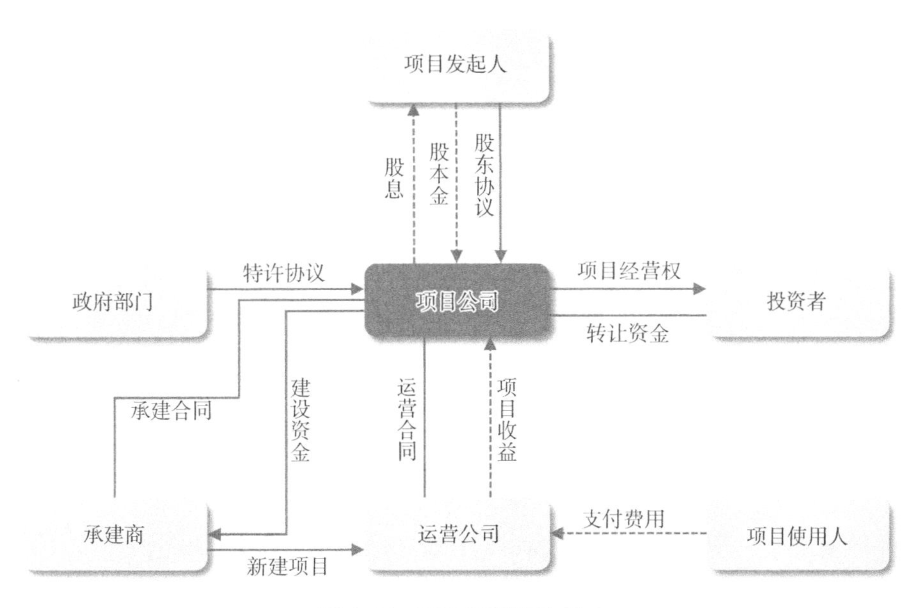

图 1-14　TOT 项目运作模式

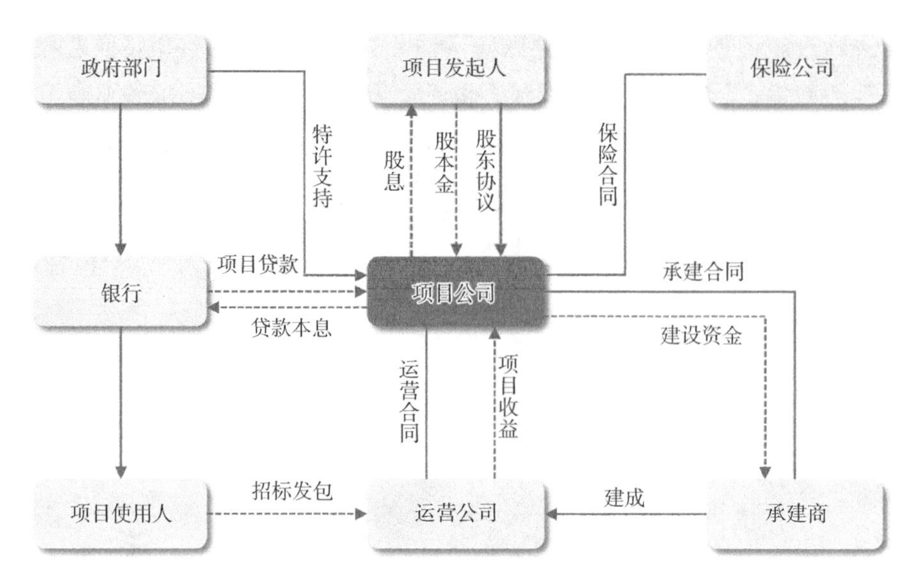

图 1-15　PPP 项目运作模式

第 5 章　我国水处理行业市场现状及发展方向

5.1　我国水处理行业市场现状

5.1.1　产业链分布现状

水处理行业是全国各地区最重要的城市基本服务行业之一，是支持经济和社会发展、保障居民生产生活的基础性产业，具有公用事业和环境保护的双重属性。我国日常的生产、生活离不开城市供水和污水处理等。从整个产业链看，水处理行业是指由原水、供水、节水、排水、污水处理及水资源回收利用等形成的产业链，此外还包括再生水利用、污泥处理等与水处理有关的衍生行业（图 1-16）。水处理行业产业链主要由供水和污水处理两部分组成。

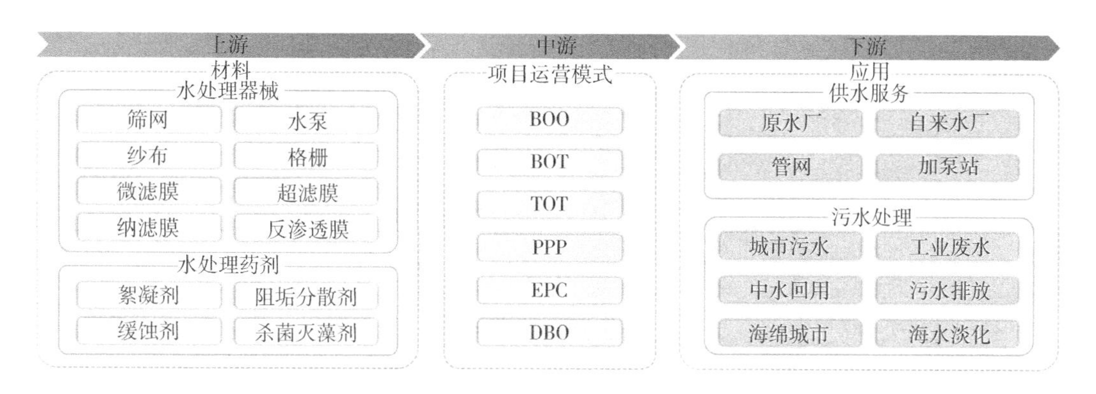

图 1-16　水处理行业产业链

5.1.2　污水处理能力及供水能力稳步增长

目前，城镇污水处理能力逐步提升，乡村污水处理存在一定提升空间。

与供水能力相比，我国污水处理能力也呈现稳步增长状态。2016 年，我国城市及县城污水处理量分别为 449 亿 m^3 和 81 亿 m^3，至 2020 年增长为 557 亿 m^3 和 99 亿 m^3（图 1-17）。我国供水能力及供水普及率不断提升，整体已趋于稳定。自 2016 年以来，全国供水量稳步提升，年度增长基本维持在 2%～3%的水平。2016

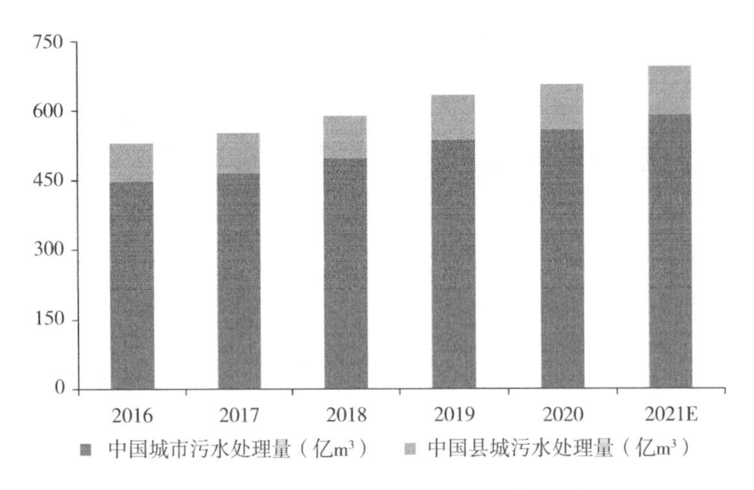

图 1-17　2016—2021 年中国城市及县城污水处理量

年，全国城市供水量 581 亿 m³，至 2020 年为 630 亿 m³。2018 年以后，供水量增速开始下降，到 2020 年同比增长仅为 0.2%。但随着 2021 年新冠疫情形势趋于平稳，城市供水量也将有小幅提升（图 1-18）。供水普及率方面，我国城市、县城、建制镇以及乡等行政级别供水率也均呈现稳步提升状态。

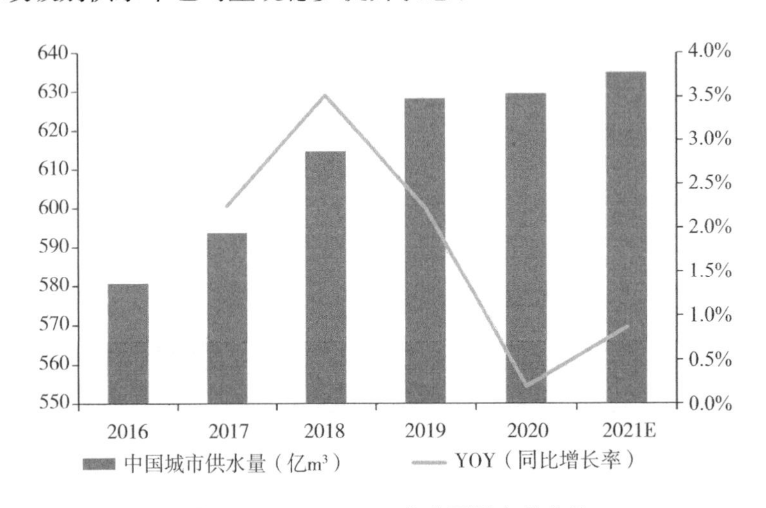

图 1-18　2016—2021 年中国城市供水量

污水处理市场随排放量增长而增长，城镇化推进行业仍存发展空间。根据国家统计局数据，全国常住人口城镇化率从 2017 年的 60.2%增至 2021 年的 64.7%，城镇化率逐步提升，对标海外发达国家仍有上升空间，虽然污水处理率提升空间有限，但是随着城镇化进程的推进，污水处理市场仍存发展空间。据《城乡建设统计年鉴》显示，2016 年中国城市及县城污水排放量分别为 480 和 93 亿 m³，到 2020 年增长至 571 和 104 亿 m³（图 1-19）。在城市人口越来越多、城市待处理污水不断增加、城市基础建设的需要等多种条件影响下，我国不断完善城市排水系统，排水管道长度不断增长，2016 年我国城市及县城排水管长度分别为 58 万 km、17 万 km，至 2020 年增长为 80 万 km、22 万 km（图 1-20）。

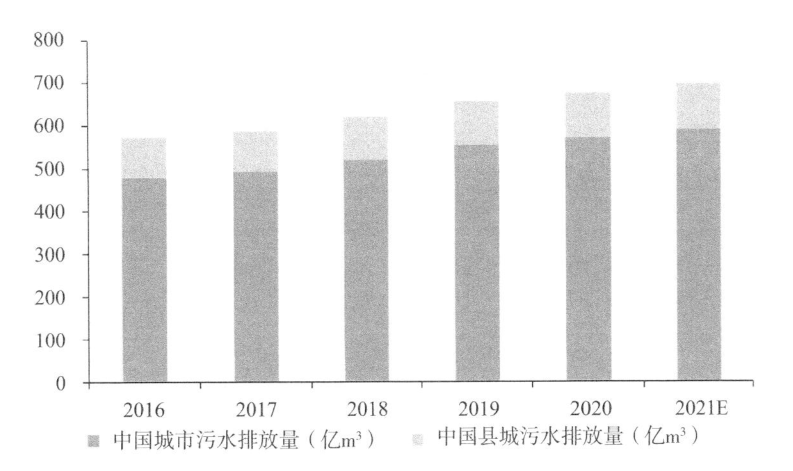

图 1-19　2016—2021 年中国城市及县城污水排放量

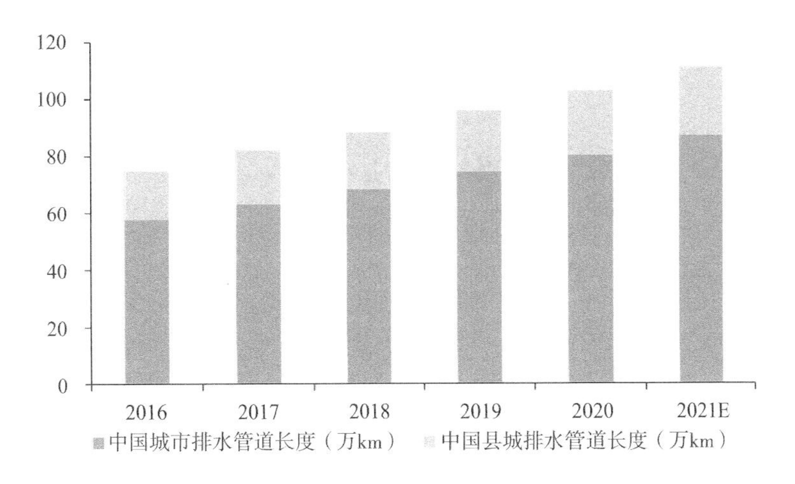

图 1-20　2016—2021 年中国城市及县城排水管道长度

5.1.3　政策不断，水处理空间持续释放

2020 年，环境污染治理投资总额约 1.06 万亿元，约占 GDP 的 1%（图 1-21）。2020 年，全国环保产业营收约 1.95 万亿元；2016—2020 年，环保产业营收平均年增长率达 14%，环保行业整体处于快速发展态势（图 1-22）。

2022 年 1 月 11 日，国家发展改革委印发《“十四五”重点流域水环境综合治理规划》提出，到 2025 年，基本形成较为完善的城镇水污染防治体系，城市生活污水集中收集率达到 70%以上；加强污水处理工程建设，有效提升污水消减能力；加大污水处理设施改造力度，提升水资源利用水平和效率。

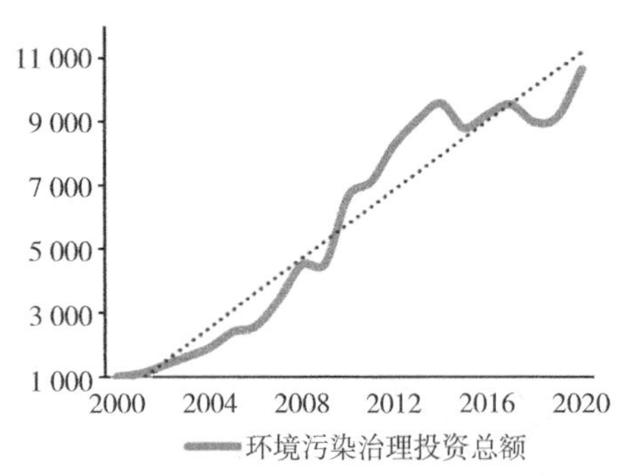

图 1-21 2000—2020 年我国环境污染治理投资总额（亿元）

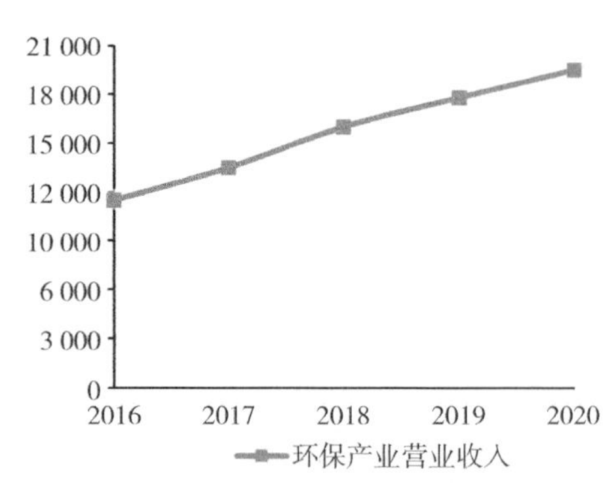

图 1-22 2016—2020 年我国环保产业营业收入（亿元）

2022 年 1 月 11 日，国家发展改革委、水利部印发《“十四五”水安全保障规划》（以下简称《规划》）。《规划》提出，到 2025 年，水旱灾害防御能力、水资源节约集约安全利用能力、水资源优化配置能力、河湖生态保护治理能力进一步加强，国家水安全保障能力明显提升。同时，《规划》还指出污水再生与循环利用成为重点发展方向，是我国水安全保障的重要组成部分。

同时，在“双碳”的政策目标驱动下，水处理行业如何实现低碳污水处理及如何协同相关行业持续绿色发展（如市政污水处理、石油化工、电力等行业），是实现可持续发展的高质量经济要考虑的问题（表 1-13）。

表 1-13 水环境治理相关政策

时间	政策名称	颁布单位	主要内容
2017 年 05 月	《全国城市市政基础设施建设“十三五”规划》	住建部、国家发改委	提高市政基础设施的整体保障水平，城市水环境质量得到明显改善，污染严重水体较大幅度减少，地级及以上城市建成区黑臭水体均控制在 10%以内
2017 年 10 月	《重点流域水污染防治规划（2016—2020 年）》	环保部、国家发改委、水利部	到 2020 年，全国地表水环境质量得到阶段性改善，水质优良水体有所增加，污染严重水体较大幅度减少，饮用水安全保障水平持续提升
2017 年 11 月	《关于在湖泊实施湖长制的指导意见》	中共中央办公厅、国务院办公厅	全面建立省、市、县、乡四级湖长体系，要求严格湖泊水域空间管控，强化湖泊岸线管理保护，加大湖泊水环境综合整治力度等
2018 年 06 月	《关于全面加强生态环境保护 坚决打好污染防治攻坚战的意见》	中共中央 国务院	到 2020 年，生态环境质量总体改善，主要污染物排放总量大幅减少，环境风险得到有效管控，生态环境保护水平同全面建成小康社会目标相适应。推动形成绿色发展方式和生活方式，坚决打赢蓝天保卫战，着力打好碧水保卫战，扎实推进净土保卫战，加快生态保护与修复，改革完善生态环境治理体系
2019 年 01 月	《长江保护修复攻坚战行动计划》	生态环境部、国家发改委	通过攻坚，长江干流、主要支流及重点湖库的湿地生态功能得到有效保护，生态环境风险得到有效遏制，生态环境质量持续改善

续表

时间	政策名称	颁布单位	主要内容
2020年05月	《关于宣传贯彻〈中华人民共和国固体废物污染环境防治法〉的通知》	生态环境部	明确固体废物污染环境防治坚持减量化、资源化和无害化原则。强化政府及其有关部门监督管理责任，明确目标责任制、信用记录、联防联控、全过程监控和信息化追溯等制度。完善了工业固体废物污染环境防治制度。强化产生者责任，增加排污许可、管理台账、资源综合利用评价等制度
2021年12月	《关于印发“十四五”土壤、地下水和农村生态环境保护规划的通知》	生态环境部、国家发改委、财政部等七部门	到2025年，全国土壤和地下水环境质量总体保持稳定，受污染耕地和重点建设用地安全利用得到巩固提升。到2035年，全国土壤和地下水环境质量稳中向好，农用地和重点建设用地土壤环境安全得到有效保障，土壤环境风险得到全面管控
2022年01月	《“十四五”重点流域水环境综合治理规划》	国家发改委	到2025年，基本形成较为完善的城镇水污染防治体系，城市生活污水集中收集率力争达到70%以上，基本消除城市黑臭水体。重要江河湖泊水功能区水质达标率持续提高，重点流域水环境质量持续改善，污染严重水体基本消除，地表水劣Ⅴ类水体基本消除

5.1.4　行业集中度偏低，经营市场分散

随着行业市场化改革，业内呈现出多元化主体、经营机制转变、区域经营三大特点。大型国有水务企业、国际水务集团以及区域性水务企业成为水处理行业的主要竞争者。

大型国有水务企业：占据国内80%的供水业务，多为专业化水务环境综合服务商，集投资、建设、运营、技术服务于一体。国际水务集团：占据国内10%的供水业务，凭借雄厚的资本、先进的技术和管理经验，通过直接投资、BOT、合作经营、控股或收购等方式在华投资。区域性水务企业：占据国内10%的供水业务，当前行业市场化程度仍较低，集团化运营集中于大中型城市（表1-14）。

表1-14　中国水务行业代表性企业

企业类型	企业名称	经营概况
大型国有水务企业	北控水务 BEWG 北控水务	北控水务集团是北控集团旗下专注于水资源循环利用和水生态环境保护事业的旗舰企业，在香港主板上市。北控水务集产业投资、设计、建设、运营、技术服务与资本运作为一体，水处理规模位居国内行业前列
	重庆水务 重庆水务	重庆水务集团成立于2001年，2010年在上海证券交易所整体上市，是一家集产业投资、建设、运营与专业技术服务于一体的国内领先、国有控股的专业水务综合服务商

续表

企业类型	企业名称	经营概况
国际水务集团	威立雅 VEOLIA	威立雅即法国威立雅环境集团，创立于1853年，是当今世界唯一一家以环境服务为主业的大型集团。威立雅以“资源再生，生生不息”作为企业宗旨，专注于废弃物管理、水务服务和能源管理三大环境服务和可持续发展的核心领域
	苏伊士集团 suez environnement	苏伊士环境集团是全球最大水务公司，拥有160年历史的全球著名的环境企业，总部位于法国。该集团是一个工业和服务领域的国际化集团，致力于可持续发展，在水务和垃圾处理等公共事业中为用户提供崭新的管理方案，处于世界领先水平
区域性水务企业	桑德集团 桑德集团 sound group	桑德集团创建于1993年，是生态型环境与新能源综合服务商，业务覆盖水资源、水生态、固废处理、环卫、再生资源、新能源、环境规划影响评价、环境检测等

5.2 我国水处理行业发展方向

行业发展变革，智慧化转型是大势所趋。目前，我国经济已由高速增长阶段转向高质量发展阶段，二次供水行业、污水处理行业也将进入重视运营、重视质量的行业发展阶段。随着物联网、大数据、云计算以及移动互联网等新技术的迅速发展，水处理行业迎来了巨大的变革，发展智慧水务，构建安全实用、智慧高效的水务系统成为必然趋势。

5G、物联网、云计算等为智慧水务发展提供技术基础。智慧水务是在水务信息化业务发展中，以水务管理软件平台为基础，逐步实现在水务物联网领域的业务拓展。随着信息技术的不断发展，5G、物联网、移动互联网、3S（RS、GIS、GPS）、大数据等技术不断革新，水务企业信息化水平不断提高，同时积累了海量的数据资源。物联网等技术出现后，提高城市水务效率，降低管网漏损率，提高饮用水质量标准便有了实施方向。

智慧水务的发展可分为以下三个维度。

（1）第一维度。把传感器嵌入或装备到水源、供水系统、排水系统中，并且被普遍连接，形成所谓物联网；将物联网与现有的互联网整合起来实现政府管理机构、企业和社团与水物理系统的整合。

（2）第二维度。通过互联网联通数据的共享，打破信息孤岛；高性能的基础硬件设施、畅通无阻的网络通信支撑了智慧水务的高效运行。

（3）第三维度。基于云计算，通过智能融合技术的应用实现对海量数据的存储、计算与分析并引入综合集成法；智慧水务让所有的事务流程以及运行方式都具有更深入的智能化，实现管理机构和企业智能洞察。

通过水务系统智慧化转型能够有效解决行业短板（图1-23）。以科技赋能，通过智慧化的措施，最终实现污水处理项目回报率的提升。优化供水成本，降低净水厂和污水厂的能耗、药耗和人员成本；提高供水水质，有确实的技术数据做支撑，能精确掌握设备的运行工况，全面控制工艺水平，因而能全面提高出厂水质，确保向城市提供更优质的自来水。保障安全供水，能迅速采集和处理大量信息，迅速发现异常，及时采取措施，防止事故的发生，提高净水厂、污水厂和管网的安全运行水平；提升企业管理能力，能有效规范整个公司的生产、管理工作，提高管理工作的实时性、准确性和正确性。

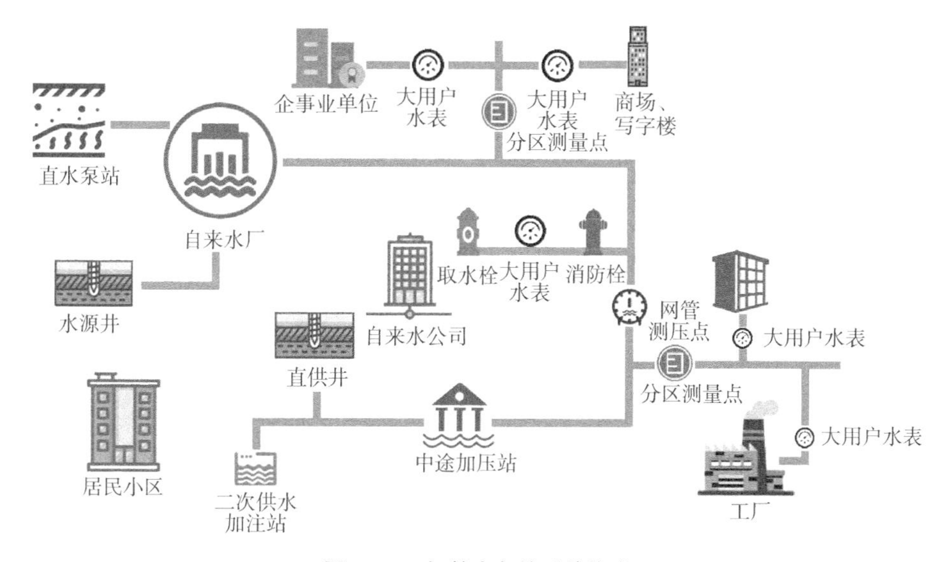

图1-23　智慧水务的系统构成

智慧水务具备如下特别优势。

(1) 有效提高企业管理能力。让企业能够精细化、动态化管理水务系统；让企业更好地批量管理在手资产。

(2) 提升效率。优化业务流程、提高业务流转速度，提升工作效率。

(3) 优化供水成本。提升原材料使用效率；降低时间成本；降低人工成本。

(4) 提升服务质量。加强与客户之间的沟通；提升客户服务质量；增强客户黏性。

(5) 保障供水安全。科学预测用水高峰、低谷等，科学调度用水；提升旱涝的抗御能力。

(6) 提高供水水质。降低管网漏损率；平衡水资源。

智慧水务能够实现水务领域多项分散环节的集成，这是水务集团化改革后的必然趋势。随着水务集团化发展，特定区域内所有自来水厂、取水公司、排水及污水处理厂都划归同一集团下，纵向对水务各环节进行合并，提升行业集中度。同时，考虑到智慧水务平台所需成本高于单一信息化系统，集团化改革扩大了水务企业规模，提升了水务企业的付费能力，有利于推进智慧水务的建设。

第6章 “共筑梦想 创赢未来”绿色产业创新创业大赛2022年度水处理产业优秀项目

6.1 国内领先的亚硝酸基同步脱氮（SNR-N）工艺在高氨氮废水中的应用

6.1.1 项目简介

该项目核心技术人员一直致力于高氨氮废水的处理。自研的亚硝酸基同步脱氮（SNR-N）工艺，主要是利用拼装罐体替代传统土建池体，借助在线检测探头，在充分理解并熟练掌握生化处理过程同步短程硝化和反硝化反应机制的基础上，通过中央智能控制系统，远程控制终端设备实现整体污水处理系统稳定运行、系统出水达标排放或回用，可灵活运用于养殖废水、印染废水、稀土矿山废水、城镇生活污水等多种污水处理领域，为产废单位提供高性价比的环保技术服务。

6.1.2 竞争优势

该项目具有投资少、占地省、建设周期短、自控程度高、运维简单、运行成本低、脱氮效率高、运行稳定等诸多优势。在技术应用方面，本项目与传统工艺对比，能够实现高效脱氮，脱氮效率达95%以上，且为投资节省10%以上，运行成本降低25%以上。

6.2 BioMRTM生物膜磁快速净水项目

6.2.1 项目简介

针对合流制管网溢流、黑臭水体治理，开发BioMRTM生物膜磁快速净水技术。此技术由生物膜技术（Biofilm）和磁混凝沉淀技术（Magnetic-Coagulation）组合而成，利用悬浮填料中生物膜的生化作用去除有机物、氨氮、总氮，同时辅助磁混凝沉淀技术再次去除悬浮物、总磷，达到快速降解（Rapid degradation）污染物的目的，出水数值可稳定达到地表准Ⅳ类水标准。生化段采用纯生物膜法技术，不再设置二沉池，磁混凝系统产生的污泥通过集成化污泥脱水系统进行外运处置。BioMRTM工艺技术采用一体式池型结构设计，集成所有工艺单元以及附属设施，采用装配式水厂建设方式，适用更多应用场景（图1-24）。

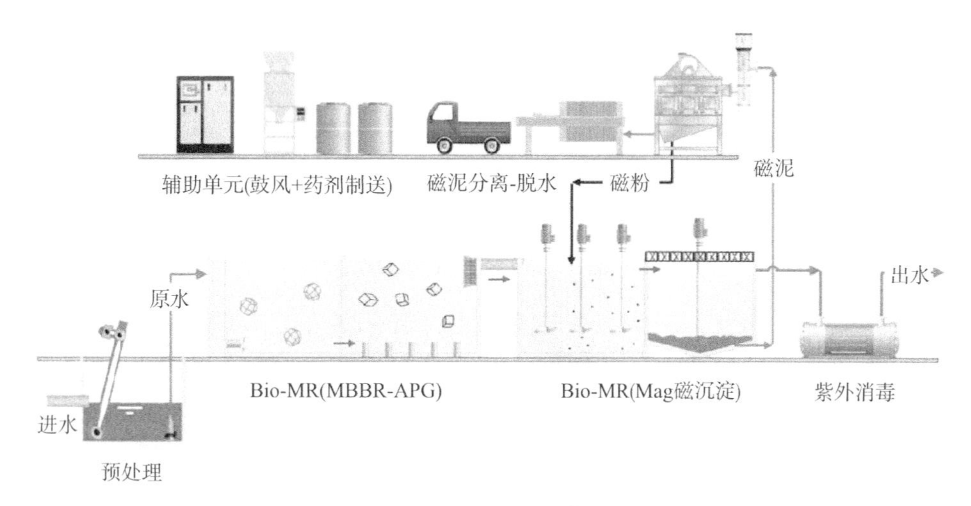

图1-24 BioMRTM工艺原理图

6.2.2 竞争优势

(1) 水质更优

系统出水氨氮、总磷指标可达最低标准，悬浮载体生物膜硝化细菌相对丰度>5%，是传统活性污泥法的2～3倍，可数倍提升容积负荷并具有极强的抗冲击能力。

(2) 快速实施

系统可进行模块化设计及安装，集成度高，实现整体周期<30天的超快达标实施，适用于应急水处理项目短时间内建成投运。

(3) 节省占地

系统吨水占地<0.2 m^2，最低仅需传统污水厂站的1/5，适用于极小占地污水厂新建、河道岸边旁路净化等。

(4) 技术经济

系统吨水投资≤1 000元，仅是土建方式的30%，吨水电费和药剂费用≤0.3元，可满足水厂或临时处理设施建设投资低且运行能耗小的需求。

(5) 管理简便

工艺流程短，系统集成自主研发的SAAS云平台，可实时掌握并分析污水站运行现状，实现智能控制及稳定运行。

6.3 集医疗污水处理和杀菌消毒于一体的电氧化污水处理系统

6.3.1 项目简介

在2020年抗击新冠疫情的战役中，集医疗污水处理和杀菌消毒于一体的电氧化污水处理系统应用于湖北黄冈、荆州、鄂州等地的新冠疫情定点救治医院医疗污水的整体达标处理或医疗污水的深度处理。实践证明，该设备可以胜任对医疗污水进行稳定的达标处理和可靠的杀菌消毒工作，弥补了医院原水处理系统设计上和运维上的不足，保证了在特殊时期医疗污水的安全达标排放。

本项目具有以下两个特点：

(1) 电氧化污水处理系统是基于电催化氧化技术和新型材料技术的污水处理装置。它可以高效地降解污水中的有机物（污染物）和灭活宿主细胞，消灭病毒。(2) 电氧化污水处理系统是由若干电催化氧化反应器单元组成，电催化氧化反应器单元又由若干反应模组组成，每个反应模组内部主要由电源整流器、反应槽、集气罩、废水管路和废气管路等组成，是模块化和集成化的单元。反应槽内布置有阳极板和阴极板，通过母铜排和导线连接电源整流器，将电场导入废水，驱动电化学氧化还原反应进行，使废水中的污染物得到降解（图1-25）。

图1-25 电氧化设备装配现场图

6.3.2 竞争优势

(1) 在医院原有的水处理系统上，增加一道“杀菌消毒”的保障。

(2) 在医院原有的水处理系统上，增加一道“达标处理”的保障。

(3) 安全可靠。安全：一方面可以实现水处理全过程的杀菌消毒，极大地降低了操作人员被病毒传染的风险；另一方面无须投加化学剂，减少了操作人员的操作安全风险。可靠：工艺设备结构简单，能全天候、全时段稳定可靠地运行。

(4) 可无人值守。工艺参数控制自动化程度高，可无人值守。

(5) 不添加化学药剂，不产生污泥，没有二次污染。

(6) 运行成本低。

6.4 Wastewater treatment intelligent process control system

6.4.1 项目简介

智能过程控制系统（基于 CREApro 过程控制平台）是一套完整的污水处理厂过程优化和运行控制系统，包括生物处理过程中有机负荷的降解、生物处理的反硝化等环节。模块包括曝气控制、内循环控制、污泥再循环控制、化学除磷控制、碳源加药控制等。

控制模块是为 CREAR 平台提供动力的尖端引擎，结合为每个应用程序（包括人工智能、机器学习、模糊逻辑）量身定制的高级逻辑工具、相关的 PID 和建模，以及基于规则的条件这使 CREAR 平台能够包括用户的站点或用户设备的任何特定要求。结合增强的监控和配备可编辑配置参数的透明控制工具，CREAR 平台所提供的控制解决方案将使运营团队能够控制流程、控制策略和优先级。

智能过程控制系统可以监测、控制和优化污水处理厂的过程。基于实时监控和先进的数据管理，采用前沿的数据分析和人工智能算法，实施最优运营策略，实现以下目标：

(1) 保证满足废水排放要求。

(2) 降低运营成本（能源消耗、化学品等）。

(3) 获取过程信息和监控指标。

6.4.2 竞争优势

(1) 智能控制逻辑。模型、专家知识、PID、人工智能、模糊逻辑、基于规则、模式识别和机器学习视情况而定。

(2) 安全。基于本地的控制，具有手动和自动后备系统。

(3) 整体管理。单一平台上的关键控制模块实现协同效应，以及集成的废水处理过程控制或饮用水系统（源头到水龙头）风险管理。

(4) 最佳价值设计原则。量身定制的可编辑设置、自定义报警和报表；没有黑箱。

（5）稳健且面向未来。动态自适应设定点、信号可靠性评估。弹性系统能够根据任何未来的设备、结构或同意变化调整解决方案。

（6）流程智能。仪表板、具有高级数据分析的自动报告和用于决策支持的 KPI。所有自定义，以支持不同的用户配置文件和他们的目标。

（7）实时数据监控。在线监控设备性能、能源 KPI、天气。

（8）灵活。适用于任何类型的生物工艺、规模、质量要求水平和类型。具备灵活且适应性强的通信架构。

6.5 环保新材料与环保高端装备

6.5.1 项目简介

目前在水处理项目预处理过滤阶段，市场上通用的机械过滤器（砂滤，多介质过滤器）已有二十多年的历史，在污水过滤方面，其滤速低、滤料容易板结偏流、反洗麻烦且洗不干净还易乱层，理想状态下每隔 2～3 年也需要更换一次滤料，还存在占地面积大、综合成本高等问题。

环保新材料与环保高端装备是联合高校专家，以新材料做滤料，开发的一个具有离心搅拌反洗装置的过滤器，整体作为环保高端水处理设备，可解决目前市场上机械过滤器所遇到的问题。

研发出的两个新品，一为研发新材料，二为研发配套的高速过滤器。新材料在过滤器中试用已达到研发指标，目前新材料及高速过滤器已投入到水处理工程中，在不同的水质项目中使用。

新材料的量产产线和高速过滤器的量产产线在建，降低整体成本后向国内外市场推广应用。逐步开发新材料在水处理其他方面及其他领域的应用。

6.5.2 竞争优势

（1）新材料的制作工艺特殊，配方复杂，成品同时具有多孔隙、高强度、高韧性、易吸附、易脱附，以及具备柔性和亲水性等特性，类似于陶氏膜，非常适合应用在水处理行业，目前在国内未见到同类型材料。

（2）高速过滤器应用多组分纤维滤料，能高速去除水中的 SS 及悬浮物，弥补了当前普遍使用的机械过滤器和纤维束/球过滤器的不足。在环保水处理中具有变革型进步，大幅提高了过滤精度、效率、使用寿命；易反洗干净，且反洗水量少，占地面积小，大幅降低投资和运行费用。

6.6　波浪能海水淡化

6.6.1　项目简介

用于波浪能采集的漂浮装置也就是波浪能采集设备，主要是针对缺水、缺电的国家，海滨城市，远离陆地的海岛和国防建设而研制的，是根据能量守恒定律和帕斯卡原理研发的，可为人类提供不可或缺的淡水和电力资源。波浪能采集的漂浮装置采集波浪能后，输出旋转式机械能，带动发电机发电，带动高压泵（反渗透法）产生淡水，谱写海水淡化的新篇章。测试结果显示，波浪能采集的漂浮装置的波浪能转换效率为44.99%，而风力发电的转换效率为42%，波浪能更具开发利用的价值。（测试工况条件：2018年11月进行波浪能采集设备转换效率测试。浮筒直径0.4 m，浮筒总长度4.2 m，波高0.1 m，波浪周期1.7 s，水深0.9 m，测试时间3 min，水质量（净重）3.635 kg，负载40 kg，负载缸筒直径50 mm。）

6.6.2　竞争优势

设计额定功率相同时，设备制造成本更低，转换效率更高，安装方便。

6.7　绿白智能高浓度污水处理系统

6.7.1　项目简介

该项目通过深入研究分析高浓度有机废水的特点，结合国内外现有处理工艺技术现状，以及连续生产、稳定运行的要求，联合中国科学院城市环境研究所、福建师范大学等科研团队，在方法和技术方面进行大胆创新，将电化学高级氧化技术和低温蒸发处理技术进行系统集成、综合运用，形成了国内外独有的高浓度废水解决方案和独创的全量化处理零排放工艺。彻底解决金属加工行业、农药化工、垃圾渗滤液等高浓度废水处理难题（图1-26）。

6.7.2　竞争优势

该项目团队结构合理、知识层次高、实践经验丰富，具有较强的自主创新能力。依托强大的研发能力，项目团队拥有所有产品的全部知识产权。污水领域的所有专利已全部实现产品化，产品和服务种类丰富、结构齐全，涵盖了污水处理工艺流程前端、中端和后端全部需求，为客户提供整体解决方案和产品设备，并可根据客户

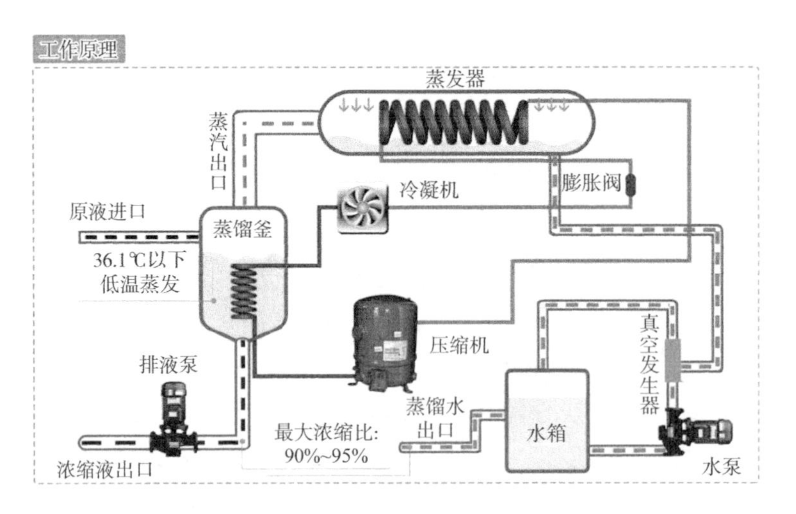

图 1-26 绿白智能高浓度污水处理系统工作原理图

的不同需求，为客户量身定制产品和服务。

6.8 自流式悬浮颗粒介质生物过滤反应器

6.8.1 项目简介

自流式悬浮颗粒介质生物过滤反应器（Artesian Suspended Solid Filtration Biological Reactor，ASSFBR），又名抗污堵过滤生物反应器（专利号：ZL 2018 2 0780799.4）（图 1-27）。该项目是在多年水处理经验的基础上，自主创新、研发的集泥水分离过滤及生物反应效果于一体的环保水处理新产品。它以悬浮颗粒介质过滤分离滤芯（专利号：ZL 2018 2 0765646.2）组件的特有泥水分离功能取代传统生物处理技术末端二沉池及 MBR 膜系统，在生物反应器中保持高活性污泥浓度，同时滤芯外部形成的泥膜及内部特有滤层结构可共同营造出稳定的缺氧/厌氧环境，从而填补了传统工艺及 MBR 膜系统中好氧出水部分未经反硝化的漏洞，提高了生物处理效率；同时其

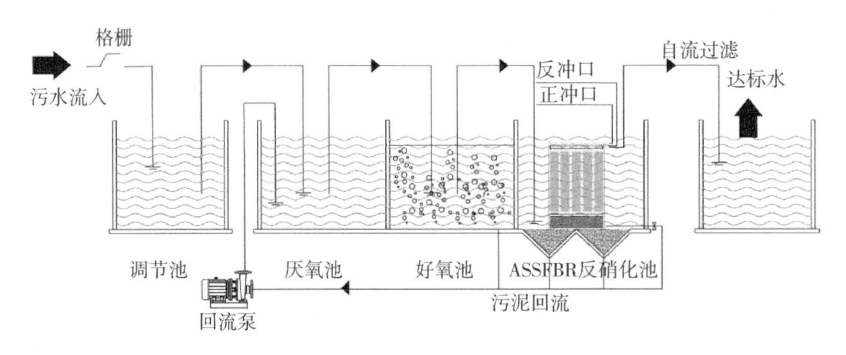

图 1-27 ASSFBR 应用流程图

特有的自流式产水方式也大大降低了系统的运行成本；管式模块化的设计方式不但减少污水处理设施的占地面积而且降低了现场的施工难度。颗粒介质滤层的发明设计不但解决了传统过滤设备及 MBR 膜易污堵、寿命短、产水流量变小、维护难度大的难题，也填补了目前大多数易污堵污水处理系统无法直接泥水分离过滤的空白。ASSFBR 的推广和应用将为环保水处理行业提供全新的处理思路和高效的技术。

6.8.2　竞争优势

（1）运行费用低；（2）永不污堵；（3）占地少；（4）无人值守；（5）滤芯寿命超长；（6）简单方便的在线清洗；（7）无须化学清洗；（8）模块化安装；（9）水质稳定；（10）超长产水周期；（11）周期产水量恒定不变。

6.9　IoT 水处理解决方案

6.9.1　项目简介

该项目基于在水处理原材料应用、水处理系统集成、水质检测数据分析等领域的优势，结合软硬件与 IT 技术，提出将“大数据＋物联网”融入净水监测网络，精准量化水质质量及能耗数据管理，为工业、商用、民用的中央空调循环水系统、冰水机循环水系统、空气源热泵系统、锅炉系统等大大降低水电成本（图 1-28）。

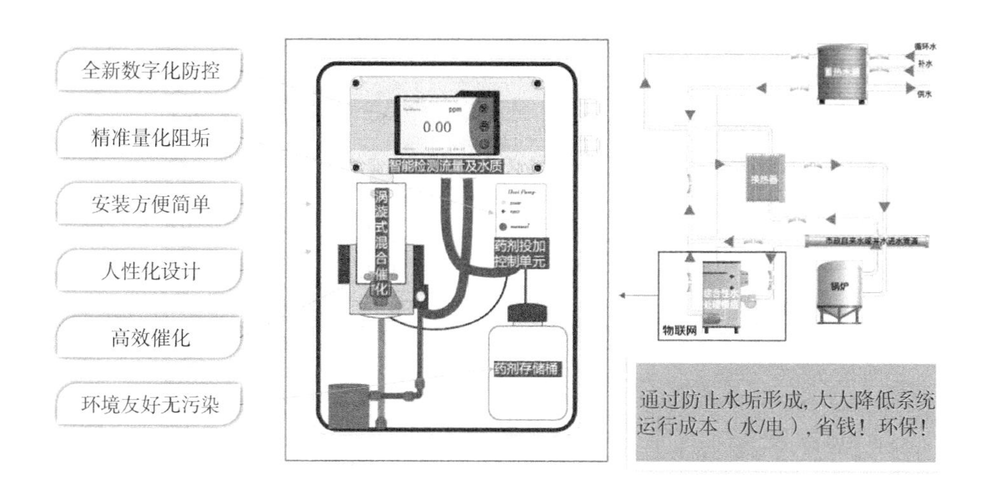

图 1-28　IoT 水处理解决技术流程图

6.9.2　竞争优势

（1）核心原材料自主研发，自有知识产权。

（2）技术团队具备扎实的技术开发实力、产品迭代能力。

（3）物联网精准控制药剂投放，更好地实现降本增效。

参考文献

[1] 范治坤．浅谈污水处理中曝气生物滤池的具体应用 [J]．农家科技（下旬刊），2011(4)：105.

[2] 党超．我国污水处理行业建设与运营模式探讨——以 A 市污水处理项目为例 [D]．成都：西南财经大学，2005.

[3] 丁瑶瑶．“十四五”碧水保卫战 [J]．环境经济，2022(1)：32-37.

[4] 刘迪．水务行业轻资产运营模式转型研究——以北控水务为例 [D]．广州：暨南大学，2020.

[5] 周倩倩，王琦，王志红，等．智慧水务背景下城市给排水管网系统课程的改革和创新思路探讨 [J]．中文科技期刊数据库（文摘版）教育，2022(10)：238-240.

[6] 宫艳丽，宫艳玲，王兆华．农村污水处理工艺选择及运营模式分析 [J]．中文科技期刊数据库（全文版）工程技术，2022(3)：100-103.

[7] 王琳，曾祥红．污水处理环境工程的技术选择和项目运营模式分析 [J]．中国科技期刊数据库 工业 A，2022(9)：118-120.

>> 第 2 篇

固废处理产业创新发展研究

第 1 章　固废处理产业概况

1.1　固体废物的定义

固体废物是指在生产、生活和其他活动过程中产生的丧失原有的利用价值或者虽未丧失利用价值但被抛弃或者放弃的固体、半固体和置于容器中的气态物品、物质以及法律、行政法规规定纳入废物管理的物品、物质。不能排入水体的液态废物和不能排入大气的置于容器中的气态物质由于多具有较大的危害性，一般也归入固体废物管理体系。

固体废物处理是通过物理的手段（如粉碎、压缩、干燥、蒸发、焚烧等）或生物化学作用（如氧化、消化分解、吸收等）和热解气化等化学作用以缩小其体积、加速其自然净化的过程。但是不管采用何种处理方法，最终仍有一定量的固体废物残存，对这部分废物需要妥善地加以处置。在处理废物时，应避免产生二次污染，对有毒有害废物应确保不致对人类产生危害。

1.2　固体废物的分类

根据生态环境部发布的《固体废物分类目录（征求意见稿）》，固体废物的种类包括工业固体废物、生活垃圾、建筑垃圾和农业固体废物。其中，工业固体废物分为冶炼废渣、粉煤灰、炉渣、煤矸石、尾矿、脱硫石膏、污泥、赤泥、磷石膏、工业副产石膏、钻井岩屑、食品残渣、纺织皮革业废物、造纸印刷业废物、化工废物、可再生类废物和其他工业固体废物；生活垃圾分为有害垃圾、厨余垃圾、可回收物和其他垃圾；建筑垃圾分为工程渣土、工程泥浆、工程垃圾、拆除垃圾和装修垃圾；农业固体废物分为农业废物、林业废物、畜牧业废物、渔业废物和其他农业固体废物。

1.3　固体废物的特性

固体废物具有以下特性：

（1）双重性

固体废物具有污染环境和再生利用的双重特性，具有鲜明的时间和空间特征，是在一定时间和地点被丢弃的物质，可以说是放错地方的资源。例如，粉煤灰是发电厂产生的废弃物，但对建筑业来说，它可用来制砖，又是一种有用的原材料。

(2) 复杂多样性

固体废物种类繁多，成分也非常复杂。例如，一部废手机，就含有塑料、金属、玻璃等多种成分；废旧电视机含有玻璃、塑料、金属、荧光粉等。

(3) 危害的潜在性和长期性

废物往往是许多污染成分的终极形态。这些“终态”物质中的有害成分，在长期的自然因素作用下，又会转入大气、水体和土壤，成为污染环境的“源头”。固体废物的污染物迁移转化缓慢，所产生的环境污染常常不易被察觉，容易发生人身伤害等灾害性事件，环境污染后恢复时间长。例如，美国拉夫运河污染治理前后花费了21年。

1.4 固废处理产业发展的特点

我国固废处理产业具备环保产业的基本特征。(1) 环保产品具有支出性，即对下游企业来说，环保产品一般只能增加生产成本；(2) 环保市场需求具有被动性，即如果没有外在压力，企业缺乏动力采取环保手段防治污染；(3) 环保产业是一种政策引导型产业，即环保产业的发展和国家的政策息息相关。

现阶段，我国固废处理产业整体呈现散、小、弱的特点，处理规模小、处理能力滞后等仍是明显痛点。随着行业市场化发展进程加快，企业并购将进一步提速。未来十年，固废处理产业将迎来大发展的时代，固废环保企业也会在竞争中加速成长，形成“群雄并起、强者愈强”的竞争态势。同时，固废产业的市场规模将不断放大，市场也将进一步细分，任何一家企业都无法掌握每一个细分领域的技术或市场，无法满足所有产业链的极致化需求。因此，固废企业之间的合作共赢将是大势所趋。

1.5 固废处理产业面临的问题

目前，我国固废处理产业面临的如下主要问题。

(1) 相关法律法规空缺、政策支持力度不够

我国有关固体废物的法律仅有一部《中华人民共和国固体废物污染环境防治法》，与固体废物资源化综合利用相关的法律、法规还处于空缺状态，由于缺乏政策的支持，固废资源化难以有效地开展。

(2) 没有形成有效的产业化模式

当前，固废处理、资源化利用产业链断裂，固废资源化水平较低，再生产品缺乏

市场竞争力且市场需求量低，使其几乎没有市场效益。固废企业数量庞大，但处理规模小、处理能力滞后等仍是明显痛点，小企业的抗风险能力、服务能力也偏弱。此外，在市场化过程中，大量多元化公司（甚至非专业公司）进入固废管理行业，出现了许多“晒太阳”设施和问题设施。随着行业市场化发展进程加快，企业并购将进一步提速，合作共赢成大势所趋。

（3）对工业固废处理的管理不足

国家制定了排污许可证制度及排污收费的标准，但是在污染型生产企业中，关于工业固废的生产和排放并没有进行细化的监管，关于工业固废的运输及处置过程也欠缺相应的标准，环保部门对于企业固废的生产、转移以及最终处置结果等环节的监管力度不够，导致每年都有一定的工业固废被随意倾倒、丢弃。

（4）“邻避效应”阻碍行业发展速度

随着经济社会的发展和人民群众健康意识、权利意识的不断提升，固废处理过程中，尤其是垃圾处理过程中产生的细菌、病毒、恶臭、二噁英类物质、氮氧化物等污染物受到了民众的广泛关注。虽然目前垃圾处理企业已经采取措施，确保污染物排放水平在国家标准范围内，但由于部分民众对垃圾处理的认识不足，往往对所在地需要建设的固废处理项目存在强烈抵触情绪。“邻避效应”加大了固废处理场，尤其是垃圾处理场的选址难度，制约了行业的快速发展。

（5）市场竞争日趋激烈

近年来，我国固废处理行业发展迅速，尤其是垃圾焚烧发电行业，行业新进投资者日渐增多。我国固废处理行业一般采用政府特许经营的方式实施，受资源及环境等因素的影响，地方政府一般根据当地垃圾产生量规划适当规模的固废处理场，并授予经营者特许经营权。由于特许经营权具有排他性，在当地未出现大规模新增垃圾处理需求的情况下，特许经营权具有较强的稀缺性。因此，行业市场竞争日趋激烈，导致行业利润空间受到一定影响。

第2章　固废处理产业相关政策

2.1　政策发展历程

我国固废处理产业较发达国家起步晚。从政策历程来看，1995年，《中华人民共和国固体废物污染环境防治法》正式实施；“十一五”期间，国家政策主要鼓励对固体废物实行回收和利用、减少固体废物生产量；“十二五”时期，《关于建立完整的先进的废旧商品回收体系的意见》出台，我国开始加强对固体废物进口的监管，同时深入推进大宗固体废物综合利用，加强共性关键技术研发及推广，固废处理行业受重视程度增加；“十三五”时期，《“无废城市”建设试点工作方案》《工业固体废物资源综合利用评价管理暂行办法》等政策相继出台，提出要全面整治历史遗留尾矿库，统筹推进大宗固体废弃物综合利用，鼓励专业化第三方机构从事固体废物资源化利用相关工作，固废处理行业发展进一步加快；“十四五”以来，在低碳化进程推进的带动下，固废处理相关国家政策进一步优化，支持力度进一步加大，全面禁止进口固体废物，继续加强大宗固废综合利用，大力开展“无废城市”建设，固废处理行业发展进入快车道。

2.2　重点政策解读

国家政策对于鼓励和支持固废处理产业发展起着关键作用。自1995年《中华人民共和国固体废物污染环境防治法》正式实施以来，我国固废处理产业相关政策密集出台，重点政策整理见表2-1。

表2-1　中国固废处理产业重点政策解读

发布时间	政策名称	重点内容解读
2022.4	《关于发布“十四五”时期“无废城市”建设名单的通知》	生态环境部根据各省份推荐情况，综合考虑城市基础条件、工作积极性和国家相关重大战略安排等因素，确定了“十四五”时期开展“无废城市”建设的城市名单。此外，雄安新区、兰州新区、光泽县、兰考县、昌江黎族自治县、大理市、神木市、博乐市等8个特殊地区参照“无废城市”建设要求一并推进

续表

发布时间	政策名称	重点内容解读
2022.2	《关于加快推进城镇环境基础设施建设的指导意见》	列出固体废物处置目标：至 2025 年城镇固体废物处置及综合利用能力显著提升，利用规模不断扩大，新增大宗固体废物综合利用率达到 60%
2021.12	《关于加快推进大宗固体废弃物综合利用示范建设的通知》	经各地发展改革委审核推荐、专家评审、网上公示等程序，确定了 40 个大宗固体废弃物综合利用示范基地和 60 家大宗固体废弃物综合利用骨干企业。除了指出要进一步完善基地和骨干企业实施方案外，还指出要加快推进综合利用示范建设，推动实现“到 2025 年大宗固废年综合利用量达到 40 亿吨左右”目标任务
2021.12	《“十四五”时期“无废城市”建设工作方案》	推动 100 个左右地级及以上城市开展“无废城市”建设，到 2025 年，“无废城市”固体废物产生强度较快下降，综合利用水平显著提升，无害化处置能力有效保障，减污降碳协同增效作用充分发挥，基本实现固体废物管理信息“一张网”，“无废”理念得到广泛认同，固体废物治理体系和治理能力得到明显提升
2020.11	《关于全面禁止进口固体废物有关事项的公告》	公告指出，禁止以任何方式进口固体废物，禁止我国境外的固体废物进境倾倒、堆放、处置。生态环境部停止受理和审批限制进口类可用作原料的固体废物进口许可证的申请；2020 年已发放的限制进口类可用作原料的固体废物进口许可证，应当在证书载明的 2020 年有效期内使用，逾期自行失效
2021.10	《2030 年前碳达峰行动方案》	加强大宗固废综合利用。到 2025 年，大宗固废年利用量达到 40 亿吨左右；到 2030 年，年利用量达到 45 亿吨左右
2021.7	《“十四五”循环经济发展规划》	到 2025 年，循环型生产方式全面推行，绿色设计和清洁生产普遍推广，资源综合利用能力显著提升，资源循环型产业体系基本建立。其中，提到到 2025 年，大宗固废综合利用率达到 60%
2021.5	《关于开展大宗固体废弃物综合利用示范的通知》	目标：到 2025 年，建设 50 个大宗固废综合利用示范基地，示范基地大宗固废综合利用率达到 75%以上，对区域降碳支撑能力显著增强；培育 50 家综合利用骨干企业，实施示范引领行动，形成较强的创新引领、产业带动和降碳示范效应
2021.3	《中华人民共和国国民经济和社会发展第十四个五年规划和 2035 年远景目标纲要》	全面整治固体废物非法堆存，提升危险废弃物监管和风险防范能力
2019.10	《关于建立健全农村生活垃圾收集、转运和处置体系的指导意见》	到 2020 年底，东部地区以及中西部城市近郊区等有基础、有条件的地区，基本实现收运处置体系覆盖所有行政村、90%以上自然村组；中西部有较好基础、基本具备条件的地区，力争实现收运处置体系覆盖 90%以上行政村及规模较大的自然村组；地处偏远、经济欠发达地区可根据实际情况确定工作目标。到 2022 年，收运处置体系覆盖范围进一步提高，并实现稳定运行
2019.9	《关于开展危险废物专项治理工作的通知》	要求 2019 年底前，在全国范围内排查化工园区、重点行业危险废物产生单位、所有危险废物经营单位的危险废物环境风险，消除环境风险隐患
2019.1	《关于推进大宗固体废弃物综合利用产业集聚发展的通知》	探索建设一批具有示范和引领作用的综合利用产业基地，到 2020 年，建设 50 个大宗固体废弃物综合利用基地、50 个工业资源综合利用基地，基地废弃物综合利用率达到 75%以上，形成多途径、高附加值的综合利用发展新格局

续表

发布时间	政策名称	重点内容解读
2018.12	《“无废城市”建设试点工作方案》	鼓励专业化第三方机构从事固体废物资源化利用、环境污染治理与咨询服务，打造一批固体废物资源化利用骨干企业。以政府为责任主体，推动固体废物收集、利用与处置工程项目和设施建设运行，在不增加地方政府债务前提下，依法合规探索采用第三方治理或政府和社会资本合作（PPP）等模式，实现与社会资本风险共担、收益共享
2016.11	《“十三五”生态环境保护规划》	全面整治历史遗留尾矿库。此外，提出要加强矿山地质环境保护与生态恢复，加大矿山植被恢复和地质环境综合治理，开展病危险尾矿库和“头顶库”（1公里内有居民或重要设施的尾矿库）专项整治，强化历史遗留矿山地质环境恢复和综合治理。推广实施尾矿库充填开采等技术，建设一批“无尾矿山”（通过有效手段实现无尾矿或仅有少量尾矿占地堆存的矿山），推进工矿废弃地修复利用
2012.6	《“十二五”节能环保产业发展规划》	加强煤矸石、粉煤灰、脱硫石膏、磷石膏、化工废渣、冶炼废渣等大宗工业固体废物的综合利用，研究完善高铝粉煤灰提取氧化铝技术，推广大掺量工业固体废物生产建材产品
2012.4	《关于印发建立完整的先进的废旧商品回收体系重点工作部门分工方案的通知》	落实国家固体废物进口管理有关规定，加大预防和打击废物非法进口力度，加强对进口固体废物和旧商品的监管，鼓励进口再利用价值高、对原生资源替代性强、可直接用作原料的固体废物
2011.11	《关于建立完整的先进的废旧商品回收体系的意见》	落实国家固体废物进口管理有关规定，加大预防和打击废物非法进口力度，加强对进口固体废物和旧商品的监管，鼓励进口再利用价值高、对原生资源替代性强、可直接用作原料的固体废物
1995.4	《中华人民共和国固体废物污染环境防治法》	适用于中华人民共和国境内固体废物污染环境的防治，实行减少固体废物的产生、充分合理利用固体废物和无害化处理固体废物的原则。国家鼓励、支持开展清洁生产，减少固体废物的产生量。鼓励、支持综合利用资源，对固体废物实行充分回收和合理利用，并采取有利于固体废物综合利用活动的经济、技术政策和措施。鼓励、支持有利于保护环境的集中处置固体废物的措施

第 3 章　固废处理产业链与商业模式

3.1　固废处理产业链

我国固废处理产业已经形成了较为成熟的产业链，其中上游主要是各类固废处理设备以及转运设备的生产制造，包括固废焚烧设备、尾气净化处理设备、除尘设备、餐厨垃圾处理设备、污泥干化处理设备、环卫清洁设备、固废转运设备等。中游主要是各类固废处理环节，可分为固废分类、固废转运和固废处理；从目前来看，我国固废处理技术主要有焚烧处理、卫生填埋和回收利用。下游是固废处理的末端市场，主要是指对固废处理过程中产生的废水和飞灰等进行处理，以及废弃物资源回收循环利用等。其中，中游为固废处理行业产业链的关键环节（图 2-1）。

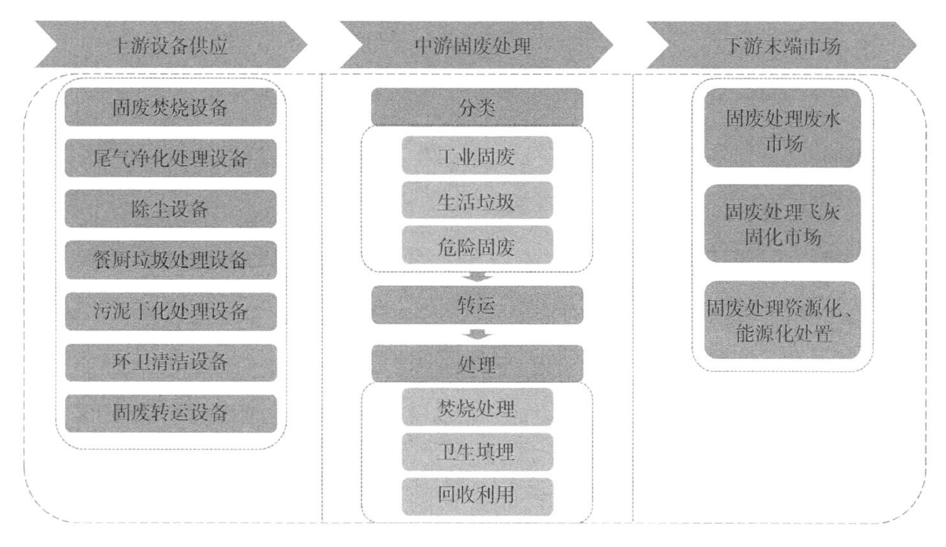

图 2-1　固废处理产业链

在固废处理产业上游领域，代表企业有固废焚烧设备供应商华冠科技、安居乐、绿景环保；餐厨垃圾处理设备供应商邦冠机械、水天蓝环保、三盛环保；污泥干化处理设备供应商恒源机械、科力达、金陵环保；固废转运设备供应商东风商用车、北汽福田、江西五十铃等。

在固废处理产业中游领域，根据处理固废类型的不同，大致可分为工业固废处理、餐厨固废处理和综合固废处理等。在工业固废处理领域，代表企业有东江环保、海螺创业、雅居乐环保、雪浪环境等；在餐厨固废处理领域，代表企业有维尔利、朗坤环境、万德斯环保、洁绿股份、鹏鹞环保等；在综合固废处理领域，代表企业有光大环境、绿色动力、上海环境、三峰环境等。

在固废处理产业下游末端市场，废水处理代表企业有天泽环保、瑞美迪、沃腾环保、鸿淳环保；飞灰处理企业有无锡科熔、中科国润、福尔程环保、恩特重工等（图 2-2）。

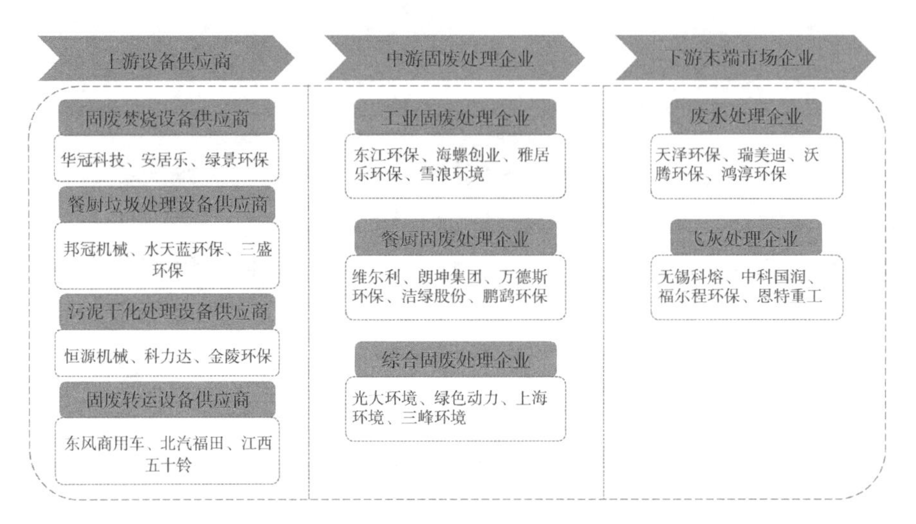

图 2-2　固废处理产业链全景图

3.2　商业模式

固废综合利用业务的盈利模式为赚取资源化产品的销售收入。固废处理企业向上游企业付费回收具有资源化再利用价值的废物（如含铜、镍、锡等金属的废物），并将废物中具有再利用价值的物质转化为资源化产品进行销售。如东江环保 2017 年通过定增募投的江西危险废物处理处置中心项目（资源化利用部分），其主要建设内容为废线路板处理车间、含铜废物综合利用车间、含锌废物综合利用车间、废酸综合回收车间、含镍含铬废物综合利用车间。建成后，处理规模为 28 万吨/年，产物为相关铜盐、镍盐、铬盐等资源化产品。

固废无害化处置业务的盈利模式是赚取危废处理费。固废处理企业向工业废物生产者收取处置费，收集其产生的工业危废，对固废进行无害化、减量化及最终处置，具体处置方式有焚烧、物化、填埋等。如东江环保 2017 年通过定增募投的福建绿洲工业固体废物无害化处置项目，其建设内容包括焚烧处置能力 2 万吨/年的回转窑装置、物化处理危险废物 2 万吨/年的装置和安全填埋 2 万吨的装置，项目建成后每年可综合处理各类危险废物共计 6 万吨。

第 4 章　固废处理行业发展情况

4.1　固废产生情况

随着我国国民经济快速发展、城镇化水平持续提高，固体废物产生量也快速增加。2016—2021 年我国部分固体废物产生情况见表 2-2。

表 2-2　2016—2021 年中国固废产生情况

固废类型	年份					
	2016	2017	2018	2019	2020	2021
一般工业固废产生量（亿吨）	37.1	38.7	40.8	44.1	36.8	42.5
工业危险废物产生量（万吨）	5 219.5	6 581.3	7 470	8 126	7 281.8	8 805.5
建筑垃圾产生量（亿吨）	25.48	—	—	—	—	30.94
生活垃圾清运量（万吨）	20 362	21 521	22 802	24 206	23 512	24 499
电子废弃物产生量（万台）	11 213	12 523	15 091	16 599	—	—
市政污泥产生量（万吨）	3 832	4 031	4 232	4 444	5 130	5 552
危险废弃物产生量（万吨）	5 347.3	6 936.9	7 051.9	7 166.8	7 281.8	7 809.1

4.2　固废处理情况

2020 年，我国固废处理量为 75.6 亿吨，其中一般工业固废产生量、生活垃圾清运量及工业危险废物产生的处理量所占比重较高，分别为 49.2%、16.9%和 13.8%，其余固废类型占比合计 20.1%。2021 年全年国内固废处理量增加至 105 亿吨左右，同比上升 38.9%，一般工业固废产生量、生活垃圾清运量及工业危险废物产生的处理量占比整体变化不大，市场比重分别为 50.1%、15.8%和 12.6%，其余类型合计占比 21.5%。

4.3　固废处理市场规模

根据相关机构发布的市场分析数据，2017—2020 年我国固废处理市场规模逐年上升，从1 420亿元增长到8 000亿元左右，由此测算年均增速达到了154.5%，到2021年末整体市场规模突破9 500亿元，同比上升18.8%。随着我国固废处理行业营业收入的持续增加，据中国环境保护产业协会调查统计，预计到2025年，我国固废处理市场规模将达到13 000亿元，年均增速约为10%。

固废处理行业的六个主要细分市场，包括生活垃圾处理、农林废弃物处理、餐厨垃圾处理、工业固废处理、污泥处理和危废处理，2021年所占市场比重分别为45.2%、26.5%、15.9%、6.2%、4.4%和1.8%。

在我国大力推行绿色环保理念的发展背景之下，国内对固废处理行业的关注度也在不断提高，2020年全国固废处理项目完成投资金额约为17.3亿元，同比增长2.5%，到2021年行业投资进一步增长，投资金额超过18.5亿元，较上年同期相比增长6.9个百分点。随着国家层面出台的各类环保政策逐步落地，未来固废处理行业的项目投资金额也将会继续增加。

第5章　固废处理技术发展情况

我国对固废处理的认知尚浅，技术能力较弱，在固废处理中执行的是减量化、无害化和资源化的技术政策，其中又以无害化为主，而欧美发达国家一般以资源化为主。通过预防减少或避免源头的废物产生量，实现无害化；对于不能避免产生和回收利用的废物，必须经过无害化处理，减少其量和毒性，然后在先进的填埋场处置，从而实现无害化；对于源头不能削减的废物和消费者产生的废物加以回收、再使用、再循环，使它们回到经济循环中去，实现资源化。

目前，广泛采用的垃圾处理方式主要有卫生填埋、高温堆肥和焚烧三种。卫生填埋是普遍采用的处理方法。因为该方法简单、投资少，可以处理所有种类的垃圾，所以世界各国广泛沿用这一方法。从无控制的填埋，发展到卫生填埋，包括滤沥循环填埋、压缩垃圾填埋、破碎垃圾填埋等。

高温堆肥是我国、印度等国家处理垃圾、粪便，制取农肥的古老技术，也是当今世界各国均有利用的一种方法。堆肥是使垃圾、粪便中的有机物，在微生物作用下，进行生物化学反应，最后形成一种类似腐殖质土壤的物质，用作肥料或改良土壤。堆肥技术的工艺比较简单，适合于易腐、有机质含量较高的垃圾处理，可对垃圾中的部分组分进行回收利用，且处理相同质量垃圾的投资比单纯的焚烧处理要低得多。

焚烧是指垃圾中的可燃物在焚烧炉中与氧进行化学反应，通过焚烧可以使可燃性固体废物氧化分解，达到去除毒性、回收能量及获得副产品的目的。几乎所有的有机性废物都可以用焚烧法处理。对于无机-有机混合性固体废物，如果有机物是有毒有害物质，最好也采用焚烧法处理，焚烧法适用于处理可燃物较多的垃圾。垃圾焚烧后，释放出热能，同时产生烟气和固体残渣。热能要回收，烟气要净化，残渣要分解，这是焚烧处理必不可少的工艺过程。采用焚烧法，必须注意不造成空气的二次污染。焚烧处理技术的特点是处理量大、无害化彻底，焚烧过程产生的热量用来发电可以实现垃圾的能源化，因此其是世界各发达国家普遍采用的一种垃圾处理技术。

在我国，焚烧法也有较多应用，同时我国相关专家也在探索新的垃圾焚烧技术。其中，水泥窑法得到了业界好评，并成功实现了工业应用，如铜陵海螺水泥建成的世界首条水泥窑垃圾处理系统，金隅股份下属的北京水泥厂建成的水泥窑协同处理工业危废和城市污泥系统等。水泥窑法就是利用水泥回转窑在水泥生产过程中协同焚烧垃圾。水泥窑法主要优点有：具有天然的稳定高温环境，基本不产生二噁英；水泥窑具有天然的碱性环境有利于中和酸性气体、固化重金属；垃圾和灰渣的组分与水泥原料类似，可作为水泥原料；投资和处理成本低等。

各地具体适合采用何种方式，会因其地理环境、垃圾成分、经济发展水平等因素不同而有所区别，三种方式各有优劣。根据我国目前的情况，卫生填埋的应用最广，所占收运量的比例也最高，可达60.32%。焚烧则通常限定在沿海地区，占收运量比例的37.5%。堆肥的效果很好，但只有个别地区选择性地使用，局限性较大，在收运量的比例中只占2.18%。总体来讲，广大的农村地区适合以堆肥为主；填埋法在经济欠发达地区被广泛采用，同时作为垃圾的最终处置手段，它将始终占有较大的比例；而随着经济发展、土地成本的急剧上升，在人口密集的城市地区，焚烧处理将日渐占据更大的比重。

第 6 章　固废处理行业竞争格局

6.1　固废处理区域竞争格局

据相关数据显示，2021—2022 年上半年，我国固废处理工程招投标项目分布最为集中的区域为华东地区，固废处理工程项目数量共计 58 个，占全国总数量的 36.02%；其次为华北地区和华中地区，分别占比 16.15% 和 11.80%。2021—2022 年中国固废处理工程项目地区分布如图 2-3 所示。

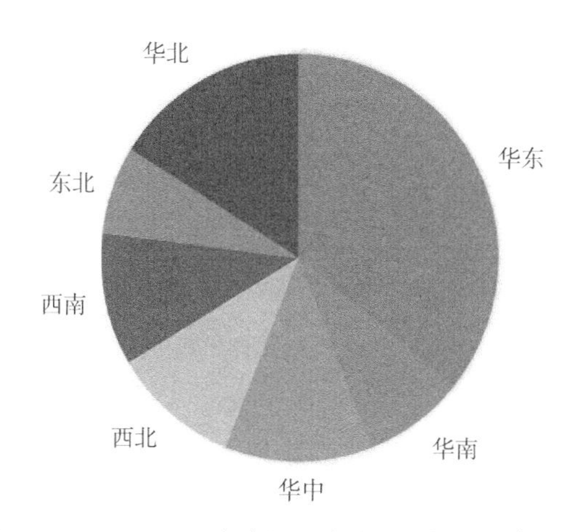

图 2-3　2021—2022 年中国固废处理工程项目地区分布

从企业区域分布来看，我国固废处理行业企业同样集中在华东地区。据相关数据显示，截至 2022 年 9 月，江苏省固废处理相关企业数量超过 1 000 家，位列全国第一，广东省、安徽省、山东省和浙江省企业数量均超过 500 家。

6.2　固废处理企业竞争格局

我国固废处理行业业务规模较大的企业有光大环境、瀚蓝环境等。2021 年，光大环境危废及固废处理量达 796.4 万吨，瀚蓝环境固废处理业务营业收入达 65.68 亿元，竞争力较强。2021 年中国固废处理行业代表性企业业务情况如表 2-3 所示。

表 2-3　2021 年中国固废处理行业代表性企业业务情况

公司简称	固废处理业务营业收入（亿元）	固废处理业务规模
华光环能	—	生活垃圾焚烧项目日处理能力 4 100 吨，污泥处理 2 490 吨/日
伟明环保	41.85	生活垃圾焚烧发电项目合计设计规模约 5.07 万吨/日，其中运营及试运营项目设计总规模约 2.84 万吨/日
光大环境	—	2021 年危废及固废处理量达 796.4 万吨
海陆重工	10.13	—
雪浪环境	2.77	控股子公司南京卓越环保科技有限公司投资建设的固废资源化利用项目年处理固体废物 12 万吨（湿基），其中 8 万吨（湿基）危险废物，4 万吨一般固体废物
瀚蓝环境	65.68	垃圾焚烧发电 34 150 吨/日，餐厨垃圾和粪便处理 3 069 吨/日，生活垃圾卫生填埋 1 156 万 m^3，工业危废处理 22.55 万吨/年，农业垃圾处理 195 吨/日，污泥处理 1 150 吨/日，医疗废物处理 30 吨/日，大件垃圾处理 40 吨/日
格林美	—	废渣废泥资源化利用业务全年固废处理量达 9 335.14 吨
富春环保	—	日处理垃圾 1 000 吨，日处理污泥 7 000 吨
上海环境	49.83	2021 年焚烧生活垃圾 1 266.13 万吨，垃圾填埋量 15.53 万吨，中转垃圾 114.63 万吨
绿色动力	26.19	生活垃圾焚烧发电运营项目 31 个，处理能力达 3.4 万吨/日
启迪环境	10.90	固废项目总处理能力为 6 728 吨/日，包括垃圾焚烧发电项目处理能力 3 500 吨/日和垃圾填埋项目处理能力 3 133 吨/日；医废处置项目在运营项目处理能力为 95 吨/日
东江环保	34.48	截至 2021 年末，公司危废经营许可资质已超 230 万吨/年
万邦达	1.80	—
高能环境	66.51	固废危废资源化利用许可规模合计 102.635 万吨/年（投产＋在建），固废危废无害化处置规模合计 12.264 万吨/年
旺能环境	29.68	投资、建设垃圾焚烧发电项目合计 25 320 吨/日，餐厨垃圾项目合计 2 720 吨/日
中山公用	3.96	生活垃圾焚烧处理能力达到 79.2 万吨/年，发电量可达 3 亿度/年以上
深高速	—	子公司蓝德环保拥有有机垃圾处理 PPP 项目共 19 个，厨余垃圾设计处理量超过 4 000 吨/日
润邦股份	7.20	子公司中油环保危废及医废处置能力超 33 万吨/年，绿威环保污泥处置运营产能规模合计约为 120 万吨/年
永清环保	—	旗下的衡阳、新余垃圾焚烧发电厂设计的垃圾处置规模合计 2 400 吨/日，长沙市生活垃圾焚烧发电厂项目公司处置规模为 5 100 吨/日；江苏永之清和甘肃禾希两个危废处置项目核准处置规模合计 7.14 万吨/年
山高环能	1.46	运营产能已达 1 830 吨/日，拟收购项目产能达 1 200 吨/日，受托运营项目产能 200 吨/日，福州清禹拟收购项目 300 吨/日
通源环境	1.78	—

续表

公司简称	固废处理业务营业收入（亿元）	固废处理业务规模
卓锦股份	0.21	—
大地海洋	5.27	2021 年危废资源化利用生产量达 2.81 万吨，电子废物拆解处理生产量达 4.65 万吨
超越科技	2.26	2021 年度公司焚烧类业务处置量 34 920 吨，填埋业务处置量 21 993 吨
圣元环保	11.63	2021 年垃圾焚烧发电厂全年累计接收垃圾进厂量 484.58 万吨
侨银股份	0.84	—
兴蓉环境	10.88	运营垃圾焚烧发电项目规模为 6 900 吨/日，垃圾渗滤液处理项目规模为 5 630 吨/日，污泥处置项目规模为 1 516 吨/日
德创环保	0.07	废盐资源化利用处置项目已签约合同吨数达 5.00 万吨，整体最高处置能力已实现 100 吨/日
长青集团	—	垃圾发电项目总装机容量及已投产装机容量均为 54 MW

第 7 章 固废处理行业未来前景

7.1 产业政策持续利好，市场秩序逐步规范

固废处理行业具有高度的社会敏感性，政策支持与引导规范是行业发展的关键。近年来，各级政府在固废处理产业规划、财税制度、垃圾焚烧电力销售等方面出台了一系列支持政策。随着相关政策的出台和落实，我国固废处理行业未来发展将进入快车道，预计 2027 年固废处理量有望达到 130 亿吨，2022—2027 年复合增长率约为 3.6%。固废处置与资源化利用行业营业收入也将同步扩大，预计 2027 年有望超过 18 000 亿元，2022—2027 年复合增长率约为 11%。

与此同时，国家正逐步加大对固废处理行业的监管力度，行业监管制度建设取得重大成就。各级政府部门先后制定或修订了一批围绕垃圾处理、污泥处置、垃圾焚烧发电等固废处理业务的法律法规，加强行业准入与监管，进一步规范行业内企业的生产经营行为，为我国固废处理行业发展营造了良好的市场环境。

7.2 工业固废处置市场需求庞大，行业前景光明

中国作为领先的制造业市场之一，产生大量工业固废。数据显示，2020 年，我国全年全部工业增加值为 313 071 亿元，比上年增长 2.4%；规模以上工业增加值增长 2.8%，保持了持续增长势头。2021 年，全国规模以上工业增加值同比增长 9.6%，两年平均增长 6.1%。未来，中国制造业的持续发展将会继续促进中国工业固废处置市场的增长。

根据国务院 2021 年 2 月颁布的《国务院关于加快建立健全绿色低碳循环发展经济体系的指导意见》，中国将更加重视对工业固废的管理和利用。根据中国的发展目标和对低碳、循环经济的国家承诺，中国将继续加大力度，减少温室气体排放，并增加工业固废在能源生产中的使用，预期将为固废处置市场带来更多机会。

7.3　垃圾清运量不断提高，无害化处理需求增长明显

伴随经济发展以及居民生活水平的提升，城镇人均产生垃圾量也将随之提升。2010 年，我国城镇人均垃圾清运量为 0.65 kg/d，2020 年这一数字已升至 0.71 kg/d，同期我国的城镇化率由 49.7%提升至 63.9%。未来中国城市生活垃圾产生量仍存在较大上升空间，《城市蓝皮书：中国城市发展报告 No.12》显示，预计到 2030 年，中国城镇化率将达到 70%。按照 2030 年城镇化率达到 70%、城镇人均 1.18 kg/d 的垃圾产生量计算，中国的城镇垃圾量将达到 4.21 亿吨/年。

我国城市生活垃圾快速增长，其与垃圾处理相对滞后的矛盾日益凸显，大量垃圾未能得到合理处置，引起社会对生活垃圾无害化处理的广泛关注。相较于卫生填埋、堆肥等无害化处理方式，垃圾焚烧处理具有处理效率高、减容效果好、资源可回收利用、对环境影响相对较小等优势，是垃圾处理行业的主流发展方向，市场需求的增长将更为明显。

7.4　民众环保意识日益增强，社会舆论对环保更为重视

城市扩张提速，城市污水处理规模逐年增加，市政污泥产量逐年上升，同时城市生活垃圾产生量也在急剧上升，各类城市固废若得不到有效处理将导致环境污染（如地表污染、地下水污染、土壤污染、大气污染等），对居民的日常生活产生极大的负面影响，这成为各级政府亟待解决的问题。随着人们对健康环境需求的提高，民众的环保意识日益增强，因环境问题引发的民众维权行动也逐渐增多，社会舆论对环境污染的重视及新闻报道透明度也不断提升。环境问题已成为影响人体健康、公共安全和社会稳定的重要因素之一，政府对环境保护和污染治理的投资力度也在不断加强，未来城市固废处理行业将迎来良好的发展机会。

第8章 “共筑梦想 创赢未来”绿色产业创新创业大赛2022年度固废处理产业优秀项目

8.1 爱降解有机垃圾处理及有机菌肥应用

8.1.1 项目简介

针对厨余垃圾提供分布式解决方案，研发的生物菌种及餐厨垃圾处理设备可就地降解餐厨垃圾。菌种技术来源于复旦大学生命科学院研发成果，是首批获得国家菌种鉴定资质的菌株，投放到设备中可以做到随时投放随时处理，减量率高达90%以上，资源化率100%，完全分解为有机肥，无有害物质排放（图2-4）。菌种特性：(1) 降解速度突出，能够稳定在24小时内降解有机垃圾，比国内外微生物菌剂降解速度快30%以上；(2) 微生物活性强，适合多种工作环境，针对中国餐饮垃圾特点筛选分解菌种，菌种耐高盐高油环境，可以在餐厨垃圾中正常分解代谢；(3) 生物安全性通过检测，不含致病菌，菌种在60 ℃工作环境中可以稳定杀灭垃圾中的致病菌和病毒，真正做到安全无害；(4) 生物除臭性好，菌种通过降解可以消除有机垃圾的恶臭味；(5) 分解稳定可控，可以根据不同垃圾组分定制对应菌剂。

餐厨垃圾处理设备综合了市场上现有餐厨垃圾设备的优势，操作简便智能、处理快速、高效减量、运行成本低，比国内产品耗电量降低50%以上，设备故障率低，使用寿命更长。目前，设备已经落地于上海电气园区、华为上海研发中心、复旦大学、上海市妇联、上海市青浦公安分局、世界外国语学校（上海）、上海建桥学院、上海市第二中学等三十多家单位。

图2-4 爱降解有机垃圾处理流程

8.1.2　竞争优势

从产业化来看，我国餐厨垃圾处理是千亿级的市场，并且保持着每年 20%的高增速。但目前餐厨垃圾生物环保菌种研发应用是一个全新的领域，以中小企业为主，未产生规模较大的产品和服务公司，缺乏自主研发团队。在此背景下，作为拥有第一代成熟产品的基于专业分子筛选技术的高品质菌种研发生产平台必将拥有巨大的发展空间。爱降解菌种技术曾应用于人民大会堂的生态厕所，解决粪便就地处理的问题，以及 APEC 国际会议的餐厨处理。随着团队的不断研发迭代，未来爱降解菌种完全可以应用于畜牧业的粪便处理、园林垃圾处理、土壤修复等新兴环保领域，并且通过改善菌种发酵处理的水平使后期二代、三代的菌剂催化发酵产物在各方面不断优化，适应中国土壤种植条件，最终发酵产物可以成为土壤调理剂、园林营养土、生物菌肥等具有不同用处的绿色农业产品，进一步扩宽菌剂产品的应用市场。

8.2　有机废弃物资源化利用生产可降解塑料（PHA）

8.2.1　项目简介

PHA 是一种性能优良的环保生物塑料，目前商业化的 PHA 主要是可降解热塑性材料，其性能可以与传统的石油基塑料相媲美，可应用于日化产品包装、衣料纺织品、餐具等与人们生活息息相关的领域，同时也可广泛应用于农膜、电子产品等多个领域。在欧美等发达国家，以玉米淀粉和葡萄糖等可食用原料生产出的 PHA 被制作成医用植入材料应用于医学领域。

本项目所研制的小型移动式餐厨垃圾处理装备主要处理对象为餐厨垃圾、市政污泥或混合有机废弃物，经过一系列工艺处理后的有机废弃物可获得的主要产品为 PHA、生物柴油、生物肥料、鸟粪石和有机碳源。该设备有如下特点：(1) 灵活性高，可根据客户需要随时起运至项目运营地点；(2) 集成度高、装备模块化，体现在预处理模块、酸化模块、固液分离模块、PHA 合成模块和 PHA 提取模块五个方面；(3) 拥有智能化管理模式，可通过无线网络实时传输项目运营现场画面和运行参数。

8.2.2　竞争优势

本项目的技术优势在于混合菌群合成 PHA，全过程无须灭菌处理；合成 PHA 的原料为有机废弃物；PHA 合成过程不会产生易燃易爆气体，设备无防爆要求且无须设置防爆区。该项目已建成国际上首个利用餐厨垃圾等废弃碳源合成 PHA 的中试项目（图 2-5）。混合菌发酵产出 PHA 的工艺路径不断迭代和升级，已完成多轮多个批次的工艺验证和产品生产，并已获得多批次具备标准品质的 PHA 产品。

图 2-5 利用餐厨废物等废弃碳源合成 PHA 的中试项目

8.3 生活垃圾消纳无废循环利用项目

8.3.1 项目简介

本项目可解决生活垃圾焚烧发电产生的次生危害物，如飞灰、炉渣、二噁英、氮氧化物、硫化物等，无害化前置处理避免次生危害产生；攻克生活垃圾小型化消纳的技术难点，低成本无害化循环利用生活垃圾；解决垃圾分类后低热值生活垃圾无法处理的问题，铲除遗留垃圾山，修复城市失地。

该技术通过对预处理后的生活垃圾添加特殊试剂先行反应掉大部分氮氧化物、硫化物以避免燃烧后产生次生危害物，通过物理塑型和化学添加的方法固化、混合垃圾和垃圾渗滤液，制成垃圾燃烧块，协同处理垃圾渗滤液。生物干化法使垃圾渗滤液水分干化；塑型固化剂固定成型垃圾燃烧块，避免垃圾烧结过程产生飞灰；添加特殊原料使垃圾烧结生成建筑材料基料。焚烧过程中，垃圾燃烧块的外层保持 1 000 ℃以上的高温，垃圾燃烧块内芯加热过程中，生物质被气化成纯净的可燃气体燃烧，焚烧生成残余的二噁英等危害气体穿过燃烧的垃圾燃烧块外围高温孔隙层，瞬间被裂解，同时 SO_x 在高温状态下和含钙物质反应形成硫酸盐。垃圾燃烧块焚烧过程中产生的热值可用于供热或发电。

8.3.2 竞争优势

目前国内外无同类技术，该技术处于国际领先地位，填补了生活垃圾小型化消纳的市场空白，可作为零碳无废城市建设的有力支撑。该技术无污染、无次生危害，将垃圾变成清洁能源燃料，增加附加值，有效减少了地方政府的财政负担，便于各地推广应用。本项目荣获科技部、教育部、中关村举办国际前沿大赛金奖、北京市优秀项目等诸多荣誉。

8.4　高温粪污自动化处理成套装置

8.4.1　项目简介

本项目对高温厌氧发酵产出沼气工艺进行研究，筛选高温转化菌种，研究发酵过程中各项参数变化规律和趋势，以“预处理+CSTR 高温厌氧反应器+柔性气柜+有机肥加工”为核心处理工艺，设计高温粪污自动化处理成套装置，提高粪污处理效率，研制系列成套装置，实现数字化自动控制。产生的沼气先经过脱水、脱硫，再经增压后发电；产生的沼液首先进入沼液储池储存，沼液固液分离后，通过有机肥加工设备，粗加工成有机肥，给农田施肥或销售（图 2-6）。

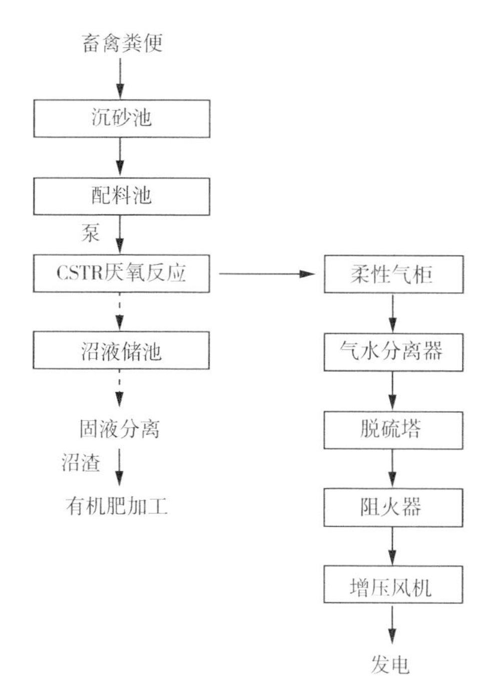

图 2-6　高温粪污自动化处理成套装置处理流程

8.4.2　竞争优势

本项目所研制的高温粪污自动化处理成套装置较中低温处理装置处理和转化效率提高 50%；处理后有机肥还田后无二次污染，有害菌落死亡率达 100%，有机物腐熟度达到 100%。沼渣、沼液是优质高效的有机肥料，能够改善生态环境，促进土壤改良，节约农药化肥成本，促进生态农业发展，带动无公害农产品生产。通过项目建设，可以为当地树立起示范工程，对周边类似规模化养殖场具有带动作用，促进区域的可持续发展。通过污染治理，可以改善当地环境卫生条件，减少疾病发生率，创建优美环境，促进招商引资，有利于企业循环经济的发展。

8.5 园林绿化废弃物处理新装备、新模式

8.5.1 项目简介

本项目充分响应国家关于资源循环利用的大政方针，就园林垃圾处理难、清运难、处置成本高等问题，结合国内交通法规及环保要求，围绕“降本增效”的核心理念，自主研制了一款集“移动、粉碎、收集、运输、自卸料、物联互通”六位一体的园林垃圾粉碎车（图 2-7）。该设备能将园林垃圾传统处理的十余个步骤缩减为“收集—粉碎—资源化利用”三个步骤，工人作业环境好、劳动强度低、工作效率高，市场证明，使用该设备投入的人工、时间、处理成本显著降低。

图 2-7 自主研制的国内首款园林垃圾粉碎专项作业车

8.5.2 竞争优势

本项目利用园林垃圾粉碎车进行园林绿化废弃物资源化的前端预处理，在能源利用效率方面比传统模式至少提高了 7 倍以上。在处理同等体量的园林绿化废弃物时，每台园林垃圾粉碎车每年将比传统模式的运输车辆减少约 5.4 吨二氧化碳排放(约等于 1.5 吨碳排放)。粉碎后的园林绿化废弃物不再进行焚烧或填埋，将制成生物质颗粒或进行堆肥，实现废物循环利用。项目成果广泛适用于景区、公园、学校、小区、市政道路、高速路两侧的绿化废弃物收运粉碎处理，还可应用于台风灾后倒伏树木的清障处理。

8.6　基于大数据的有机固废减污降碳协同资源化工业互联网项目

8.6.1　项目简介

本项目是运用工业互联网技术将绿色生物制造结合起来的先进减污降碳系统，能有效解决固废资源化问题。项目拥有一套固废资源化物联网系统，与云计算、大数据、人工智能、区块链等新一代信息技术多维融合，采集减污固碳数字信息，实现固废资源化的数字价值。项目基于高温发酵处理装备，分布式设立在乡村、社区、机关院校、医院、菜市场、CBD 等垃圾产生点，立足源头来解决有机垃圾难以日清日洁、资源化利用的痛点问题。

8.6.2　竞争优势

本项目具有绿色生物制造结合物联网技术的创新点，填补国内空白，解决传统处理方式“卡脖子”的技术问题，锻造长链发展。团队汇聚国内外 18 位博士、专家参与研制的先进的高温发酵处理装备，拥有 6 项发明专利和 36 项实用新型专利。

8.7　城乡垃圾“四废一危”资源循环再利用项目

8.7.1　项目简介

以“给地球创造福海，与生命共处蓝天”为使命，汇聚众多院士、专家的智慧，十年攻关，投资亿元，自主创新研发了采用“物理＋生物工程＋后处理”的组合式工艺，符合垃圾处理“减量化、资源化、无害化”的原则，将城乡“四废一危”清除殆尽（图 2-8）。

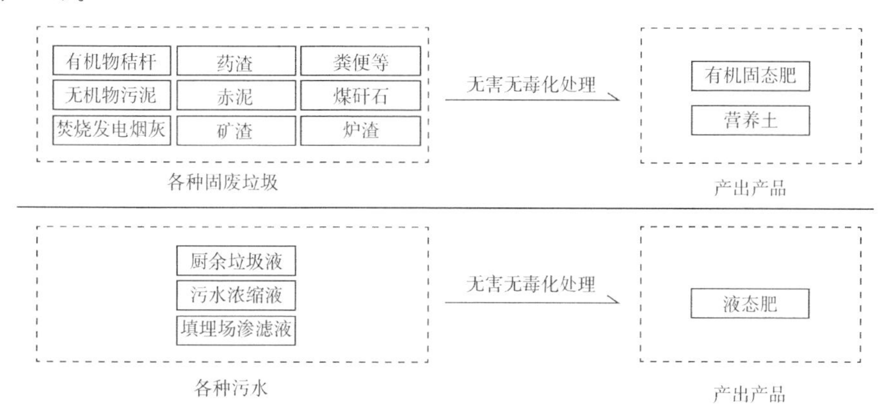

图 2-8　城乡垃圾“四废一危”资源循环再利用解决方案

本项目完成了中试研究和落地项目，通过了新产品新技术鉴定，获多项发明专利，被工信部列入重点推广项目。

8.7.2 竞争优势

本项目具有以下优势：

(1) 成本低。缩短收运距离，降低收运成本。

(2) 选择性多。单处理量选择性多，日处理量 5～1 500 吨。

(3) 占地面积小。最大占地面积约 100 亩[①]，最小占地面积约 3 亩。

(4) 发酵时间短。在自然条件下 4～72 h 发酵腐熟，免烘干造粒制备固态肥和营养土。

(5) 设备移动性强。设备拆装简单，方便、灵活应用。

(6) 智能性强。采取一键启动信息化管理。

(7) 零污染、零排放。垃圾不再填埋，各种污水 95%～98%达国标、1～3 级排放或循环利用，2%～5%的浓缩液无毒化制备国家备案公告标准的固液肥。

(8) 附加值利益大。不但能产生固、液肥，还可在发酵过程中提取丁醇、丙酮和氢气，可用于医药、农药、试剂化工等行业和代替汽油能源等。

8.8 海洋塑料垃圾、溢油等吸附材料及设备的研发

8.8.1 项目简介

海洋塑料垃圾是海洋污染物的最大组成部分（占比约 80%），污染物包括聚苯乙烯泡沫、塑料袋、塑料瓶、塑料盖、塑料绳等；此外，全世界每年有 600 万吨石油污染进入海洋，石油污染是所有海洋污染中清理难度最大、危害最大的污染源。塑料垃圾和石油污染给海洋生态环境造成了巨大破坏。本项目团队于 2018 年成立开始陆续自筹资金 300 万元，研究和开发了一系列专门用于收集海上漂浮塑料垃圾和吸收附着海面油污并实现清理的工具、设备和相关技术，如油污吸附包、自动化拖拽牵引船、管道式垃圾收集装置等设备设施，形成了一整套解决方案（图 2-9）。

8.8.2 竞争优势

海洋油污收集是专业化程度很高的环境治理工作，本项目产品具有国际同类产品的相同性能，国内市场缺口很大，几乎无竞品，优势明显。

---

① 1 亩≈667 m^2。

图2-9　可重复使用的吸油包及海面漂浮垃圾清理装置

海洋垃圾清洁在国内环卫市场属于空白领域，只有海南省考虑旅游产业发展需要，通过PPP购买清洁服务的方式进行了采购，其他地区和城市基本没有政府预算支持。所以对于部分发展海洋旅游的地区、海洋生态环保区域存在市场需求空间，这些领域需要引导政府重视环保要求，以环境促发展，本项目产品的服务正好可以填补这一市场空白。

8.9　“工业固废”磷石膏增强塑料管道

8.9.1　项目简介

本项目从工业废渣到绿色管道，打造出磷石膏资源综合利用的“国塑样本”。以表面改性后的磷石膏为增强降本填料，协同加工助剂，分别加入高密度聚乙烯(HDPE)、聚氯乙烯（PVC)，制备磷石膏增强HDPE双壁波纹管、磷石膏增强PVC电力管、磷石膏增强PVC-U建筑排水管、磷石膏增强PVC通信管、磷石膏增强HDPE六棱结构壁管等系列管道。适用于排水、排污、农业、水利、电力、矿山、通信、公路、隧道、建筑等领域。

8.9.2　竞争优势

本项目具有以下优势：

(1) 安全可靠、市场认可度高

本项目产品技术上除满足机械、理化性能要求外，还能将磷石膏封存于高黏度塑料管道内，其杂质难以迁出，极大提升了磷石膏制品的安全性，市场接受度高，具有独特的技术优势。

(2) 价格低

本项目产品采用成本较低的磷石膏等工业固废材料为原料，可以较好控制价格。

其次，塑料管道比重低，运输成本低，销售半径大，与水泥添加剂、石膏板、石膏粉等建筑材料相比具有成本优势。

（3）货源有保障

按塑料管材工程化应用的一般过程，新型管材从设计到选材，从实验到工程，至少需2年以上时间。而本项目磷石膏管材产品已经过CNAS、CMA检测认证，性能不仅可满足现有标准机械性能要求，而且生产工艺稳定、质量稳定。工业固废磷石膏增强管道可达到批量化供货状态，且磷石膏利用覆盖多系列管材。因此，项目所生产的管道短期内在国内市场处于优先供货状态，市场竞争力处于领先水平。

8.10 餐厨垃圾处理系统设备

8.10.1 项目简介

湿垃圾又称厨余垃圾或餐厨垃圾，是我们每天制造的大量垃圾中不容轻视的一部分。2019年7月1日，上海率先进入垃圾分类时代，湿垃圾末端处理的重要性也将日益凸显。本项目自主研发生产的湿垃圾再处理系统（工艺流程见图2-10），将可腐垃圾通过微生物高温好氧发酵快速降解堆肥，达到湿垃圾减量，并变废为宝，产生的基肥回归土壤种植，促进垃圾循环再利用，恢复自然生态，最终形成一个可持续发展的良性循环。

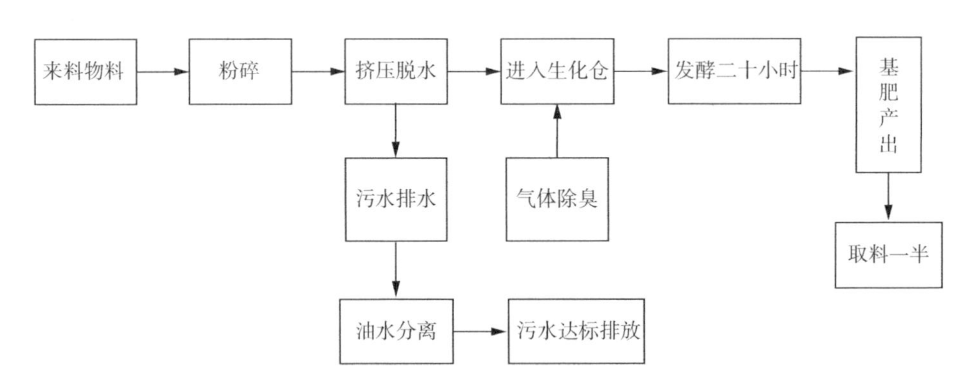

图2-10 餐厨垃圾处理系统工艺流程图

8.10.2 竞争优势

国外目前主要通过微生物高温好氧技术降解餐厨垃圾，大部分有别墅的居民都配备家用餐厨垃圾处理设备，餐厨垃圾就地化处理做的比较先进，但是设备成本比较高。

而我国与国外的饮食结构不同，本项目针对国内饮食多油、多盐、多作料的特点做了针对性的研发，自研配方，微生物由多种菌合成复合菌与餐厨垃圾处理设备工艺配合，降解效率高，基肥品质好，可降低企事业单位食堂垃圾的处理成本。

8.11　绿巨能回收——互联网全品类回收循环生活服务平台

8.11.1　项目简介

绿巨能环保科技（云南）集团有限公司旗下“互联网全品类回收循环生活服务平台”以“手机点一点・废品上门收”为品牌服务理念，构建了全新的“互联网＋回收”线上商业服务模式。依托于“共创联营”运营模式覆盖全国 22 个省、4 个自治州、4 个直辖市，形成以 WMP 为服务入口、容器云为服务基础的线上锚点，标准化线下服务机构为支撑的 O2O 服务矩阵。

集团通过阶段化经营、线上＋线下培训、市场实操体验、降低创业门槛、形成全国服务矩阵，将简单的商业模式创新升级为产业生态重构，将“互联网＋回收”的商业操作转变为“回收互联网＋”的产业革命升级。集团不断对再生资源产业链进行数字化升级和生态化改造，未来全流程、多节点、精细化的数字化运营将为城市垃圾分类数据化建设、精细化管理提供数据基础。

8.11.2　竞争优势

绿巨能回收以“SaaS 平台”为技术基底，平台以运维端为核心不断依据市场需求进行迭代和升级，以 WMP 为服务基础提供便捷高效的线上支撑，以覆盖全国的前端服务机构为矩阵构建高效性、成长性的 O2O 服务体系，目前已经成长为布局覆盖全国的 O2O 回收领先平台。

目前，绿巨能回收线下已构建覆盖全国 200 多个城市以及 1 800 多个服务区域，线上完成用户端、服务端及分拣端全覆盖的 4.0 平台布局，架构完整的“互联网＋回收”O2O 产业生态链。通过多端口一核心的全程、多节点、精细化数据采集，形成完整的“互联网＋回收”数据化管理，为城市垃圾分类数据化、科学化建设提供了数据基础。成为集市场意识、运营能力、技术水平及社会价值全领先的“互联网＋回收”领军者。

参考文献

[1] 陈婉.“十四五”固废产业将迎来新跨越［J］. 环境经济，2021(5)：26-31.
[2] 佚名. 2014 年固废行业政策与市场年度盘点及展望［J］. 中国资源综合利用，2015(2)：

9-15.
[3] 中国物资再生协会. 2016年我国固废处理市场影响趋势及展望 [J]. 中国资源综合利用，2016，34(3)：17-21.
[4] 中国物资再生协会. 2016年中国固废处理行业发展概况 [J]. 中国资源综合利用，2016，34(7)：13-17.
[5] 中国物资再生协会. 2017年中国危废处理行业发展现状分析及未来发展前景预测 [J]. 中国资源综合利用，2017，35(10)：4-5.
[6] 佚名. 2019年中国固废处理行业发展现状及未来发展前景分析 [J]. 资源再生，2019(9)：41-42+44.
[7] 李金惠，刘丽丽，蔡晓阳，等. 2020年固体废物处理利用行业发展评述及展望 [J]. 中国环保产业，2021(4)：25-28.
[8] 中国物资再生协会. 我国固废产业的现状及前景 [J]. 中国资源综合利用，2016，34(10)：13-14.
[9] 刘建勋. 我国固废处理行业市场现状与发展趋势分析 [J]. 资源再生，2019(5)：34-36.
[10] 前瞻产业研究院. 我国固废处理行业未来将呈现四大发展 [J]. 中国轮胎资源综合利用，2018(12)：21.
[11] 袁自煜. 我国固废处置行业将整体进入成熟期 [J]. 环境经济，2021(8)：38-43.
[12] 孙涛，李然. 我国环保产业链发展现状及其子行业的运营模式 [J]. 科技管理研究，2022(2)：209-216.
[13] 丁瑶瑶. 新固废法契合新时代环境治理要求 [J]. 环境经济，2020(9)：38-39.
[14] 王俊. 城市固体废弃物处理及利用现状研究 [J]. 资源节约与环保，2020(11)：103-104.
[15] 平越. 固体废物综合管理与无废城市建设探索 [J]. 中国集体经济，2022(3)：50-51.
[16] 张丹，蒋怡琛，潘成. 城市生活垃圾固体废弃物处理及综合利用措施探析 [J]. 清洗世界，2023(2)：154-156.
[17] 路娟娟，金琼. 城市固体废物处理及资源化利用的方法研究 [J]. 资源节约与环保，2021(5)：121-122.
[18] 蒙天宇. “无废城市”建设的国际经验及启示 [N]. 中国环境报，2019-01-31.
[19] 杜祥琬，刘晓龙，葛琴，等. 通过“无废城市”试点推动固体废物资源化利用，建设“无废社会”战略初探 [J]. 中国工程科学，2017，19(4)：119-123.
[20] 周雨绮，李华藩，周依婷，等. 中国台湾地区“零废弃社会”构建经验对“无废城市”建设的启示 [J]. 再生资源与循环经济，2020，13(8)：18-24.
[21] 蒙天宇. 国外如何建设“无废城市”? [J]. 资源再生，2019(2)：66-68.
[22] 周洁. 固体废弃物污染及其防治与处理措施的分析 [J]. 智能城市，2018，4(12)：138-139.
[23] 许艺. 城市固体废弃物污染治理分析 [J]. 中国资源综合利用，2019，37(3)：136-138.

[24] 白明松. 关于中国环境固体废弃物污染现状与治理 [J]. 环境科技创新导报，2019(7)：156-157.

[25] 郭志达，白远洋. “无废城市”建设模式与实现路径 [J]. 环境保护，2019，47(11)：29-32.

[26] 陈瑛，滕婧杰，赵娜娜，等. “无废城市”试点建设的内涵、目标和建设路径 [J]. 环境保护，2019，47(9)：21-25.

第3篇

双碳产业创新发展研究

第1章　“双碳”的含义

习近平主席在第七十五届联合国大会一般性辩论上的讲话提出“二氧化碳排放力争于2030年前达到峰值，努力争取2060年前实现碳中和”，指明我国面对气候变化问题要实现的“双碳”目标。“双碳”即指碳达峰、碳中和。

1.1　碳达峰

碳达峰就是指碳排放量达峰，即二氧化碳排放总量在某一个时期达到历史最高值，之后逐步降低。其目标为在确定的年份实现碳排放量达到峰值，形成碳排放量由上涨转向下降的拐点。碳达峰是碳中和实现的前提，碳达峰的时间和峰值高低会直接影响碳中和目标实现的难易程度，其机理主要是控制化石能源消费总量、控制煤炭发电与终端能源消费、推动能源清洁化与高效化发展。

目前，世界上已有部分国家实现了碳达峰，如英国和美国分别于1991年和2007年实现了碳达峰，进入了达峰之后的下降阶段。在英国和美国碳达峰后，两者的碳排放量并未产生直接的下降，而是先进入平台期，碳排放量在一定范围内产生波动，之后进入碳排放量稳定下降阶段。

1.2　碳中和

碳中和即为二氧化碳净零排放，指的是人类活动排放的二氧化碳与人类活动产生的二氧化碳吸收量在一定时期内达到平衡。其中，人类活动排放的二氧化碳包括化石燃料燃烧、工业过程、农业及土地利用活动排放等，人类活动吸收的二氧化碳包括植树造林增加碳吸收、通过碳汇技术进行碳捕集等。

碳中和有两层含义，狭义上的碳中和即指二氧化碳的排放量与吸收量达到平衡状态，广义上的碳中和即为所有温室气体的排放量与吸收量达到平衡状态。碳中和的目标就是在确定的年份实现二氧化碳排放量与二氧化碳吸收量平衡。碳中和机理即为通过调整能源结构、提高资源利用效率等方式减少二氧化碳排放，并通过CCUS（碳的捕集、利用与封存）、生物能源等技术以及造林/再造林等方式增加二氧化碳吸收。

目前，苏里南与不丹分别于2014年和2018年宣布已经实现碳中和目标。两国的能源需求量均较低，产生的碳排放量较少；同时苏里南与不丹的森林覆盖率分别在90%和60%以上，较高的森林覆盖率提升了其碳汇能力。在这两方面的作用下，苏里南与不丹达到了碳中和。

第2章　全球应对气候变化的背景

2.1　温室气体问题

到目前为止，地球是人类在宇宙中发现的唯一适合人类生存的星球。地球区别于其他星球的重要特征是，它有一个厚厚的、由各种不同气体组成的大气层，它像一个温室大棚一样，锁住了水分、氧气、二氧化碳等人类赖以生存的基础物质，使这些基础物质不能从地球逃逸，同时通过温室效应保持了地球有一个适合万物生长的温度。

这个“温室”有一个重要的功能，即维持了地球大气、水循环系统的长期稳定存在。当太阳照射在地球表面的水体时，这些水体可以部分地（不是全部）化作水蒸气，这些水蒸气会上升到一定的高度。随着高度的变化，大气层的温度会变低，这些水蒸气就会变成水珠，水珠积累到一定的重量，就会克服大气层的浮力，在地球引力的作用下以雨、雪、冰雹等形式返回地面，带给万物生存需要的水分。这个特殊的大气层对人类还有一个好处，即在相对封闭的环境中，形成空气的流动和大气环流，把部分污染分散和净化，减少局部地区空气的污染严重程度等，如每当京津冀大气重度污染时，人们就会盼一场酣畅淋漓的西北风，就是这个原因。

地球大气层的温室效应维持着人类及万物赖以生存的各种生态循环系统的微弱平衡，一旦这种平衡被打破，人类的生存与发展就会面临巨大的威胁。而工业文明的副产物——温室气体的排放正在打破这种平衡。

自从人类社会进入工业化时代以来，以二氧化碳为主的温室气体排放量迅速增加，温室气体浓度升高强化了大气层阻挡热量逃逸的能力，形成更强的温室效应，从而产生了温室气体排放与气候变化之间的紧密联系。二氧化碳是造成温室效应的最主要原因。全球地表平均气温在2019年达到了10.13℃，与1750年相比升高了2.82℃。政府间气候变化专门委员会在第5次评估报告中指出，前工业时代以来二氧化碳等温室气体的浓度不断上升，这一现象极有可能是气候变化的主要原因。

虽然近年来全球碳排放量的增长速度有所放缓，但全球二氧化碳排放量仍未到达顶峰，意味着未来气候变化问题依旧严峻。气候变化对人类赖以生存的自然环境产生了破坏性的影响，包括极端天气事件的增多、海平面上升、农作物生长受影响等，因此控制碳排放以减缓全球气候变暖，从而促进人类社会健康发展成为重要的全球议题。

根据历史数据，英国的煤炭产量在18世纪初期为300万吨左右，而在瓦特完成蒸汽机改良后，煤炭产量就迅速增长了10倍，到1836年，英国煤炭的产量就达到了3 000万吨，并且一路飙升，直到1913年达到3亿吨的峰值后才慢慢下降。关于温室气体的一些数据，我们知道使用化石燃料产生的二氧化碳是导致气候变暖的罪魁祸首。但是温室气体并不完全是人造的，大气中天然就存在温室气体，也正是这个原因，包括人类在内的地球生态系统才能得以维系。因为如果一点温室气体都没有，全球的平均气温将是零下19 ℃而非现在的零上14 ℃。所以我们要消除的，是人为排放的温室气体而不是所有温室气体。那么，人类到底向大气中排放了多少温室气体呢？以最主要的温室气体二氧化碳为例，工业革命之前，大气中自然存在的二氧化碳浓度大约为280 ppm①，这部分温室气体是我们不用减也不能减的部分。工业革命之后，人为造成的二氧化碳浓度又增加到了多少呢？根据美国NASA观测的数据，2021年4月的二氧化碳浓度已经达到了416 ppm。

通过研究得出的其中一个重要结论就是如果人为排放的温室气体导致全球升温超过2 ℃，那么将给地球生态系统造成不可逆的破坏。这就是人类应对气候变化的底线，所以早期相关国家都是以将全球温度上升幅度控制在2 ℃以内为目标。后来，《巴黎协定》中对温室气体控制的目标描述为将全球平均气温较前工业化时期上升幅度控制在2 ℃以内，并努力将温度上升幅度限制在1.5 ℃以内。在之后各国的政策行动中，都基本按照1.5 ℃的目标制定相关政策，1.5 ℃这个目标就变慢慢成了新的应对气候变化的目标。需要特别注明的是，当前的温室气体浓度已经导致全球平均温度上升了1.1 ℃，所以，留给我们可上升的温度空间并不多了。

第五次气候变化评估报告显示，人类到2011年已经累计排放了1.9万亿吨的二氧化碳。1.9万亿吨是什么概念？当前全球每年向大气中排放的二氧化碳约为420亿吨，以这个速度，我们只需要45年就可以让自工业革命以来的二氧化碳排放量再翻一番，当然这个场景在碳中和大背景下基本不会出现。根据IPCC（联合国政府间气候变化专门委员会）的报告，如果需要大概率将人类造成的温度升幅控制在2 ℃以内，需要将人类二氧化碳的排放总量控制在2.9万亿吨之内。截至2020年，人类累计二氧化碳排放量已经超过2.26万亿吨。这代表人类总共可排放的二氧化碳空间只有6 400亿吨。而如果想把温度控制在1.5 ℃以内，这个空间还需要降低到4 200亿吨。也就是说，按照当前的排放速度，10年内就会把全球的排放额度用尽。控制温室气体排放的紧迫性不言而喻。所以，光从数字的角度上看，人类即使到2050年完

---

① $1\ \text{ppm}=1\times10^{-6}$

全实现了碳中和，届时人类累计的温室气体排放不但会远超 1.5 ℃的 2.6 万亿吨，也会超过 2 ℃以内的 2.9 万亿吨。好消息是，IPCC 对二氧化碳浓度的控制是以 2100 年为目标的。虽然 2050 年会超过 430 ppm，但我们还有 50 年的时间实施负排放，以最终达到 2100 年大气二氧化碳浓度控制在 430 ppm 以内的目标。

2.2　应对气候变化：全球共同努力

减少碳排放以应对气候变化逐步成为全球共识。全球为应对气候危机，通过历次气候大会形成了阶段性的减排原则和减排目标，“碳中和”即为 21 世纪中叶的目标。

1972 年，联合国人类环境会议要求人们关注工业化过度排放的温室气体所产生的气候变化问题。

1988 年，联合国组织了政府间气候变化专门委员会（Intergovernmental Panel on Climate Change，IPCC），开始研究气候变化问题。

1990 年，IPCC 向联合国提交了第一次评估报告，明确指出工业化以来，地球表面温度的变化超过了历史记录的自然变化幅度，这种变化正在威胁着人类赖以生存的大气、水循环系统，需要积极应对。工业化过程中排放的二氧化碳等温室气体是造成这种变化的主要原因，减排温室气体是延缓气候变化的有效措施。

1992 年，联合国组织签订了《联合国气候变化框架公约》，确定了“共同但有区别的责任”原则，要求发达国家先采取措施控制温室气体的排放，并逐步为发展中国家提供资金和先进技术；而发展中国家在发达国家的帮助下，采取对应的措施减缓温室气体的排放。

1997 年，《京都议定书》达成，并于 2005 年 2 月正式生效。《京都议定书》设定了温室气体排放控制目标，规定了缔约方的减排任务；更重要的是其以法规的形式限制温室气体排放，并确定了三种灵活合作机制：清洁发展机制、联合履行机制和排放贸易机制。

2005 年，欧盟碳排放交易系统开始运行，标志着减排方式中的排放权交易开始实施，助力各国减少碳排放，同时促进碳金融产业的发展。

2015 年，第二份有法律约束力的气候协议——《巴黎协定》正式通过，为 2020 年之后全球应对气候变化的行动做出安排：较工业化前温度水平，全球平均气温升高程度应控制在 2 ℃之内，并努力做到升温在 1.5 ℃之内，并且在 21 世纪下半叶实现温室气体净零排放；同时《巴黎协定》要求各缔约方递交国家自主贡献目标，截至 2021 年 8 月 10 日，共有 192 个缔约方递交了国家自主贡献目标，共同为控制碳排放而努力。

2020 年 12 月 12 日，气候雄心峰会上，联合国秘书长强调联合国 2021 年中心目标是在全球组建 21 世纪中叶前实现碳中和的全球联盟。

2021 年 10 月 31 日，《联合国气候变化框架公约》第二十六次缔约方大会（COP26）在英国格拉斯哥举办。大会达成决议文件，就《巴黎协定》实施细则达成共识。大会在发展中国家长期关切的适应、资金和技术支持等方面取得一定进展，而发达国家早已承诺的用于应对气候挑战以及提升气候适应性以保护弱势社区和自然栖息地的每年至少 1 000 亿美元还没有到位。

2022 年，波恩气候大会暨《联合国气候变化框架公约》附属机构的第五十六届会议于 6 月 6 日至 16 日在德国西部城市波恩举行，与会各方重点讨论了减缓和适应气候变化、对发展中国家的支持等关键领域的工作。

第 3 章　“双碳”产业发展概况

自“双碳”目标提出之后，习近平总书记多次就“双碳”目标发表重要讲话，党中央国务院、各大部委、部分地方政府出台多个文件，我国各地掀起一股争取实现“双碳”目标的热潮，并为此做了大量人力和物力的投入。

从中长期来看，“双碳”目标将引领一场全球性经济社会发展方式变革，倒逼中国经济发展进一步从高投入、低效率、高污染转向低投入、高效率、低污染的高质量发展路径，给中国经济带来弯道超车的机遇。在“双碳”目标引领产业结构优化的过程中，一方面，高碳、高耗能行业，如钢铁、水泥、化工、非金属矿物加工等行业将会受到抑制，加速高碳型资本贬值以及高碳型技术淘汰；另一方面，节能环保产业、数字信息产业、生物产业、高端制造产业、现代服务业、现代农业等新型低碳产业将快速发展，衍生巨大的投资需求。

根据不同机构的测算，未来 30 多年，中国推动可再生资源利用、能效提升、新能源汽车、家居等终端消费电气化，持续推广风电、光伏、核电、储能、氢能、特高压传输、智能电网、碳捕集与封存等零碳或负碳技术，实施低碳至零碳路径所需的总投资在数十万亿到数百万亿元不等。战略性新兴产业、高新技术产业和绿色环保产业将成为拉动经济增长的新动能，成为绿色经济的新增长引擎，并通过新产品、新服务的供给带动上下游产业链转型升级。通过碳交易市场、征收碳税等方式给碳定价，也将给包括主要制造业部门在内的行业盈利模式带来变革。

3.1　面临的挑战

2020 年，我国的 GDP 是 100 万亿，碳排放量是 102 亿吨。预计 2030 年我国 GDP 为 160 万亿，碳达峰的碳排放量是 110 亿吨。10 年只增加 8 亿吨，即每 1 万亿 GDP 的碳排放量要从 1 亿吨降低到 6 000 吨。又要经济增长，又要减少碳排放。与发达国家相比，我国要实现“双碳”目标，还存在巨大的压力与挑战。

主要的挑战在以下几个方面。

一是我国的资源禀赋以煤为主。在煤、油、气这三种化石能源中，释放同样的热量，煤炭排放的二氧化碳量大大高于天然气，也比石油高不少。我国的发电长期以煤为主，这与石油、天然气在火电中占比很高的那些欧美发达国家相比，是资源性劣势。

二是我国制造业的规模十分庞大。我国接近70%的二氧化碳排放来自工业，这个占比高出欧美发达国家很多，这与我国制造业占比高、“世界工厂”的地位有关。

三是我国经济社会还处于压缩式快速发展阶段，城镇化、基础设施建设、人民生活水平提升等方面的需求空间巨大。

四是我国的能源需求还在增长，意味着我国的二氧化碳排放无论是总量还是人均都会继续增长。

五是我国2030年达峰后到2060年中和，其间只有30年时间。而我们尚没有全面支持从“高碳社会”向“碳中和社会”转型的技术体系，绿色低碳的产业体系还需要在研发大量新技术的基础上才能逐步得到发展和确立。

数据显示，能源燃烧是我国主要的二氧化碳排放源，占全部二氧化碳排放的88%左右，电力行业排放又约占能源行业排放的41%。根据我国二氧化碳的排放现状，我国实现碳中和需要构建一个“三端共同发力体系”。

第一端是电力端，即电力/热力供应端的以煤为主应该改造发展为以风、光、水、核、地热等可再生能源和非碳能源为主。

第二端是能源消费端，即建材、钢铁、化工、有色金属等原材料生产过程中的用能以绿电、绿氢等替代煤、油、气，水泥生产过程把石灰石作为原料的使用量降到最低，交通用能、建筑用能以绿电、绿氢、地热等替代煤、油、气。能源消费端要实现这样的替代，一个重要的前提是全国绿电供应能力几乎处在“有求必应”的状态。

第三端是固碳端。可以预见，不管前面两端如何发展，在技术上要达到零碳排放是不太可能的，如煤、油、气化工生产过程中的“减碳”所产生的二氧化碳，又如水泥生产过程中总会产生的那部分二氧化碳，还有电力生产本身，真正要做到“零碳电力”也只能寄希望于遥远的将来。因此，我们还得把“不得不排放的二氧化碳”用各种人为措施将其固定下来，其中最为重要的措施是生态建设，此外还有碳捕集之后的工业化利用，以及封存到地层和深海中。

能源供应端方面，根据清华大学气候变化与可持续发展研究院（ICCSD）预测的低碳发展路径，至2050年，煤炭占中国能源供应的比例将不足5%，占电力行业的比例也将远低于10%。而我国仍处于工业化发展阶段，工业化和城市化持续推进，能源消费量在一定时间里还会有所增加。一增一减之间庞大的电力缺口，需由风、光、水、核、地热等可再生能源和非碳能源填补。

可再生能源发电技术存在技术不够成熟、发电成本高、效率低的不足，目前最成熟的风电和光伏发电技术存在风、光资源波动性、随机性大的天然缺陷，必须进行调节。储能是最重要的电力灵活性调节方式，包括物理储能、化学储能和电磁储能三大类。然而物理储能对环境条件要求高；化学储能即利用各种电池储能，但会遇到电池回收、环保处理、资源供应等问题；电磁储能的作用仍有待观察。

碳中和本身的目标要求未来电力的70%左右来自风、光发电，其他30%的稳定电源、调节电源和应急电源也要尽可能地减少火电的装机总量。正因为如此，未来需要促进发电技术、储能技术和输电技术这三方面的“革命性”进步。

能源消费端方面，用绿电、绿氢等替代煤、油、气，从理论上讲是不难做到的，但工艺和设备的再造、重建并非一件简单的事。同样，替代和重建一定会增加最终消费品的成本，导致物价上涨。因此，替代和重建需要时间和政策扶持。

人工固碳端方面，可通过生态工程、生态恢复建设、CCUS措施进行碳固定。生态系统虽然能固碳，但时效性差，难以在短时间内遏制二氧化碳显著增加的趋势。而固碳技术多处于研发阶段，且不可避免地需要额外能量加入，应用成本高昂。

同时也要注意到，我国地区经济发展差异大，资源禀赋、产业优势和经济发展水平的差异性，造成不同区域绿色低碳发展的成本有着显著差别。

3.2　“双碳”产业发展的现状

总体来看，截至2021年末，我国本外币绿色贷款余额15.9万亿元，存量规模居全球第一。可再生能源发电装机容量超11亿kW，水电、风电、太阳能发电、生物质发电装机容量均居世界第一，我国建成全球规模最大的清洁发电体系。

通过实施煤电机组节能降碳改造、灵活性改造、供热改造“三改联动”，2021年已完成改造2.4亿kW，2022年继续改造2.2亿kW。

沙漠、戈壁、荒漠地区规划建设4.5亿kW大型风电光伏基地，带动周边清洁高效煤电和安全可靠的特高压输变电线路建设，第一批近1亿kW项目已全部开工建设。2020年以来，我国新增风电、太阳能发电装机连续两年突破1亿kW，水电装机增加约2 000万kW。2021年，我国新能源发电量首次突破1万亿kW·h大关。

截至2020年底，全国城镇完成既有居住建筑节能改造面积超过15亿m^2；2021年，城镇当年新建建筑中绿色建筑面积占比达到84%，为逐步实现“双碳”目标贡献力量。粗钢产量同比减少近3 000万吨。聚焦新技术、新产业、新业态，大力发展战略性新兴产业，2021年高技术制造业占规模以上工业增加值比重提升至15.1%，推动重点行业数字化、绿色化协同转型。2021年，我国单位GDP能耗、二氧化碳排放量同比分别降低2.7%、3.8%。

我国持续加大新能源汽车推广应用力度，2021年中国新能源汽车产销量超过350万辆，连续7年位居世界第一，单月市场渗透率从2020年初的2.4%上升到2022年8月的约30%。加快推进快递包装绿色转型，2021年，快递电子运单、循环中转袋基本实现全覆盖，可循环快递箱（盒）投放量达 630 万个，电商快件不再二次包装率达 80.5%，快递包装的绿色化、减量化、可循环取得积极进展。

实施“可再生能源技术”“新能源汽车”“循环经济关键技术与装备”等 20 多个重点专项，增设“碳达峰碳中和关键技术研究与示范”重点专项。完善以市场为导向的绿色技术创新体系，批复设立国家绿色技术交易中心，持续加大绿色低碳技术推广应用力度。强化“双碳”专业人才培养，设置直接相关本科专业 21 个，支持高校设置学科点 37 个。

2021 年，我国完成造林 5 400 万亩，草种改良草原 4 600 万亩，抚育森林 3 467 万亩，修复退化林 1 400 万亩，新增和修复湿地 109 万亩，全国森林覆盖率达到 24.02%，森林蓄积量达到 194.93 亿 m^3，草原综合植被盖度达到 50.32%，湿地保护率达到 52.65%，已成为全球森林资源增长最多的国家。

截至 2022 年上半年已通过碳减排支持工具累计发放政策资金超 1 800 亿元，通过煤炭清洁高效利用专项再贷款累计发放政策资金超 350 亿元，撬动更多社会资金促进碳减排。全国碳排放权交易市场首批纳入 2 162 家电力企业，年覆盖二氧化碳排放量约 45 亿吨，截至 2022 年 9 月 13 日累计完成交易量 1.95 亿吨，交易金额 85.6 亿元，我国已建成全球覆盖碳排放规模最大的碳市场。

3.3 地方支持

地方与企业也抓住“双碳”机遇，积极推进双碳产业发展。

浙江省诸暨市将换电项目作为重点项目，通过“政府＋基金、基金＋项目”的招商新模式打造移动能源生态产业园。2022 年上半年，协鑫能科与诸暨市签署换电项目合作协议，中金资本联合协鑫能科打造的以“碳中和”为主题的百亿级规模产业基金围绕“碳中和”领域进行投资布局，在诸暨建设具有国际领先技术标准的规模化换电站制造、销售、示范运营平台，进一步带动“电动诸暨”建设。当前，诸暨正加快编制《诸暨市碳达峰实施方案》，积极布局新能源全产业链发展，既把它作为绿色低碳转型的重要抓手，也为“双碳”目标实现提供有力支撑。

2022 年 9 月 22 日，获得国家绿色建筑三星级认证的杭州西站投入运营。中铁建工杭州西站工程指挥部常务副指挥长杜理强介绍，车站屋顶布置了 1.5 万 m^2 的光伏发电板，年发绿电量预计可达 231 万 kW·h，每年可减少二氧化碳排放 2 300 余吨；十字天窗加透光遮阳膜的设计，使自然光倾泻于候车大厅，室内采用智能照明系统，可根据客流量和天气变化自动调节光照强度；车站屋顶还“披上”了一层辐射制冷膜，反射屋顶热量，降低制冷能耗。

通过工艺创新，山西焦煤屯兰矿把无用的粉煤灰以注浆方式充填到井下关键层，多回采优质焦煤 118 万吨，创造经济效益 1 380 万元，并有效防止了地表塌陷。40 km 外的杜儿坪矿矸石山，通过生态修复，昔日的矸石荒山变成了周边群众散步休闲的好去处。同一座城市内的中国宝武太钢集团，实现了荒煤气热能的回收利用、烧结烟气无补热直接脱硝。

2021 年 8 月，海螺集团与上海环境能源交易所在上海签订了碳交易市场能力建设和碳管理体系建设合作协议，携手全国碳市场配套体系建设，共同推动碳资产的高效、专业化管理，促进水泥行业企业“双碳”目标实现以及我国绿色低碳产业和循环经济发展。海螺集团建成了全球水泥行业第一个水泥窑烟气二氧化碳捕集纯化项目、第一个零外购电水泥工厂，全国第一个实施替代燃料技术、高温高尘 SCR 脱硝技术等，不断推动绿色低碳转型。

3.4　“双碳”产业未来发展机遇

3.4.1　化石能源发电机组灵活调节能力挖掘

短期内，化石能源发电仍将占据主体，逐步向灵活调节的电力电量型电源过渡，进而向单一调节功能型电源转变，最终成为提供备用服务的、应对突发事件的、非常规的战略备用电源。煤电发展的重心在于挖掘现有机组的灵活调节能力，严控规模扩张的同时积极服务于新能源发展，继续深度挖掘煤电存量机组超低排放和节能改造潜力，充分挖掘现有机组潜力，与抽水蓄能、气电、电化学储能、需求响应等共同保障新能源消纳和电力安全。根据有关研究机构初步测算，到 2060 年，我国非化石能源消费占比将由目前的 16%左右提升到 80%以上，非化石能源发电量占比将由目前的 34%左右提高到 90%以上，建成以非化石能源为主体、安全可持续的能源供应体系，实现能源领域深度脱碳和本质安全。在转型过程中，化石能源发电机组的灵活性极为重要，即用电高峰时机组可以发挥 100%发电能力，用电低谷时只发挥 20%或 30%。化石能源发电机组灵活调节技术一旦成熟，能更好地对间歇性能源进行调峰，尤其在实现“双碳”目标的早中期阶段，可将其作为主要技术发展。

3.4.2　煤炭清洁高效利用

煤炭作为我国资源最丰富的化石能源及主体能源，要按照绿色低碳的发展方向，对标实现碳达峰、碳中和目标任务。我国将立足国情、控制总量、兜住底线，有序减量替代，推进煤炭消费转型升级，加强煤炭先进、高效、低碳、灵活智能利用的基础性、原创性、颠覆性技术研究；实现工业清洁高效用煤和煤炭清洁转化，攻克近零排放的煤制清洁燃料和化学品技术；研发低能耗的百万吨级二氧化碳捕集利用与封存全流程成套工艺和关键技术。研发重型燃气轮机和高效燃气发动机等关键装备。研究掺氢天然气、掺烧生物质等高效低碳工业锅炉技术、装备及检测评价技术。

3.4.3 绿色建筑材料研发

绿色材料是指在原材料的使用、产品的制造、再利用和废物处理等方面清洁绿色的材料。它们具有许多传统材料无法比拟的优势，如有利于减少对环境的污染，促进资源的可循环再生、产品的多样化。绿色建材的推广和使用有利于我国打破建材高成本、高消耗的桎梏。

我国经常运用的绿色建筑节能新型材料有四种。第一，可以回收的节能新材料，如玻璃材料或木质材料等，对其进行回收以后，还可以二次运用。第二，运用绿色植物研发出来的建筑节能新型材料。这种新材料具有非常高的环保、绿色成效，如通过对大豆进行研究以后，提取出大豆当中的蛋白纤维制成相应的纤维节能新材料，有效地提升建筑材料的使用时间及柔韧性。第三，运用碳素纤维制成的绿色建筑节能新型材料。通过将碳素纤维与树脂进行有效的融合，不仅能够提升建筑动工材料的耐高温性及耐腐蚀性，同样也能够促使建筑动工材料具有优良的力学特性。第四，具备抑菌特性的节能新材料。普通的动工材料在使用一段时间后会产生细菌，对人们的身体健康产生威胁。而在建筑工程当中运用具备抑菌特性的节能新材料，就可以有效地抑制细菌的繁殖，确保建筑物符合绿色、环保的发展理念。

在建筑工程当中运用绿色节能建筑新材料的主要目的就是为了降低自然界中各种资源的消耗，而在动工过程中运用绿色节能新材料能够减少不可再生资源的使用，同时绿色节能新材料也能够有效地利用自然资源，减少建造过程中的碳排放，有力促进碳达峰、碳中和目标的实现。

3.4.4 可再生能源发电技术

我国幅员辽阔，有许多风力资源、光能资源丰富的地区，还有长达 18 000 多千米漫长的大陆海岸线，太阳能、风力、光伏发电有着巨大的发展潜力，此外光伏电站建设还可带来生态效益。就发电成本而言，发电厂规模化、连片化是降低成本的关键，因此发电厂选址尤其重要。目前，风电、光伏发电的发展已经初具规模，发展到可平价上网的程度，在接下来的发展过程中，要进一步建设风电场、光伏电场，降低风电、光电的上网成本。

海上风能发电技术。海上风况普遍优于陆上，离岸 10 km 的海上风速通常比沿岸要高出 20%。同等条件下，海上风力机的年发电量能比陆上高 70%。同时海上很少有静风期，因此风力机的发电时间更长。对风电设备而言，陆地地形较复杂、粗糙度高，不同高度的风速常常相差很大，会导致风切变与湍流，使得风轮上下受力不均衡，易损坏风机，而海上就很少有此类风险。此外，海上风电大多建设在距海岸数十千米处，接近用电中心，并网成本更低。要加大力度研发风、光相关技术，提高发电效率与稳定性，增加装机容量。

太阳能热发电技术对电网友好，既可保证稳定输出，也可用于调峰，但目前发电成本过高，未来应在材料、装置上寻求突破；地热分布广、总量大，但能量密度太低，需重点突破从干热岩中提取热能的技术；生物质能也是可再生能源，目前生物质能发电技术是成熟的，但其在总的电力供应上占比较为有限，可进一步开发生物质能发电；海洋能和潮汐能的总量不小，发电潜力巨大，其利用技术有待进步；传统的水电开发程度已经较高，未来在雅鲁藏布江、金沙江上游的开发上还有较大潜力。

3.4.5　智能电网

为解决波动性强的可再生能源占比高、电力电子装置比例高的特点，需要在电网的智能化控制技术上实现质的飞跃。通过数字化、智能化带动能源结构转型升级，研发大规模可再生能源并网及电网安全高效运行技术，重点研发高精度可再生能源发电功率预测、可再生能源电力并网主动支撑、煤电与大规模新能源发电协同规划与综合调节技术、柔性直流输电、低惯量电网运行与控制等技术，建立智能电网，提高可再生能源电力利用效率。

3.4.6　可再生能源非电利用

可再生能源的应用范围不仅仅是发电，如在供热供暖方面，直接利用的效率更高、投入更少。可研发太阳能采暖及供热技术、地热能综合利用技术，探索干热岩开发与利用技术等。研发推广生物航空煤油、生物柴油、纤维素乙醇、生物天然气、生物质热解等生物燃料制备技术，研发生物质基材料及高附加值化学品制备技术、低热值生物质燃料的高效燃烧关键技术。

3.4.7　氢能技术

氢能具有来源广、燃烧热值高、能量密度大、可储存、可再生、可电可燃、零碳排等优点，属于可再生二次能源。氢燃料电池技术既可以应用于汽车、轨道交通、船舶等领域，也可应用于分布式发电和储能领域；还可以通过直接燃烧为炼化、钢铁、冶金等行业提供高效原料、还原剂和高品质的热源。但氢能的使用受限于储存与运输技术，研发可再生能源高效低成本制氢技术、大规模物理储氢和化学储氢技术、大规模及长距离管道输氢技术、氢能安全技术、新型制氢和储氢技术将成为重点。

3.4.8　储能技术改进

由于风、光资源具有波动性，利用风、光能源产生的电力不能很好地并入电网，需要储能的调节。现有储能技术多样，但在储能效率、适用条件、使用寿命等方面各有利弊，均不能很好地满足现有需求，储能技术仍待改进。

3.4.9 人工固碳

人工进行固碳一般分为两大途径，一是生态系统的保育与修复；二是把二氧化碳捕集起来后，或加工成工业产品，或封埋于地下/海底，这第二方面就是经常谈到的“碳捕获、利用与封存”（CCUS）。

生态系统固碳技术利用植物光合作用吸收大气中的二氧化碳，所吸收的碳有一部分长久保存在植物本身之中，也会有一部分凋落后腐烂进入土壤中以有机碳的形式得到较为长期的保存，当然有机碳也会部分转化成无机碳并同地表系统中的钙离子结合，形成石灰石沉积。其中起主要作用的还是森林生态系统，这是因为森林中的各种树木都有很长的生长期，在树木适龄期内，固碳作用可持续进行。因此，生态系统固碳的重点在于森林生态系统，森林生态系统的管理一在于保育，二在于扩大面积。我国有大量适宜森林生长的山地，这些地区过去生态受到过较大程度的破坏，最近几十年来，一直处在恢复之中，而这些人工次生林或乔/灌混杂林都处于幼年阶段，有进一步发育、固碳的潜力。同时，我国又有不少非农用地可作造林之用，包括近海的滩涂种植红树林、城市乡村的绿化用地种植树木。因此，生态系统的固碳潜力非常大。

CCUS 技术是一项实现碳中和必不可少的、最具潜力的二氧化碳减排措施，其对经济社会高质量发展具有无可替代的意义。一是 CCUS 与可再生能源结合有助于提高电网韧性和可靠性；二是能创造和保住高价值工作岗位；三是通过净零行业和创新支持经济增长；四是实现基础设施再利用和递延停产成本；五是有助于“公正转型”，避免高排放行业和地区人员大规模失业。

3.4.10 全国性碳排放权交易市场

全国碳市场是落实碳达峰、碳中和目标的重要政策工具。尽管我国碳排放权交易体系尚未成熟，包括定价、核证在内的制度体系有待完善，但全国性碳排放权交易市场整体发展态势良好。利用市场调节减排有利于推动企业主动转型升级，使用清洁能源设备、低碳排放设备，以更高效率实现“双碳”目标。

就目前产业发展来看，因为产业替代空间大、紧迫性强，风电、光伏发电技术和煤电清洁高效利用技术等较为成熟可行的技术应优先推广普及，而对于智能电网、生态系统固碳增汇技术、CCUS 这类产业空间大但技术尚未成熟、短期见效慢的新技术，可继续进行技术研发，待减排成本整体可控后，结合实际情况进行规划。

第4章　碳市场和碳交易

4.1　全球碳市场交易机制

目前，全球范围内主要碳交易体系包括欧盟碳市场、美国区域温室气体减排倡议（RGGI）、韩国与新西兰碳市场等。根据路透社数据，2019年，全球碳市场交易均价约为22欧元/吨。2020年，全球碳市场交易规模达2 290亿欧元，同比上涨18%，碳交易总量创纪录新高，达103亿吨。其中，欧洲碳交易占据全球碳交易总额近90%；北美区域碳市场——西部气候倡议组织（WCI）和区域温室气体减排倡议（RGGI）总市值增长16%，分别达到220亿欧元和17亿欧元，分别占2020年全球碳交易总额的9.6%与0.74%。

目前，全球碳市场的信用机制主要分为以下六种。

（1）清洁发展机制（Clean Development Mechanism，CDM）。温室气体具有全球性，即世界任何一个角落排放或减排同样二氧化碳当量的温室气体具有同样的全球环境效果。由于发达国家的能源利用效率普遍较发展中国家高，能源结构优化，新的能源技术被大量采用，因此其减排成本高，约为100美元/吨（CO_2）以上，而发展中国家能源效率低，减排空间大，成本较低，约为10～20美元/吨左右。因此，《京都议定书》的第12条款提出了清洁发展机制，允许附件一缔约方（发达国家）通过提供资金和技术的方式，与非附件一缔约方（发展中国家）开展碳减排项目，由此获取投资项目所产生的部分和全部核证减排量（Certified Emission Reductions，CER），作为其履行减排义务的组成部分。一单位CER等同于一公吨的二氧化碳当量。清洁发展机制的谈判代表也正在考虑在未来将造林/再造林以外的其他林业活动与造林项目，如防止滥伐森林和森林退化（REDD）项目，一同纳入该机制的可能性。

（2）联合履行机制（Joint Implementation，JI）。《京都议定书》允许附件一缔约方可向任何其他此类缔约方转让/购买减排项目产生的排放减量单位（Emission Reduction Units，ERU）。清洁发展机制和联合履行机制的最大区别是前者的减排主体为无减排承诺的发展中国家，而后者的减排主体为《京都议定书》下有减排承诺的发达国家。

（3）联合抵换额度机制。2011年起，日本与发展中国家磋商，先后与蒙古、孟加拉国、埃塞俄比亚、肯尼亚、马尔代夫、越南、老挝、印度尼西亚、哥斯达黎加、帕劳、柬埔寨、墨西哥、沙特阿拉伯、智利、缅甸、泰国、菲律宾等国达成双边协议，旨在通过联合抵换额度机制，在上述国家实施碳减排项目/发展低碳技术以实现日本的减排目标。

（4）CCER项目机制。CCER机制是中国应用最为广泛的自愿碳市场下的减排机制。目前，发改委已备案的林业碳汇CCER涉及五类项目：碳汇造林项目、森林经营碳汇项目、竹子造林碳汇项目、竹林经营碳汇项目、可持续草地管理项目。

（5）黄金标准（Gold Standard，GS）。黄金标准是由世界自然基金会（WWF）和其他国际非政府组织于2003年成立的基金会，其运作的补偿标准侧重于环境和社会效益。该标准下适用林业碳汇相关的项目目前仅涉及造林/再造林领域。

（6）核证减排标准（Verra Verified Carbon Standard Program，VCS）。就数量而言，核证减排标准是世界上最大的自愿性标准。该标准在林业碳汇领域下包含的项目类型最为广泛，主要涉及造林、再造林和再种植（ARR），改进森林管理（IFM），减少毁林和森林退化的排放项目（REDD）领域。

4.2 中国碳市场的交易机制

全球大部分碳市场其实都是指基于总量控制的碳交易市场，但其实还有一种基于地区或者企业自愿的自愿减排碳交易市场，以及未来可能出现的基于消费端的碳交易市场。

现在我们就来看一看，中国的碳市场关于交易机制的几个要素是怎么设计的。

（1）买卖双方。碳市场里的买卖双方都是控排企业，一些企业有买的需求，另一些有卖的需求，于是便会产生交易。那么，控排企业怎么来确定呢？我们需要设定一个标准，什么企业要纳入、什么企业不纳入。根据《全国碳排放权交易管理办法》，凡是温室气体排放在2.6万吨CO_2当量以上的企业，都会纳入碳交易体系，也就是成为这个市场的参与者。当然这只是最终的状态，实际上这些企业不会一次性全部纳入，而是分行业、分批次地纳入。目前，我国只有电力、钢铁、水泥、有色金属、玻璃、化工、造纸、航空八大行业的企业要求每年报送温室气体排放数据，而纳入全国碳市场开市后的第一批企业只有电力行业的2 000余家企业。在选择控排企业的过程中我们注意到，企业是否纳入控排企业，是根据该企业的碳排放情况来定的，而碳排放并不像电力那样，能够通过计量仪器直接计量，它是通过一系列的计算规则计算出来的。因为一个企业的碳排放量不但决定了它是否纳入碳市场，还决定了今后可以获得的配额数量，也就是决定了它是需要买碳还是卖碳，从某种意义上讲，这个数就是资产，就是钱。

所以如何计算企业的碳排放，以及如何保证数据的准确性及公平性是整个碳市场的根基。为此，我国出台了25个行业的碳排放核算指南，建立了温室气体全国报送系统，也出台了保证数据准确性的三方核查机制，这些机制统称MRV机制，目的只有一个：保证数据的真实性与公平性。

我们来看看碳市场的交易标的构成及相互之间的关系，碳市场的交易标的——碳资产主要包括配额和补充机制下的减排量。企业的配额是根据企业排放量和配额分配办法决定的。其中，配额分配办法只要定下来了，就不会出现差异，对配额标准化没有影响。剩下的就是企业的碳排放了，为了保证最终产品的标准化，首先要保证企业排放量计算的准确性，其次要保证企业间碳排放计算的一致性，再次要保证排放相关信息的透明性，而这些事情就是通过MRV体系实现的。

MRV体系具体是如何实施的呢？是围绕三个核心文件来实施的。这三个文件也是承前启后、缺一不可的。首先是M的监测计划，监测计划需要由企业编制并按照监测计划实施监测；其次是R的排放报告，需要由企业根据之前监测计划得出的监测结果计算碳排放并编写报告；最后是V的核查，核查则是由第三方核查机构根据企业编写的排放报告核查该企业碳排放信息的真实性、准确性和完整性。而这三个核心文件各自都有主管机构发布的相应的指南，核心文件必须严格按照相应的指南编写及执行。这就是整个MRV体系的核心内容。

(2) 供需关系。企业知道自己的碳排放量后，并不知道自己是需要买还是需要卖，这就需要一套规则来确定供需关系。在碳市场中，这套规则就是配额分配规则。简单点说，就是根据企业的历史碳排放情况来分配来年的排放额度，这个额度就是我们常说的配额。如果企业的实际排放超过获得的配额，那么它需要去市场购买不足的部分；如果实际排放低于获得的配额，那么富余出来的配额可以拿到市场上去卖。当然，整体上配额分配要偏紧一点，不然碳市场就起不到促进企业减排的作用了。

那么，这个配额怎么分才合理呢？一般来说，主流的配额分配方法有两种：历史法和基准线法。所谓历史法，就是根据企业的历史排放来分配配额。比如，某个企业上一年的碳排放为100吨，如果希望这家企业今年能减少10吨的碳排放，那么就可以给这个企业分配90吨的配额，如果它内部确实减少了10吨的碳排放，那么90吨的配额对它来说就刚好够用。采用历史法来分配配额简单、易操作，早期的碳市场基本都采用这种方法。但历史法的缺点也很明显，就是对碳减排本来就做得好的企业不公平，反而去奖励了不重视减排的企业。

我们可以设想一下，同样水平的两个企业，它们的碳排放都是100吨。其中，A企业很重视碳减排，在纳入碳市场之前的碳排放已经从100吨降到了50吨，B企业不重视减排，排放仍然是100吨。如果采用历史法，要求企业碳排放每年下降10%。那么A企业需要减排5吨，B企业需要减排10吨。虽然A企业需要减排的量比B企业少，但A企业已经将减排做到极致，基本没有减排空间了；而B企业有很大的减排空间，可以轻松减排10吨，甚至还可以减排15吨。A企业反而可能向B企业去购买它富余出来的那5吨配额。这种方式显然对A企业很不公平，明明自己付出了更多的努力，却还要出更多的钱去买别人的配额。

为了防止这种情况的出现，就有了第二种方法——基准线法。所谓基准线法，就是让企业不跟自己的历史排放比，而是跟整个行业的排放水平比。简单点说，就是在整个行业的排放水平上画一条线，行业内企业的配额统一根据这条线来分配。很显然，排放水平高于这条线的，配额肯定不够，需要到市场上去买，排放水平低于这条线的则会有富余配额，也可以拿到市场上去卖。当然，这条线要低于行业平均排放水平，这样才能起到促进企业减排的作用。还是上面那个例子，A和B属于同一个行业，假如该行业划分的基准线为80吨，那么A企业因为之前已经做了减排努力，实际排放只有50吨，所以即使它不需要再做额外减排，也会有30吨的富余配额；而B企业则需要减排20吨才能满足要求。经过上面的介绍，我们可以很容易得出基准线法比历史法好的结论。但现实中仍然有许多使用历史法的案例，因为基准线法对产品和数据的要求非常高。通常来说，基准线都是根据单位产品的碳排放来划定的。比如，我们统计完所有发电企业一度电的碳排放以后，就可以根据平均排放强度划定一条基准线。假如这个基准线为一度电0.5 kg的配额。但因为发电类型和地区差异导致这条基准线很难执行下去。如燃气发电和燃煤发电的碳排放差异本身就很大，发电机组容量的大小对碳排放的影响也很大，还有燃料类型、负荷率、冷却类型等，都会对碳排放造成影响。如果不考虑这些因素，就会导致不公。如果将这些因素都考虑进去，那就成了每个企业都有一个独一无二的基准线，和历史法也就没了区别。行业生产出来的产品，多少都有些不同，如何公平地给这些产品不同、产地不同、生产工艺也不同的行业定基准线是一项非常大的挑战。

另外，虽然各行业的配额是互通的，但各个行业的基准线划分方式又不一样，即使行业内的企业在基准线划分上得到了公平对待，也可能存在行业间配额分配不公平的问题。碳市场里的商品就不像菜市场那样琳琅满目了。绝大部分碳市场里的商品都只有两大类，基于政府发放的配额（Allowance）和基于项目的减排量（Emission Reduction）。在一个碳市场里，在向所有的企业发放配额以后，企业根据获得的配额，该实施减排的去实施减排，该去市场上交易配额的就去市场交易配额。

整个市场已经形成了一个商业闭环，为什么还要弄一个减排量出来呢？这其实是方便控排企业履约的一个灵活机制。我们先想象一下，假如有一个控排企业，它配额不够，想去市场上买配额来履约，但因为其他配额富余的企业都想把配额留着以后自己使用。市场上没有配额可买，或者是配额价格高得离谱。那么，企业可能会想，反正都是需要减排，企业内部减排跟外部减排对应对全球暖化的贡献是一样的。

比如，我去种树，吸收了 1 吨二氧化碳，那跟我企业内部减少 1 吨二氧化碳的效果是一样的。但这个减排量跟排放配额属于两种概念，从名字上就能看出来，一个是排放，一个是减排，差别很大，于是就得单独设立一套规则，来确定这个减排量如何进行认定，以及如何用于履约。这套规则的鼻祖就是清洁发展机制，它是服务于欧盟碳市场的减排量认证许可机制，就是说通过清洁发展机制得到的减排量可以给欧盟碳市场的控排企业用于履约。这些核证减排量（CER）都不是来自控排企业，而是来自世界各地各种类型的减排项目，这也促成了中国低碳行业的诞生。而服务于中国碳市场的补充机制叫作自愿减排机制，这个机制下的减排量叫作 CCER。一般的碳市场都不会让配额与减排量完全画等号，毕竟建立起这个碳市场的目的是控制所有纳入企业的排放总量，减排量只能算是一个辅助用的机制。如果都可以拿外部减排量来进行抵消，那么总量控制就没有意义了。所以一般碳市场还会设置一个减排量可使用的比例。欧盟碳市场最早的比例是 100%，后来改成了 10%。这个比例被后来许多碳市场沿用。中国八大碳交易试点地区减排量的可用比例在 3%～10%。因为减排量的适用范围比配额窄，所以一般市场上减排量的价格要低于配额，但也有例外，韩国碳市场的减排量 KOC（Korean Offset Credit）价格就长期高于配额，其原因就是 KOC 的有效期要长于配额。

配额和减排量虽然是碳市场里面交易的两大类商品，但如果你参与了某个碳交易市场，然后去看该碳市场交易所的交易品种，就会发现配额和减排量前面都挂了一个年份，每个年份都属于不同的品种。这是因为大部分碳市场会对配额和减排量设置一个有效期，超过有效期的产品就会强制下架而永久失去价值，这有点类似于菜市场的过期食品，所以每个年份发放的配额和减排量的价值都会不一样。因此，虽然交易品种只有两大类，但如果考虑到年份，实际上一个交易所长期可交易的品种都会在 4 种以上。

在菜市场里，我们交易的是实实在在的东西，所以我们可以一手交钱一手交货完成交易。但在碳市场里，交易的是完全虚拟的东西，怎么保证交易的公平公正是需要重点考虑的问题。我们手上的配额和减排量其实就是政府发给我们的一串数据，这个我们不用担心，因为我们手机里的股票其实也是政府发给我们的一串数据，我们从来就没有担心手机里的那串数据突然多个零或者少个零。这是因为我们所有人手上的股票，都是归口到一个绝对安全且几乎不可能被篡改的注册登记系统上。同样的系统也用于登记配额和减排量，所以我们可以将碳账户视作同股票账户一样安全。那么，我们的交易是怎么完成的呢？这个过程非常类似于股票交易。首先我们会有一个类似于人民币账户的碳账户，然后去碳交易所开户，将配额或者减排量放到交易账户上去。如果在交易所与另一个账户发生了交易，交易所会把交易信息发送给注册登记系统。注册登记系统根据交易信息对我的碳账户和交易对手方的碳账户进行数额增减，到此就完成了一笔交易。由此可以看出，交易系统和注册登记系统是两套系统，股票系统如此，碳交易系统也是如此。目前，全国碳市场将交易系统放在了上海，而注册登记系统则放在了湖北。我们要实现全国碳市场的交易，需要分别去湖北和上海开设注册登记簿账户和交易账户，然后再在上海开设的全国碳交易所进行交易。

从上面的描述我们能够看出，对于碳排放权这个虚拟的东西，基本只能通过交易所来实施交易，但我们仍然能从市场上听说“线下交易”这种方式。这里的线下交易并不是指真正的离线交易，而是买卖双方通过协议交易的形式完成碳资产的转移，我们只能够知道其交易量，但交易价格只有买卖双方才知道。部分碳市场还允许两个账户直接通过注册登记系统进行碳排放权的转移，当然，这种交易的交易价格就更无从知晓了。

4.3 碳交易投资的介绍

下面从投资者的角度出发，分析一下碳交易市场的投资机会，以及作为个人如何参与碳市场。根据《碳排放权交易管理办法》，个人可以参与碳市场，但目前并没有关于允许个人参与全国碳市场的相关规定，所以个人想直接参与碳市场还需要一定时日，但除了全国碳市场外，个人还可以通过其他方式参与碳交易市场。

一是通过购买与碳交易直接相关的企业股票或基金。目前，股票市场上已经出现了碳市场概念股，这些公司要么直接是控排企业，要么是CCER项目方，又或者是碳交易所的股东方等。虽然购买这些公司的股票不能直接与购买碳信用挂钩，但他们在碳市场的表现一定程度上能够从股价上表现出来。不过，股价的变动还受很多其他因素的影响，碳价只是其中很小的一部分，所以不能算是直接参与碳市场投资。还需要注意的是，购买控排企业的股票需要确认该企业属于配额富余方还是配额缺口方。如果是配额缺口方，参与碳市场对他们来说是成本而非收益，购买它们的股票或许得不偿失。

二是参与地方碳交易市场。2013年6月18日，深圳启动第一个碳交易试点以来，我国相继已经有8个碳交易试点投入运营，这些试点地区部分允许个人开户，可以直接参与配额和CCER的交易。但试点地区碳交易市场不排除在今后全国碳市场稳定运行后会关闭，所以不具备长线投资的价值，可以作为熟悉碳交易市场、积累碳交易经验的尝试。关于中国碳交易试点的运营情况，将在后面的章节进行介绍。

三是投资CCER。CCER可以用于全国碳市场的碳信用，目前部分试点地区允许个人开户，可以通过去碳交易试点地区开户后购买CCER来持有CCER，待将来全国碳市场开放CCER履约后，便可进入全国碳市场交易，但这种方法只能交易CCER。

目前，全国碳市场对 CCER 的政策还不太明朗，至少第一年的履约不会考虑 CCER，所以存在一定风险。

四是购买相应的碳市场基金。在碳市场启动后，可能会出现一些专门投资碳市场的基金，这些基金可能会给控排企业提供资金，支持控排企业在自身需求之外建仓配额和 CCER，也可能直接投资 CCER 一级市场的开发，如投资一些碳资产开发公司，支持这些公司开发 CCER 项目。这种投资方式与投资相关控排企业的股票相比，与碳市场的关联性更强，其收益几乎只与碳市场有关。

2021 年 7 月 16 日，在上海的中国碳排放交易中心，随着交易大厅的第一笔交易显示交易成功，标志着中国全国碳市场这一世界最大碳交易市场鸣锣开市，大家在那一天见证了全球这个碳市场的碳价起点——48 元。随着后期碳市场配额发放的趋紧和有偿拍卖比例的增加，碳价从长期来看一定是处于上涨趋势。但究竟能有多大涨幅，我们可以从历史碳价趋势和各大研究机构的预测来进行判断。首先是碳价的历史趋势，根据 ICAP 发布的《全球碳市场进展 2021 年度报告》，2010 年到 2020 年十年间，欧盟碳市场碳价从最低点的 5 欧元左右上升到了 40 欧元，最新的欧盟碳价已经突破了 50 欧元。所以，欧盟碳价在这 10 年间涨了 10 倍；超过 10 倍涨幅的还有新西兰碳市场；韩国碳市场最低点到最高点的涨幅在 5 倍左右；加州碳市场相对来说比较稳定，涨幅只有 1.5 倍左右；而中国试点地区碳市场基本没有什么涨幅。造成差异这么大的原因有很多，但最主要的原因还是市场体量和市场参与者的数量。往往市场体量和参与者数量越多的市场，其碳价涨幅就越高，反之则越低。预计我国的全国交易市场启动后，其总体体量超过欧盟碳市场，成为全球最大的碳交易市场，其市场表现值得期待。

还需要注意的是，全国碳市场也可能对 CCER 的项目类型进行限制，即某些项目类型的 CCER 可能不允许用于全国碳市场履约。如果出现类似的政策，那么相应项目类型的 CCER 价值就会大打折扣。在未来风电、光伏发电比例大幅增加的情况下，不排除碳市场会限制相应的 CCER 使用，所以需要时刻关注相关政策。

虽然影响碳价的因素很多，但从试点地区的经验来看，政府调控仍然是当前影响我国碳价最主要的因素。最为典型的案例莫过于上海碳交易试点 2016 年的配额结转方案对市场的影响。上海是唯一一个同时发放三年配额的碳交易试点，在 2013 年上海碳市场开市后，一次发放了 2013 年、2014 年、2015 年三年的配额。因为这三年的配额总体发放偏多，而且允许无限量结转，所以 2013 年的剩余配额结转到 2014 年，之后又继续传导到 2015 年。早期因为企业不清楚自己的配额盈亏情况所以交易得比较少。等到 2015 年，过了两年的结转以后发现大部分的企业都是配额剩余，于是大量抛售，所以碳价持续走低。价格从 2014 年底的 33.3 元一直下探到 2016 年的 4.2 元左右。为了提振市场，2016 年 5 月 9 日，上海市发改委发布了《关于本市碳排放交易试点阶段碳排放配额结转有关事项的通知》，通知规定2013—2015年的配额于2016年6月30日停止交易和履约，并且等量结转至2016—2018年配额，但并非一次性结转，而是分三年，每年结转1/3。通知一出，市场上可流通配额大量减少，配额价格也从5月16日的最低点4.21元开始反弹，最高涨到2017年2月13日的38.3元，在短短9个月内涨幅高达9倍。经过多年碳交易试点的运营，中国已经积累了大量的实操经验，相信全国碳市场的制度设计将会比试点地区更加完善，政策透明度和可预测性更高，这样才能形成一个良好的自有市场。

4.4 我国碳市场交易情况

2022年底，生态环境部发布了《全国碳排放权交易市场第一个履约周期报告》，系统总结了全国碳市场第一个履约周期的建设运行经验。

根据该报告，全国碳市场第一个履约周期（2021—2022年度）碳排放配额（CEA）累计成交量1.79亿吨，累计成交额76.61亿元，市场运行总体平稳有序，交易价格稳中有升，低成本促减排功能初步得到显现。发电行业的2 162家重点排放单位作为全国碳市场的控排主体，年度覆盖二氧化碳排放量约为45亿吨。其中，847家重点排放单位存在配额缺口，缺口总量约为1.88亿吨，约占第一履约期碳市场覆盖范围内排放量的2%。第一履约周期累计使用国家核证自愿减排量（CCER）约3 273万吨用于配额清缴抵消。

总体而言，市场交易量与履约所需的配额缺口量较为接近，交易主体以完成履约为主要目的，成交量基本能够满足重点排放单位的履约需求。截至2021年12月31日，按排放量计算的全国碳市场总体配额履约率为99.5%。从控排企业的角度进行统计，共有1 833家重点排放单位按时足额完成配额清缴，178家重点排放单位部分完成配额清缴，企业履约率为91.15%。分地域来看，海南、广东、上海、湖北、甘肃五个省市全部按时足额完成配额清缴履约（图3-1）。

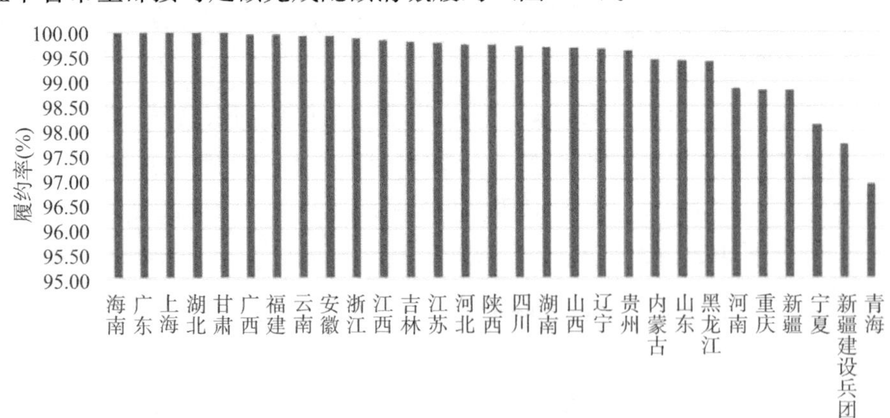

图3-1 全国碳市场第一履约期各省市的配额履约完成情况

在成交量方面，2022 年全国碳市场每个交易日都有交易，日均成交量为 21.03 万吨。市场的交易呈现明显的季节性，体现为交易主要集中在年初和年末，其中 1 月、2 月成交量分别为 786.25 万吨、167.06 万吨，共占全年总成交量的 19%。11 月全国碳市场交易量明显增加，并于 12 月实现激增，11 月、12 月成交量分别为 729.84 万吨、2 625.30 万吨，共占全年总成交量的 66%（图 3-2）。

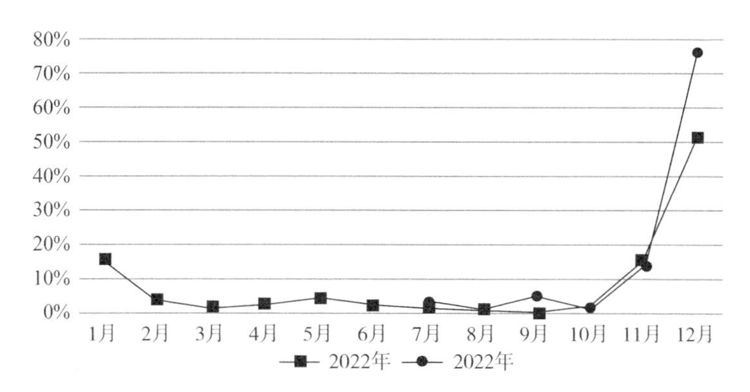

图 3-2　全国碳市场各月成交量占总成交量的比例

在碳价方面，2022 年碳价走势呈箱体震荡形态，整体维持在 50～62 元/吨，年末收盘价为 55 元/吨，较上年末收盘价 54.22 元/吨上涨 1.44%；2022 年成交均价为 55.3 元/吨，较 2021 年的 42.85 元/吨上涨 29.05%。年内最高价为 1 月 28 日的 61.6 元/吨，最低价为 2 月 14 日的 50.54 元/吨。

第5章 “共筑梦想 创赢未来”绿色产业创新创业大赛2022年度双碳产业优秀项目

5.1 工业低碳数字化燃烧系统

5.1.1 项目简介

工业炉窑是能耗和排放产生的根源，而工业炉窑的节能减排取决于燃烧系统的效率，但是国内技术人员大多是从炉窑的角度进行节能减排的研究改进，而燃烧模拟在我国工业各类加热炉窑的应用尚未得到研究和重视。因此，以燃烧模拟为基本路线，对我国的各类炉窑进行探索是一项重要而艰巨的任务。

该项目的研发主要解决国内工业炉窑高能耗、高排放和高污染问题。以独有的LES-ODT燃烧模拟技术为核心，进行各类加热炉窑的燃烧模拟，通过燃烧模拟在工业炉窑中的应用，降低企业能源成本，提高产品质量，实现企业节能减排。工业燃烧技术在我国一直没有得到很好的发展，而在欧美一些国家已经非常成熟，该项目凭借技术先进性高和市场占有率低，在国内有着较好的发展前景。同时，该项目能够填补我国在工业燃烧技术方面的空白，促进我国工业燃烧技术的发展，打破我国工业燃烧系统长期依赖进口、高端燃烧技术长期被西方封锁的局面。

本项目以自主开发的高效、节能、环保型燃烧技术为核心，为工业炉窑提供最先进有效的燃烧系统解决方案。在高能耗工业炉窑实现环保目标的同时为其创造能源收益，涉及的行业包括钢铁、陶瓷、石灰、水泥、玻璃、焦化、冶金等。

5.1.2 竞争优势

本项目的突出优势在于对燃烧技术的国际性突破。在产品性能上，经项目团队优化后的燃烧系统，不仅能提高燃烧效率，有效地降低企业运行成本，还能提高产量，减少大气有毒化合物的排放，真正做到在节能减排的同时进行企业创收，实现双赢。

在产品未来发展潜力上，首先产品的核心是符宇强博士的LES-ODT燃烧理论，属于国际领先且于美国工业领域应用实践反响良好。其次，市场上很多公司生产的产品主要是关于污染后的防治，但本项目是在能耗和污染的根源——燃烧工艺上为客户提供节能环保方案。真正做到从源头改善污染问题，从而减少了企业的各种维护成本。最后，燃烧技术属于基础工业研发类技术，在我国一直没有得到很好的发展，而在欧美，燃烧技术却非常成熟。本项目根据 LES-ODT 理论开发出来的燃烧技术在国际上遥遥领先同类产品，且目前在国内属于技术空白。

5.2 中阳碳数链

5.2.1 项目简介

中阳碳数链是“区块链＋碳市场＋大数据”形成碳数链数据管控的综合方案服务商。项目核心数字化技术是基于可信区块链、AI、智能检索等数字化科技手段，与碳排放数字核算计量方法相融合的创新型解决方案，构建了面向政府碳排监管、碳交易市场、企业碳排系统建立及碳汇（碳资产）管理路径等各类数据管控产品及解决方案。

中阳碳数链平台针对当前碳权交易的各环节透明度不够、数据中心化操作存在风险以及互信问题，充分运用区块链技术中心的“可追溯、不可篡、分布式账本、智能合约”等特点，通过区块链共识机制和透明安全的数据交互构建碳权市场互信增强的交易环境，建设数据共享平台，实现碳交易的可追溯、可共享，提高效率，降低成本。

该项目基于可信区块链底层公有链平台、可信联盟链平台、可信区块链 BaaS 平台及可信区块链典型（碳交易）应用平台技术创新技术搭建，基于国际主流密码算法 Hash/RIPEMD160/ECDSA 密码学算法实现底层链数据安全及交易签名和验证。

5.2.2 竞争优势

(1) 采用北京邮电大学国密算法，该算法适合国家级交易所和政府主管部门管理碳排放数据。区块链底层技术自有，数据安全，不会外泄。

(2) 可信碳数链 BaaS 平台技术自有，没有其他机构共享、分享技术专利。

(3) 国内首家将区块链技术应用在碳市场上的企业，1.0 产品已经发布，在区块链与碳交易数据管控方面，走到全国的前列。

5.3 碳基线

5.3.1 项目简介

碳基线致力于帮助客户解决在实现碳中和目标的过程中所面临的挑战，本项目结合团队的全球化视野与经验，为客户提供拥有国际前沿知识体系的碳管理软件和绿色金融分析类工具。

碳基线的核心技术和产品包括以下几种。

（1）碳排放/减排计算软件。团队已完成国家发改委20多种碳排放方法学的软件化处理，包括石化等计算较复杂行业，后续也会进行其他国家和地区的排放和减排方法学软件的开发，包括VCS、CDM等碳减排额度的方法学，能帮助包括高碳排放企业客户或相关产业链参与方监测全球范围内多元业态的碳排放/减排情况。

（2）碳减排路径建议优化软件。团队依托服务美国加州政府的项目经验，正对全球范围内的碳减排手段进行数字化标签工作并开发建议优化模型，能根据客户的减排目标为其制定以年为单位的、快速确定的最优减排路线，规划不同年份对不同技术的投入，并推荐合适的厂商进行落地。

（3）绿色金融风险和定价模型。依托于对实业和碳减排技术的深刻理解，将碳排放风险等相关变量融入传统或自研金融模型，开发全新的适用于绿色金融行业的风险和违约概率模型，帮助金融机构在碳中和时代更好地开展投融资的风险评估与合规工作。覆盖范围包括但不限于绿色信贷与绿色债券违约模型、碳资产定价与风险模型、碳市场与大宗商品市场联动模型、大宗商品定价与风险模型等。

碳基线会同节点型企业（即有着大量产业链上下游合作方）进行碳排放计算软件的直接合作，也可以通过相关咨询项目建立起初期的信任关系，从而实现大规模的客户覆盖，并提供后续的减排路径软件服务。绿色金融风险和定价模型的推广会采取由头部金融机构切入、实现全行业覆盖的模式开展。

5.3.2 竞争优势

（1）技术和产品优势

①碳盘查监测软件和碳减排路径软件

在碳管理领域，在碳减排路径建议优化模块中提供落地的技术解决方案，并直接帮助客户对接与他们需求匹配的本地供应商名单，助力客户降碳增效。

②绿色金融相关分析类工具软件

在绿色金融领域，提供绿色金融分析类工具，包括绿色贷款、债务风险管理等。凭借对实体行业的深入理解，将绿色金融知识储备与工业知识体系结合，为金融机构类客户提供专业的数字化服务。

（2）团队优势

①前沿学术知识的应用。团队成员和顾问均为世界名校背景，专业经历涵盖全球各大知名机构，对前沿学术知识的业界应用有着深刻理解和落地能力，能够在行业中实现并保持核心知识层面的领先。

②规模化复刻能力。依托数字化手段，将碳中和和绿色金融专业知识体系进行软件化呈现和应用，可实现大规模部署，目前总体进度处于国内和国际领先水平。

③产品国际竞争力。团队履历覆盖亚美欧，有着丰富的产品和服务本地化调整经验，同时能够获得国际与国内大客户认可并承接相应需求，目前已为或正为国内外头部企业提供相关服务。

5.4　基于源网荷储的区域级大型社区及园区能源近零碳技术应用

5.4.1　项目介绍

在碳达峰、碳中和背景下，绿色化、低碳化是城市发展的主流理念。社区和园区作为城市的重要组成部分，其绿色、低碳化将有助于实现城市的低碳发展，因地制宜、循序渐进地推进近零碳排放区示范工程试点工作，探索符合自身特点的“零碳”发展模式，是我国现阶段的重要工作。

能源作为社区和园区运行的重要支柱，其绿色化、低碳化将对节能减排提供有效支持。社区及园区的能源近零碳技术的有效应用与推广，将降低整个社会的碳排量，促进碳达峰、碳中和的实现。本近零碳技术平台从以下几个方面形成核心技术及竞争力：(1) 基于多目标及约束条件的预先配置源网荷储一体化安全稳定控制与优化运行调度算法；(2) 基于多种功能建筑主体运营数据及资源禀赋数据的降碳排适配性应用规划分析技术；(3) 基于C端与B端多层级碳账户的区块链系统监管与安全技术研究及集成应用；(4) 基于碳排、经济、安全、可靠、交易五位一体的新型区域数字化碳管控平台；(5) 基于需求侧响应的虚拟电厂平台；(6) 区域级含大型社区及园区的能源近零碳技术应用评估分析。基于低碳和零碳技术理论成果，以大型社区、园区等区域为突破口，开展近零碳排放区工程建设，并研究可推广商业化方案，多领域、多层次推动“近零碳”发展。

5.4.2　竞争优势

(1) 技术能力

围绕商业楼宇、城市综合体、产业园区、文体场馆、工业用户、港口码头、高速公路服务区等场景的多元化能源需求，提供包括用能管理、运行控制、优化调度、设备运维、系统运营、虚拟电厂、需求响应、碳排管理、交易决策等功能在内的源网荷储一体化企业级能源管理解决方案，为用户侧打造绿色低碳、经济可靠、安全稳定、长效获益的能源系统。

实现光伏等新能源发电就地消纳和有效利用；完成建筑与配电网的柔性连接和

能量交互，实现园区示范应用；保障建筑用电的安全、可靠、低碳和经济运行；完成紧急可靠、安全稳定、经济调度、碳排优化的一体化功能。

开发基于碳排、经济、安全、可靠、交易五位一体的新型区域数字化碳管控平台一套。平台可实时接收、展示各环节参数、指标信息；平台可实现多源数据的高效融合，支持碳排数据、交易数据、发用电数据、能耗数据、生产数据及相关状态信息等多源数据的展示与管理；平台具有碳排管理、经济优化、数据安全、可靠运行、碳产交易等功能。

（2）商业能力

项目以能源近零碳技术在大型社区及园区的市场需求潜力为背景，以政策支持地区为优先推广区域，研究可落地、可复制的多适配性能源近零碳技术在大型社区及园区的应用方案，开展商业化项目运营模式、项目运营策略研究，实现能源近零碳技术的商业化推广。

（3）团队能力

核心团队深耕能源电力行业 18 年，在 110kV 及以下交直流电力系统、用户侧源网荷储一体化系统等领域拥有深厚的技术研发与产品化能力，积累了丰富的项目落地与运营管理经验。团队累计策划 5 个新能源领域国家及省级重点实验室、主导 60 多项国家及省部级重点科研项目。

参考文献

[1] 付朋霞，孟亚洁. 我国实现“双碳”目标面临的机遇与挑战［J］. 通信世界，2021(16)：22-23.

[2] 徐晓娜，崔莹，王慧元. “双碳”目标对我国的战略影响及其应对策略［J］. 河北环境工程学院学报，2022，32(3)：7-10.

[3] 袁晓玲，耿晗钰，李思蕊，等. 高质量发展视域下中国城市“双碳”目标实现的现状，挑战与对策［J］. 西安交通大学学报（社会科学版），2022，42(5)：30-38.

[4] 孟小燕，熊小平，王毅. 构建面向“双碳”目标的循环经济体系：机遇，挑战与对策［J］. 环境保护，2022，50(Z1)：51-54.

[5] 张雅鑫，冯鲍. “双碳”目标下绿色金融发展的现状、问题与对策［J］. 黑龙江金融，2022(5)：69-74.

[6] 周宏春，史作廷. 碳中和背景下的中国工业绿色低碳循环发展［J］. 新经济导刊，2021(2)：9-15.

[7] 汪军. 碳中和时代——未来 40 年财富大转移［M］. 北京：电子工业出版社，2021.

第 4 篇

氢能产业创新发展研究

第 1 章　氢能源概述

1.1　氢能概念

氢能是氢的化学能，即氢元素在物理与化学变化过程中所释放的能量。氢气和氧气可以通过燃烧产生热能，也可以通过燃料电池转化成电能。由于氢气必须从水、化石燃料等含氢物质中制得，而不像煤、石油和天然气等可以直接从地下开采，因此它是二次能源。氢在地球上主要以化合态的形式出现，是宇宙中分布最广泛的物质，它构成了宇宙质量的 75%。氢能源作为一种高效、清洁、可持续的新能源被世界各国关注。

1.2　氢能源的分类

灰氢：通过化石燃料（天然气、煤等）转化反应制取氢气。由于生产成本低、技术成熟，也是目前最常见的制氢方式。由于在制氢过程中会释放一定量的二氧化碳，不能完全实现无碳绿色生产，故而被称为灰氢。

蓝氢：在灰氢的基础上应用碳捕捉、碳封存等技术将碳保留下来，而非排入大气。蓝氢作为过渡性技术手段，可以加快绿氢社会的发展。

绿氢：通过光电、风电等可再生能源电解水制氢，在制氢过程中基本不会产生温室气体，因此被称为“零碳氢气”。绿氢是氢能利用最理想的形态，但目前受制于技术门槛和较高的成本，实现大规模应用还有待时日。

粉氢：通过核电供能的电解槽制取的氢，通常可以实现近零排放，但规模化发展较依赖于核电的技术和发展。

1.3　氢能源的特点

氢能之所以在全球应对气候变化和碳减排中被寄予厚望，主要由于其所具备的几大特性（图 4-1）。

(1) 生态友好。与传统的化石燃料不同，氢在转化为电和热时只产生水并且不排放温室气体或细粉尘，与全球降低碳排放的目标契合。

（2）高效性。氢燃料电池的发电效率可以达到50%以上，这得益于燃料电池的转换特性是将化学能直接转换为电能，而没有热能和机械能（发电机）的中间转换。

（3）储运方式多样。光伏、风电等可再生能源近年来获得快速发展，装机量不断提升，但其也具有波动性和间歇性等短板。氢储能可以利用可再生能源发电制氢，再以气态、液态存储于高压罐中，或者以固态存储于储氢材料中，可以成为解决电网调峰和“弃风/弃光”等问题的重要手段。

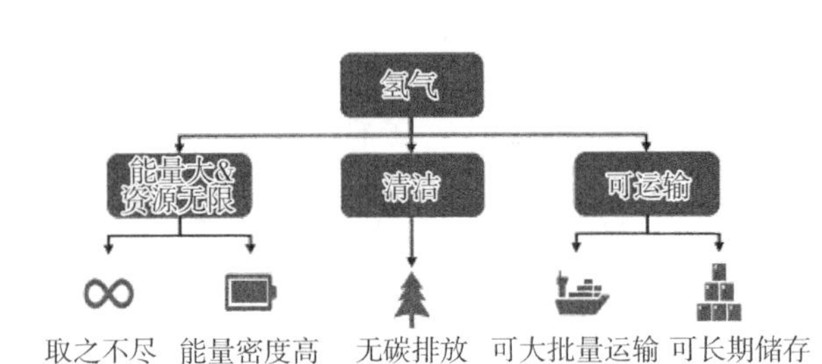

	氢气	汽油	天然气
常温下的物理状态	气体	液 体	气 体
热值（MJ/kg）	120	41.84	46.03
燃烧点能量（MJ）	0.02	0.20	0.29
扩散系数（M^2/s）	6.11×10^{-5}	0.55×10^{-5}（蒸汽）	1.6×10^{-5}
起爆体积浓度	4.1%～75%	1.4%～7.6%（蒸汽）	5.3%～15%

图 4-1　氢能特点与优势

（4）应用场景广泛。氢能既可以用作燃料电池发电，应用于汽车、火车、船舶和航空等领域，还可以单独作为燃料气体或化工原料进入生产，同时还能在天然气管道中掺氢燃烧，应用于建筑供暖等（图 4-2）。

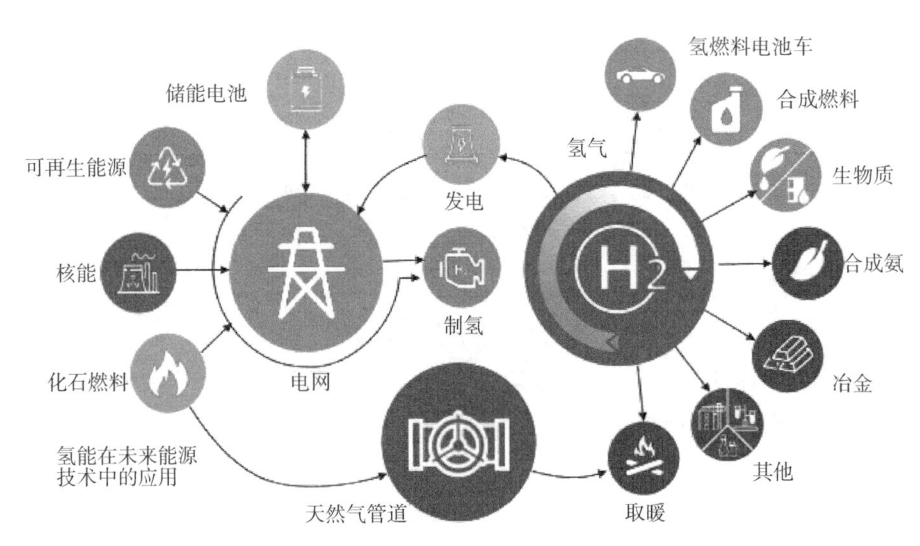

图 4-2　氢能源的应用场景

第 2 章　氢能源产业链与市场

2.1　氢能源产业链

氢能源产业链主要包括上游制氢，中游氢储运、加氢站，以及下游多元化的应用场景。目前来看，其主要应用场景分布于交通业、工业、发电以及建筑领域（图 4-3）。

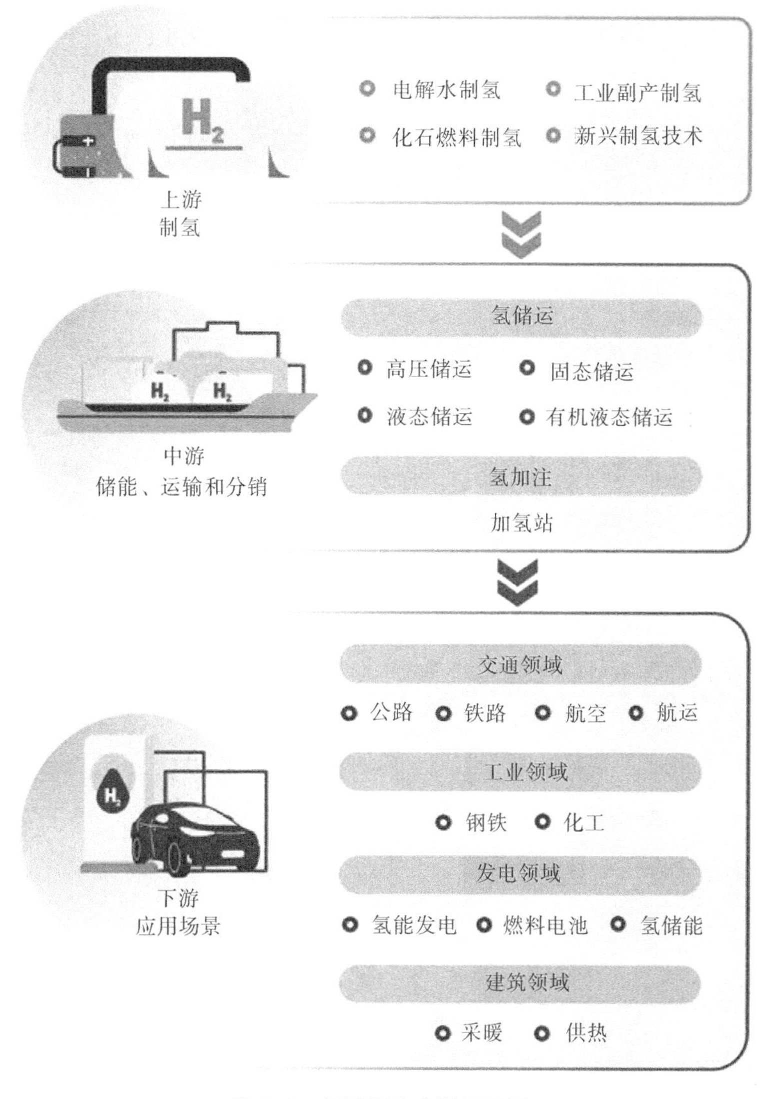

图 4-3　氢能源产业链示意图

2.1.1 制氢产业

电解水制氢是最有发展潜力的绿色氢能生产方式，特别是利用可再生能源进行电解水制氢是目前众多氢气来源方案中碳排放最低的工艺，与全球低碳减排的能源发展趋势最为吻合（图 4-4）。目前，电解水制氢主要有 3 种技术路线：碱性电解（AWE）、质子交换膜（PEM）电解和固体氧化物（SOEC）电解。其中，碱性电解水制氢技术相对最为成熟、成本最低，更具经济性，已被大规模应用。PEM 电解水制氢技术已实现小规模应用，且适应可再生能源发电的波动性，效率较高，发展前景好。固体氧化物电解水制氢目前以技术研究为主，尚未实现商业化。

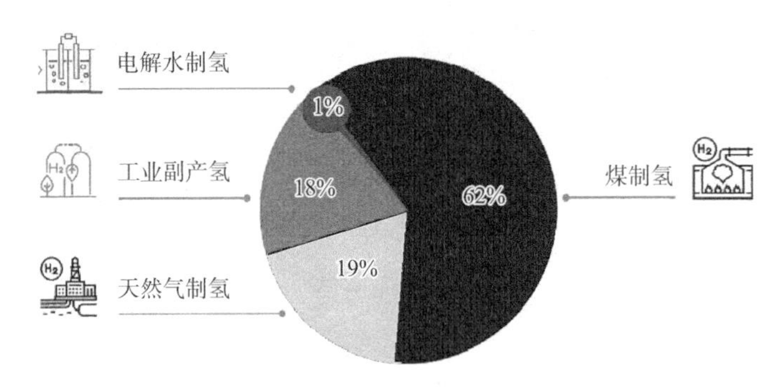

图 4-4 2020 年中国制氢结构图

2.1.2 氢能的储存和运输产业

高压气态储氢、低温液态储氢已进入商业应用阶段，而有机液态储氢、固体材料储氢尚处于技术研发阶段。其中，气态储氢是目前发展相对成熟、应用较广泛的储氢技术，但该方式仍然在储氢密度和安全性能方面存在瓶颈。以长管拖车为主的气态运输，是当前较为成熟的运输方式。

2.1.3 加氢产业

从规模来看，2021 年中国新建 100 座加氢站，累计建成数量达 218 座，位居世界首位。2022 上半年，国家进一步统筹推进加氢网络建设，全国已建成加氢站超过 270 座。从区域分布来看，当前我国加氢站可实现除西藏、青海、甘肃外的省份全覆盖，同时又具有一定的区域集中性特征，位列前 4 的省份依次为广东省、山东省、江苏省和浙江省。

2.1.4 氢能应用产业

目前，工业和交通为氢能主要应用领域，建筑、发电等领域仍然处于探索阶段。

据预测，到 2060 年工业领域和交通领域氢气使用量将分别占比 60%和 31%，发电领域和建筑领域占比分别为 5%和 4%。

（1）交通领域

燃料电池汽车是交通领域的主要应用场景，未来有望实现高速增长。2020 年由于受到新冠疫情等因素影响，我国燃料电池汽车产销量出现下降，但 2021 年燃料电池汽车产量和销量分别同比增加 35%和 49%；2022 年以来，燃料电池汽车产销量进一步增加，上半年燃料电池汽车产量 1 804 辆，已经超过去年全年。我国《氢能产业发展中长期规划（2021—2035 年）》显示，计划到 2025 年我国燃料电池车辆保有量达到 5 万辆。据此计算，未来几年我国燃料电池汽车保有量的年均增长率将超过 50%。燃料电池汽车主要包括燃料电池系统、车载储氢系统、整车控制系统等。其中，燃料电池系统是核心，成本有望随着技术进步和规模扩大而下降。燃料电池汽车适合重型和长途运输，在行驶里程要求高、载重量大的市场中更具竞争力。

（2）工业领域

氢不仅能作为工业燃料，也可以作为工业原料帮助工业减碳发展。在氢冶金、合成燃料、工业燃料等的带动下，2060 年工业部门氢需求量将达到 7 794 万吨，接近交通领域的 2 倍。例如，在钢铁领域，2020 年国内钢铁行业碳排放总量约 18 亿吨，占全国碳排放总量的 15%左右。按照 2030 年减碳 30%的目标，需减排 5.4 亿吨，面临巨大挑战。氢冶金是钢铁行业实现“双碳”目标的革命性技术。就化工行业而言，氢气是合成氨、合成甲醇、石油精炼和煤化工行业中的重要原料。目前，工业用氢主要依赖化石能源制取。随着可再生能源发电价格持续下降，到 2030 年国内部分地区有望实现绿氢平价，绿氢将进入工业领域，逐渐成为化工生产常规原料。

（3）发电领域

氢能发电主要有两种方式。一种是将氢能用于燃气轮机，带动电机产生电流输出，即氢能发电机。氢能发电可以被整合到电网电力输送线路中，以此实现电能的合理化应用，减少资源浪费。另一种是利用电解水的逆反应，氢气与氧气（或空气）发生电化学反应生成水并释放出电能，即燃料电池技术。燃料电池可应用于固定或移动式电站、备用峰值电站、备用电源、热电联供系统等发电设备。目前，两种氢能发电均存在成本较高的问题。燃料电池发电成本大约 2.5～3 元/度，而其他技术发电成本基本低于 1 元/度。降低成本是氢能在发电领域发展的关键。

（4）建筑领域

氢能供热供暖在建筑中不占优势，与天然气供热等比较，氢气供热在效率、成本、安全和基础设施的可得性等方面均有短板。早期氢气在建筑中的使用主要是混合形式，到 2030 年代后期，纯氢在建筑中的使用有望超过混合氢气。

2.2 氢能源市场分析

2.2.1 国际氢能源市场

从全球角度来看，当前氢能产量约 7 000 万吨左右，且主要为化石能源制氢。随着全球低碳转型进程的加快，氢能特别是清洁氢能将得到迅速发展。根据国际主要能源机构的预测，到 2050 年，氢能产量将达到 5～8 亿吨区间，且基本为以蓝氢和绿氢为代表的清洁氢能。从占比角度来看，氢能有望从目前仅约 0.1%全球能源占比上升到 2050 年 12%以上的占比。

自 2020 年“双碳”目标提出后，我国氢能产业热度攀升，发展进入快车道。2021 年，中国年制氢产量约 3 300 万吨，同比增长 32%，成为目前世界上最大的制氢国。中国氢能产业联盟预计到 2030 年碳达峰期间，我国氢气的年需求量将达到约 4 000 万吨，在终端能源消费中占比约为 5%，其中可再生氢供给可达约 770 万吨。到 2060 年碳中和的情境下，氢气的年需求量有望增至 1.3 亿吨左右，在终端能源消费中的占比约为 20%，其中 70%为可再生能源制氢。

以国际可再生能源机构 12%的占比预测为例，清洁氢能产量将从目前几乎可以忽略不计的占比提升到 2050 年的 6.14 亿吨，在氢能的几大行业重点应用领域，包括交通业、工业和建筑行业中清洁氢能的总消耗量也将在目前基础上得以大大提升。目前，清洁氢能在交通业能源中的占比约为 0.1%，预计到 2030 年将上升到 0.7%，到 2050 年将达到 12%的占比（表 4-1）。

表 4-1 国际可再生能源机构对实现 1.5 ℃目标情境下的全球氢能预测表

核心指标	2020 年	2030 年	2050 年
清洁氢能产量（亿吨/年）	～0	1.54	6.14
清洁氢能在总原消耗中的占比（%）	<0.1	3.0	12
清洁氢能在交通业总能源消耗中的占比（%）	<0.1	0.7	12
氨、甲醇、合成燃料在交通业总能源消耗中的占比（%）	<0.1	0.4	8
清洁氢能在工业中的总消耗量（艾焦耳/年）	>0	16	38
清洁氢能在建筑中的总消耗量（艾焦耳/年）	～0	2	3.2
氢能及其衍生物的总投资（十亿美元/年）		10	176
氢能及其衍生物对能源行业碳减排的贡献率（%）			10

2.2.2 中国氢能源市场

中国将是未来世界最大的氢能源市场。

氢能是中国未来国家能源体系的重要组成部分，中央和地方各级政府不断出台支持政策，氢能有望获得加速发展，在未来几年初步建立起较为完整的供应链和产业体系。

中国市场规模自2020年“双碳”目标提出后，我国氢能产业热度攀升，发展进入快车道。2021年，中国年制氢产量约3 300万吨，同比增长32%，成为目前世界上最大的制氢国（图4-5）。中国氢能产业联盟预计到2030年碳达峰期间，我国氢气的年需求量将达到约4 000万吨，在终端能源消费中占比约为5%，其中可再生氢供给可达约770万吨。到2060年实现碳中和的情境下，氢气的年需求量将增至1.3亿吨左右，在终端能源消费中的占比约为20%，其中70%为可再生能源制氢。

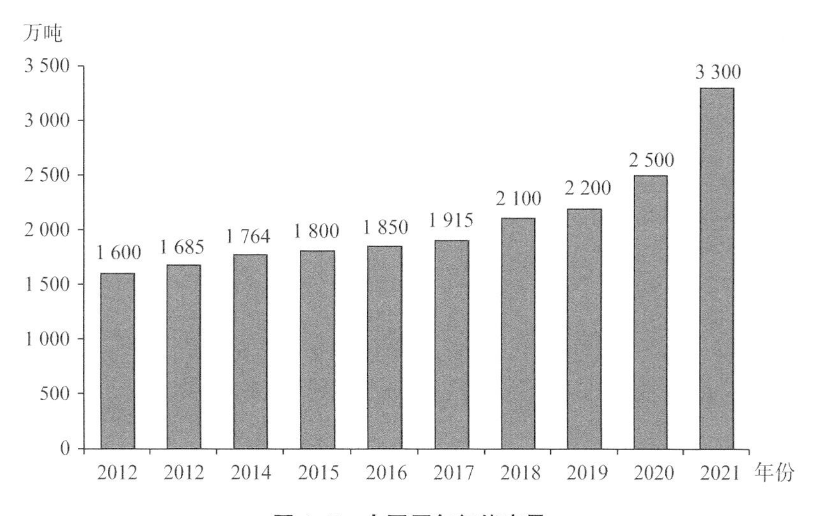

图4-5 中国历年氢能产量

从产量结构来看，2020年我国氢气总产量达到2 500万吨，主要来源于化石能源制氢（煤制氢、天然气制氢）。其中，煤制氢占我国氢能产量的62%，天然气制氢占比19%，而电解水制氢受制于技术和高成本，占比仅为1%。从全球2020年的制氢结构来看，化石能源也是最主要的制氢方式，其中天然气占比59%，煤占比19%。化石能源制氢过程中碳排放巨大，在“双碳”目标进程中将逐渐被淘汰，而工业副产氢既可减少碳排，又可以提高资源利用率与经济效益，可以作为氢能发展初期的过渡性氢源加大发展力度。

2.2.3 中国氢能源政策

氢能是未来国家能源体系的重要组成部分。自2019年氢能首次被写入《政府工作报告》以来，我国各部委密集出台各项氢能支持政策，内容涉及氢能制储输用加全链条关键技术攻关、氢能示范应用、基础设施建设等。2022 年 3 月，国家发展改革委、国家能源局联合印发《氢能产业发展中长期规划（2021—2035 年）》，以实现“双碳”目标为总体方向，明确了氢能是未来国家能源体系的重要组成部分，提出了氢能产业的三个五年阶段性发展目标，同时也明确了氢能是战略性新兴产业的重点方向，氢能产业上升至国家能源战略高度（表 4-2）。

表 4-2　国家层面氢能相关政策（2019—2022）

发布时间	发布机构	政策文件	政策解读
2021.10	发改委、国家能源局等 9 部门联合印发	《“十四五”可再生能源发展规划》	内容：推动光伏治沙、可再生能源制氢和多能互补开发；推动可再生能源规模化制氢利用 意义：明确要推动可再生能源规模化制氢利用，为“十四五”期间氢能产业的发展明确了方向
2022.03	发改委、国家能源局	《氢能产业发展中长期规划（2021—2035 年）》	内容：分析了我国氢能产业的发展现状，明确了氢能在我国能源绿色低碳转型中的战略定位、总体要求和发展目标，提出了氢能创新体系、基础设施、多元应用、政策保障、组织实施等方面的具体规划 意义：氢能上升至国家能源战略高度
2021.11	国家能源局、科技部	《“十四五”能源领域科技创新规划》	内容：攻克高效氢气制备、储运、加注和燃料电池关键技术，推动氢能与可再生能源融合发展 意义：就氢能制储输用全链条关键技术提供了创新指引，为氢能的示范应用和安全发展提供了重要指导
2021.10	国务院	《2030 年前碳达峰行动方案》	内容：积极扩大电力、氢能、天然气等新能源、清洁能源在交通运输领域应用 意义：明确了氢能对实现碳达峰、碳中和的重要意义
2021.03	第十三届全国人大	《中华人民共和国国民经济和社会发展第十四个五年规划和 2035 年远景目标纲要》	内容：在氢能与储能等前沿科技和产业变革领域，组织实施未来产业孵化与加速计划，谋划布局一批未来产业 意义：氢能作为国家前瞻谋划的六大未来产业之一，写入“十四五”规划
2020.12	发改委、商务部	《鼓励外商投资产业目录（2020 年版）》	内容：氢能与燃料电池全产业链被纳入鼓励外商投资的范围 意义：产业对外开放程度提高
2020.04	国家能源局	《中华人民共和国能源法（征求意见稿）》	内容：能源，是指产生热能、机械能、电能、核能和化学能等能量的资源，主要包括煤炭、石油、天然气、核能、氢能等 意义：首次将氢能列入能源范畴，从法律层面明确了氢能的能源地位
2019.03	国务院	《政府工作报告》	内容：稳定汽车消费，继续执行新能源汽车购置优惠政策，推动充电、加氢等设施建设 意义：氢能首次被写入《政府工作报告》

《氢能产业发展中长期规划（2021—2035年）》从国家层面为氢能产业打造顶层设计，首次清晰描述了氢能的战略定位，为中国氢能科技创新和产业高质量发展指明了方向。有利于政府统筹推进氢能产业发展，制定产业发展总体思路、目标定位和任务要求，各地方充分考虑本地区发展基础和条件，在科学论证的基础上，合理布局，共同推动氢能产业健康、有序、可持续发展。

（1）碳达峰碳中和政策中涉氢政策

《中共中央 国务院关于完整准确全面贯彻新发展理念做好碳达峰碳中和工作的意见》要求，统筹推进氢能“制储输用”全链条发展，推动加氢站建设，推进可再生能源制氢等低碳前沿技术攻关，加强氢能生产、储存、应用关键技术研发、示范和规模化应用。《国务院关于印发2030年前碳达峰行动方案的通知》明确，加快氢能技术研发和示范应用，探索在工业、交通运输、建筑等领域规模化应用。

（2）“十四五”新型储能发展实施方案

2022年1月29日，国家发展改革委、国家能源局联合印发《“十四五”新型储能发展实施方案》（以下简称《新型储能方案》）。《新型储能方案》从发展目标等多个方面对氢能源的生产、存储、输运和应用进行规划，提出要强化技术攻关，构建新型储能创新体系。《新型储能方案》将氢储能、热（冷）储能等长时间尺度储能技术取得突破作为重要发展目标；推动多元化技术开发：将氢（氨）储能等关键核心技术、装备和集成优化设计研究列入“十四五”新型储能核心技术装备攻关重点方向；加快重大技术创新示范：将可再生能源制储氢（氨）、氢电耦合等氢储能示范应用等列入“十四五”新型储能技术试点示范；创新多元化应用技术标准：将氢（氨）储能、热（冷）储能等创新储能技术标准列为“十四五”新型储能标准体系重点方向。

（3）氢能产业发展中长期规划（2021—2035年）

2022年3月，国家发展改革委、国家能源局联合印发《氢能产业发展中长期规划（2021—2035年）》（以下简称《规划》）。

《规划》明确了氢的能源属性，是未来国家能源体系的组成部分，充分发挥氢能清洁低碳特点，推动交通、工业等用能终端和高耗能、高排放行业绿色低碳转型。同时，明确氢能是战略性新兴产业的重点方向，是构建绿色低碳产业体系、打造产业转型升级的新增长点。

《规划》提出了氢能产业发展基本原则。一是创新引领，自立自强。积极推动技术、产品、应用和商业模式创新，集中突破氢能产业技术瓶颈，增强产业链、供应链稳定性和竞争力。二是安全为先，清洁低碳。强化对氢能全产业链重大风险的预防和管控；构建清洁化、低碳化、低成本的多元制氢体系，重点发展可再生能源制氢，严格控制化石能源制氢。三是市场主导，政府引导。发挥市场在资源配置中的决定性作用，探索氢能利用的商业化路径；更好发挥政府作用，引导产业规范发展。四是稳慎应用，示范先行。统筹考虑氢能供应能力、产业基础、市场空间和技术创新水平，积极有序开展氢能技术创新与产业应用示范，避免一些地方盲目布局、一拥而上。

《规划》提出了氢能产业发展各阶段目标。到 2025 年，基本掌握核心技术和制造工艺，燃料电池车辆保有量约 5 万辆，部署建设一批加氢站，可再生能源制氢量达到 10～20 万吨/年，实现二氧化碳减排 100～200 万吨/年。到 2030 年，形成较为完备的氢能产业技术创新体系、清洁能源制氢及供应体系，有力支撑碳达峰目标实现。到 2035 年，形成氢能多元应用生态，可再生能源制氢在终端能源消费中的比例明显提升。

《规划》部署了推动氢能产业高质量发展的重要举措。一是系统构建支撑氢能产业高质量发展创新体系。聚焦重点领域和关键环节，着力打造产业创新支撑平台，持续提升核心技术水平，推动专业人才队伍建设。二是统筹推进氢能基础设施建设。因地制宜布局制氢设施，稳步构建储运体系和加氢网络。三是稳步推进氢能多元化示范应用，包括交通、工业等领域，探索形成商业化发展路径。四是加快完善氢能政策和制度保障体系，建立完善氢能产业标准体系，加强全链条安全监管。

《规划》要求，国家发展改革委建立氢能产业发展部际协调机制，协调解决氢能发展重大问题，研究制定相关配套政策。各地区、各部门要充分认识发展氢能产业的重要意义，把思想、认识和行动统一到党中央、国务院的决策部署上来，加强组织领导和统筹协调，强化政策引导和支持，通过开展试点示范、宣传引导、督导评估等措施，确保规划目标和重点任务落到实处。

自 2019 年以来，至少有 12 个省（自治区、直辖市）制定了到 2025 年的氢能发展量化目标。和《规划》提出的全国性目标进行对比，仅内蒙古一地规划的可再生能源制氢量便已超过 10～20 万吨/年，北京、河北、山东、上海四地计划推广燃料电池汽车总量已达 4 万辆（表 4-3、表 4-4）。不难看出，在氢能将迎来广泛应用的确定趋势下，各地对氢能发展普遍持积极态度。一方面，地方政策相较国家层面政策更加具体且有针对性，有利于快速完善从国家到地方各级的氢能政策框架，切实推动各地区氢能产业的发展。但另一方面，政策能有效落地才是关键，当前中国氢能发展尚处于初期阶段，攻克部分关键产业链节点尚需时日，因此各地区应当科学评估当前产业基础、市场空间和发展潜力，制定行之有效的政策规划，响应发改委提出的“严禁各地以建设氢能项目名义跑马圈地、互相攀比”的要求。

表 4-3　部分省市发布的氢能发展目标

地区	省、市、区	发布时间	政策文件	氢能发展目标（到 2025 年）		
				燃料电池汽车（万辆）	加氢站（座）	可再生能源制氢（万吨）
东部	上海	2022.06	《上海市氢能产业发展中长期规划（2022—2035 年）》	1.00	70	—
	天津	2022.03	《天津市能源发展“十四五”规划》	0.09	5	—
	北京	2021.08	《北京市氢能产业发展实施方案（2021—2025 年）》	1.00	37	—
	河北	2021.07	《河北省氢能产业发展“十四五”规划》	1.00	100	—
	山东	2020.06	《山东省氢能产业中长期发展规划（2020—2030 年）》	1.00	100	—
	浙江	2022.05	《浙江省能源发展“十四五”规划》	—	50	—
	广东	2020.09	《广东省培育新能源战略性新兴产业集群行动计划（2021—2025 年）》	—	300	—
西部	贵州	2022.07	《贵州省“十四五”氢能产业发展规划》	0.10	15（含油气氢综合能源站）	—
	重庆	2022.06	《重庆市能源发展“十四五”规划（2021—2025 年）》	0.15	30	—
	宁夏	2022.11	《宁夏回族自治区氢能产业发展规划》	0.05	10	8
	内蒙古	2022.02	《内蒙古自治区“十四五”氢能发展规划》	0.50	60	48（氢能供给能力达 160 万吨/年，绿氢占比超 30%）
东北	辽宁	2022.08	《辽宁省氢能产业发展规划（2021—2025 年）》	0.20	30	—

表 4-4　部分省市发布的氢能发展规划表

地区	省、市、区	发布时间	政策文件	主要内容
主要用能区域	辽宁	2022.08	《辽宁省氢能产业发展规划（2021—2025 年）》	1. 在氢气制备、氢气储运、燃料电池、氢能应用四方面明确了多项发展重点 2. 着力构建“一核、一城、五区”的氢能产业空间发展格局，打造大连氢能产业核心区、沈抚示范区氢能产业新城、鞍山燃料电池关键材料产业集聚区等
	上海	2022.06	《上海市氢能产业发展中长期规划（2022—2035 年）》	1. 夯实上海在氢燃料电池、整车制造、检验检测等方面的产业优势 2. 抢占氢能冶金、氢混燃气轮机、氢储能等未来发展先机
	江苏	2022.06	《江苏省“十四五”可再生能源发展专项规划》	1. 探索开展规模化可再生能源制氢示范，实现季节性储能和电网调峰，推进化工、交通等重点领域的绿氢替代 2. 探索开展海上风电柔性直流集中送出、海上风电制氢等前沿技术示范

续表

地区	省、市、区	发布时间	政策文件	主要内容
主要用能区域	浙江	2022.05	《浙江省能源发展“十四五”规划》	1. 推动氢燃料电池汽车在城市公交、港口、城际物流等领域的应用，到2025年规划建设加氢站近50座 2. 探索应用氢燃料电池热电联供系统。用好全省工业副产氢等资源，探索开展风电、光伏等可再生能源制氢试点
主要用能区域	广东	2022.04	《广东省能源发展“十四五”规划》	打造氢能产业发展高地。多渠道扩大氢能应用市场，聚焦氢能核心技术研发和先进设备制造，加快培育氢气制储、加运、燃料电池电堆、关键零部件和动力系统集成的全产业链
	北京	2022.05	《北京市“十四五”时期能源发展规划》	1. 聚焦推动氢能与氢燃料电池全产业链技术进步与产业规模化、商业化发展，加快氢气制备（制造）储运加注、氢燃料电池设备及系统集成等关键技术创新研发 2. 加快推进氢能基础设施建设和氢燃料电池汽车规模化示范应用
可再生能源供应区域	贵州	2022.07	《贵州省“十四五”氢能产业发展规划》	“十四五”期末，初步建立氢能全产业链，初步拓展氢能应用场景，为建设西南地区氢能循环经济产业新高地，创造贵州省能源结构转型新增长极筑牢基础
	重庆	2022.06	《重庆市能源发展“十四五”规划（2021—2025年）》	1. 围绕中国西部（重庆）氢谷、成渝氢走廊建设，稳步提升制氢能力，并探索优化储运方式，适度超前建设加氢基础设施网络 2. 以两江新区、九龙坡区、西部科学城重庆高新区为龙头，积极打造氢燃料电池及核心零部件产业集群，推动氢气制备、储运、终端供应全产业链发展 3. 氢能利用示范：建设成渝氢走廊，开展氢能在交通领域示范应用，推广应用氢燃料电池汽车，到2025年规模达到1 500辆，建设多种类型加氢站30座
	宁夏	2022.11	《宁夏回族自治区氢能产业发展规划》	到2025年，形成较为完善的氢能产业发展制度政策环境，产业创新能力显著提高，氢能示范应用取得明显成效，市场竞争力大幅提升，初步建立以可再生能源制氢为主的氢能供应体系

第 3 章　氢能应用

《氢能产业发展中长期规划（2021—2035 年）》指出，“2035 年形成氢能产业体系，构建涵盖交通、储能、工业等领域的多元氢能应用生态”。氢能源将为各行业实现脱碳提供重要路径。目前，氢能使用范围较窄，氢能应用处于起步阶段。氢能源主要应用在工业领域和交通领域中，在建筑、发电和发热等领域仍然处于探索阶段。根据中国氢能联盟预测，到 2060 年工业领域和交通领域氢气使用量占比分别为 60% 和 31%，电力领域和建筑领域占比分别为 5%和 4%（图 4-6）。

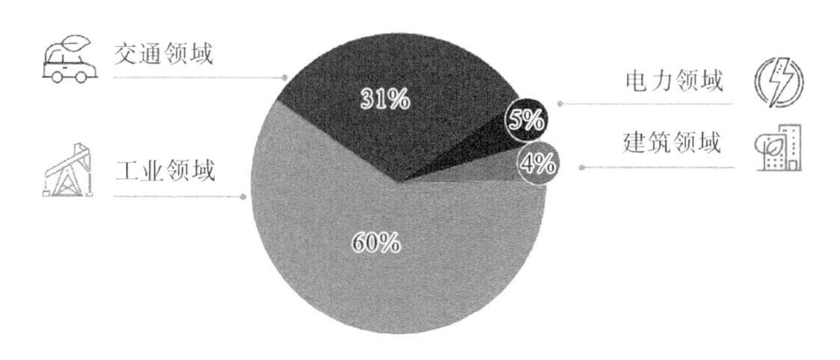

图 4-6　2060 年中国氢气需求结构预测

3.1　交通领域

交通领域是目前氢能应用相对比较成熟的领域。从专利申请看，2021 年交通领域的氢能技术应用专利申请有 15 639 件，占氢能下游技术应用的 71%。氢能源在交通领域的应用包括汽车、航空和海运等，其中氢燃料电池汽车是交通领域的主要应用场景。

受技术突破和规模化推动带来的降本影响，氢燃料电池汽车在部分场景可实现加速渗透，交通用氢规模逐渐提升。新能源替代（包含纯电动和氢燃料电池）是中国道路交通行业未来实现碳中和的最重要措施之一。由于动力电池技术已经实现了一定的商业规模化应用，且随着技术迭代、能量密度提升和成本降低，它在乘用车和部分商用车领域具备了较强的适用性和竞争力，已取得一定商业化规模发展（图 4-7）。

图 4-7　氢能公交车在吉林省白城市生态新区鹤鸣湖公园中行驶

与之相比，氢燃料电池汽车的推广面临更大的竞争压力。氢燃料电池更多地在重型卡车、冷链物流、城际巴士、公交车和港口矿山作业车辆等对续航里程稳定性要求较高的使用场景中进行推广。

根据测算，2030 年中国氢燃料电池汽车保有量将达到 62 万辆，总耗氢量为每年 434 万吨，其中可再生氢为 301 万吨，其余为工业副产氢。在各应用场景中，氢燃料电池重卡的发展速度最快，预计在 2030 年将达到 28 万辆。从区域来看，氢燃料电池汽车发展较为均衡，初期华东、华北和华南等地区发展较快，与区域经济发展水平、运输需求以及地方对氢燃料汽车和氢能产业的支持力度呈现出较强的相关性；后期西北、东北等地区加速发展，与氢燃料电池对高寒、重载等场景的适用性相一致。

3.1.1　氢燃料电池

（1）氢燃料电池技术

氢燃料电池是将氢气和氧气的化学能直接转换成电能的发电装置。其基本原理是电解水的逆反应，把氢和氧分别供给阳极和阴极，氢通过阳极向外扩散和电解质发生反应后，放出电子通过外部的负载到达阴极。

氢燃料电池可高效清洁地把化学能直接转化为电能，是比常规热机更为先进的转化技术。燃料电池技术的快速发展，为能源动力的变革带来重大契机，而燃料电池被认为是后化石能源时代主要的车用动力能源。与电能一样，氢气作为能源载体，可以通过各种一次能源的转化获取，成为化石能源向非化石能源转换、从碳的低排放向碳的零排放转换的桥梁。

目前，国内车用燃料电池主要是质子交换膜燃料电池，随着我国燃料电池产业链近几年在政策等扶植下快速发展，已经初步掌握了燃料电池发动机、电堆及其他关键零部件的关键技术，基本建立了具有自主知识产权的车用燃料电池技术体系，质子交换膜、催化剂、气体扩散层、膜电极和双极板等关键指标与国际相近，但整体核心零部件依旧对外依存度高。

（2）氢燃料电池汽车

氢燃料电池汽车是以氢气为能源、真正实现零排放的燃料电池汽车，一直被公认为是解决当今交通能源和环境问题的最佳方案之一，代表着汽车未来的发展方向。

目前，氢燃料电池汽车产业处于起步阶段。氢燃料电池汽车企业数量较少，产销规模较小。2020 年，由于受到新冠疫情等因素的影响，氢燃料电池汽车产销量出现大幅下降，之后稳步恢复。2021 年，氢燃料电池汽车产量和销量同比分别增加 35％和 49％；2022 年以来产销量进一步增加，上半年产量 1 804 辆，已经超过去年全年（图 4-8）。与纯电动汽车和传统燃油车相比，氢燃料电池汽车具有温室气体排放量低、燃料加注时间短、续航里程高等优点，较适用于中长距离或重载运输，当前氢燃料电池汽车产业政策也优先支持商用车发展。现阶段国内氢燃料电池车以客车和重卡等商用为主，乘用车主要用来租赁，占比不及 0.1％。

当前，氢燃料电池汽车的购置成本还较高，尚不具备完全商业化的能力。成本是限制燃料电池市场化的主要因素。氢燃料电池汽车的发展仍然依靠政府补贴和政策支持。2020 年，氢能公交车推广数量较多，虽然车型规格、系统配套及功率大小有差异，但多数订单公交车均价在 200～300 万元/辆，价格较高。此外，氢燃料电池汽车对低温性能要求较高，动力系统成本较高，加之基础设施稀缺等限制，目前尚未实现大规模推广，有待未来进一步改善。

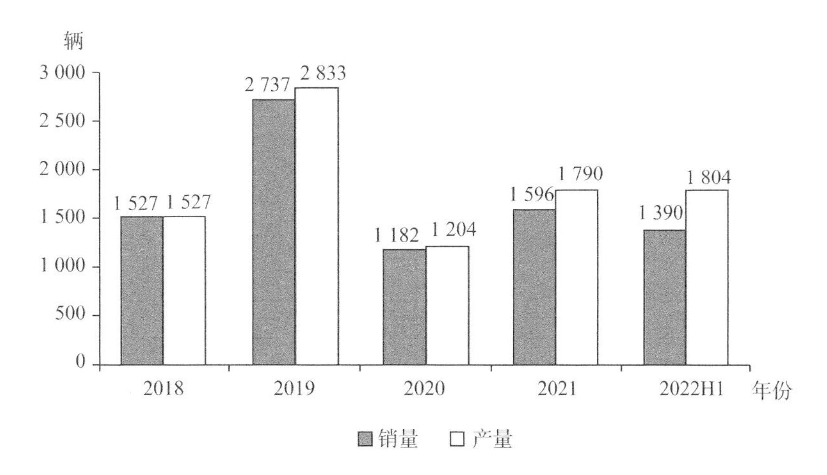

图 4-8　2018—2022 年上半年我国氢燃料电池汽车产量和销量

燃料电池汽车发展前景在实现“双碳”目标的带动下，零碳排放的燃料电池汽车有望保持高速增长。《氢能产业发展中长期规划（2021—2035 年）》指出，到 2025 年氢燃料电池车辆保有量约 5 万辆（图 4-9）。据此计算，2022—2025 年保有量年均增长率将超过 50%。

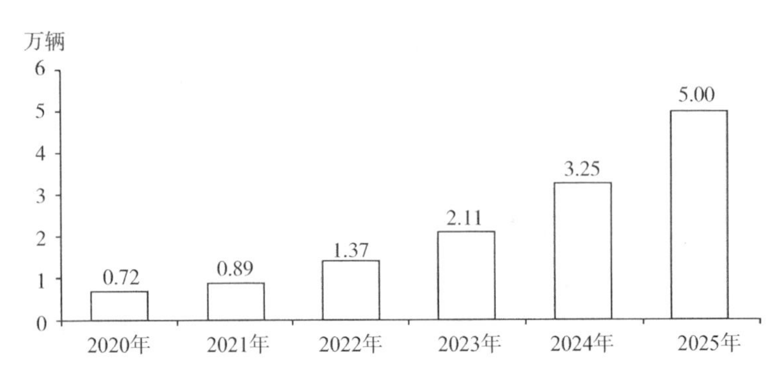

图 4-9 2020—2025 年我国氢燃料电池车辆保有量

燃料电池汽车成本未来有较大下降空间。燃料电池汽车主要包括燃料电池系统、车载储氢系统、整车控制系统等。其中，燃料电池系统是核心，成本有望随着技术进步和规模扩大而下降。根据国际能源署（IEA）研究，随着规模化生产和工艺技术的进步，2030 年燃料电池乘用车成本将与纯电动汽车、燃油车等其他乘用车成本持平，燃料电池系统的成本将从 2015 年的 30 200 美元/辆降低到 2030 年的 4 300 美元/辆，单位成本则有望从 2015 年的 380 美元/（kW·h）降低到 2030 年的 54 美元/（kW·h），降幅为 86%，这些是推动燃料电池汽车成本下降的主要动力。

燃料电池车适合重型和长途运输，在行驶里程要求高、载重量大的市场中更具竞争力，未来发展方向为重型卡车、长途运输乘用车等。根据国际氢能协会分析，燃料电池汽车在续航里程大于 650 km 的交通运输市场更具有成本优势。由于乘用车和城市短程公共汽车续航里程通常较短，纯电动汽车则更有优势。燃料电池汽车未来发展空间广阔。相比纯电动车型，燃料电池车克服了能源补充时间长、低温环境适应性差的问题，提高了营运效率，与纯电动车型应用场景形成互补。中国氢能联盟研究院预测，到 2030 年我国燃料电池车产量有望达到 62 万辆/年。

2022 年，北京冬奥会示范是世界上最大的燃料电池汽车示范，约有 1 000 辆燃料电池汽车和 30 多座加氢站。目前，已经在张家口投入 600 多辆氢燃料电池客车。氢燃料电池汽车已进入大规模商业示范阶段。

氢燃料电池汽车不仅需要燃料电池，还需要氢能的制、储、运、加和车载储氢，必须从氢能的大战略角度来看待这个问题。

第一，应该清洁低碳，专注于绿氢，牢记发展氢能的初衷和使命。氢能利用的关键是成本，这取决于绿电的成本。如果绿电在 0.15 元/（kW·h）以内，经济性就会体现出来。氢能要在新疆、青海、西藏、内蒙古、四川等大型可再生能源基地发展，在可再生能源电力集中的地区，以低成本绿电大规模生产绿氢。

第二，创新引领，自力更生，实现氢能技术新突破。氢能不同于燃料电池、电能和动力电池。链条长，难度大。迫切需要制氢、储氢、运氢、加氢、车载储氢、燃料电池动力、氢储能系统全链技术。要解决三个方面的问题：一是突破催化剂、质子膜、加氢站离子压缩机等行业“卡脖子”问题。二是完善氢安全技术，包括建立测试评价规范、安全监控平台，开展安全操作培训等。三是紧跟氢能前沿技术，如发展电化学制氢、可逆固体氧化燃料电池/电解装置等。

第三，市场主导、政府引导，遵循新兴产业发展规律。未来 5 年，政府的支持和指导仍然很重要，特别是在产业链的聚集和应用场景的规划中。一方面，地方政府应根据当地情况采取措施，根据自己的能力采取行动；另一方面，应该坚持市场主导地位。同时，地方政府和大型国有能源企业应增加建设加氢站。

未来 5～10 年，氢能市场的突破口或市场化场景是在可再生能源氢的剩余区域尽可能就近使用。对于燃料电池汽车来说，最好是低成本、高安全储氢瓶能覆盖的里程。

3.1.2　航空与航天

（1）氢能在航空中的应用

随着能源加速向低碳化、无碳化演变，航空业也面临能源体系变革带来的新挑战。氢能源为低碳化航空提供了可能，氢能可以减少航空业对原油的依赖，减少温室及有害气体的排放。相比于化石能源，燃料电池可减少 75%～90%的碳排放，在燃气涡轮发动机中直接燃烧氢气可减少 50%～75%的碳排放，合成燃料可减少 30%～60%的碳排放。氢动力飞机可能成为中短距离航空飞行的减碳方案，但在长距离航空领域，仍须依赖航空燃油。预计 2060 年氢气能提供 5%左右航空领域能源的需求。氢能为航空业提供了可能的减碳方案，美国、英国、欧盟等纷纷出台涉及氢能航空发展的顶层战略规划（图 4-10）。

从发达国家发布的规划可以看出，氢能航空的发展是一个漫长的过程。从现在到 2030 年主要是发展基础性技术，开展航空试验；到 2050 年完成远程客机验证机和大规模的氢燃料加注基础设施建设，在航空领域实现更大规模的应用。

（2）氢能在航天中的应用

20 世纪 60 年代，氢燃料电池就已经成功地应用于航天领域。往返于太空和地球之间的“阿波罗”飞船就安装了这种体积小、容量大的装置。进入 70 年代以后，随着人们不断地掌握多种先进的制氢技术，很快，氢燃料电池就被运用于发电和汽车。

2022 年 1 月 13 日，总部位于澳大利亚的 Hypersonix Launch Systems 与悉尼大学一起为其绿色氢动力运载火箭开发飞行关键部件，将研究和制造由氢驱动的零排放高超音速航天飞机的组件（图 4-11）。这将能够使用绿色氢将卫星发射到低地球轨道（LEO），这是扩大澳大利亚航天工业的关键组成部分。

图 4-10 各国家（地区）氢能航空发展策略比较

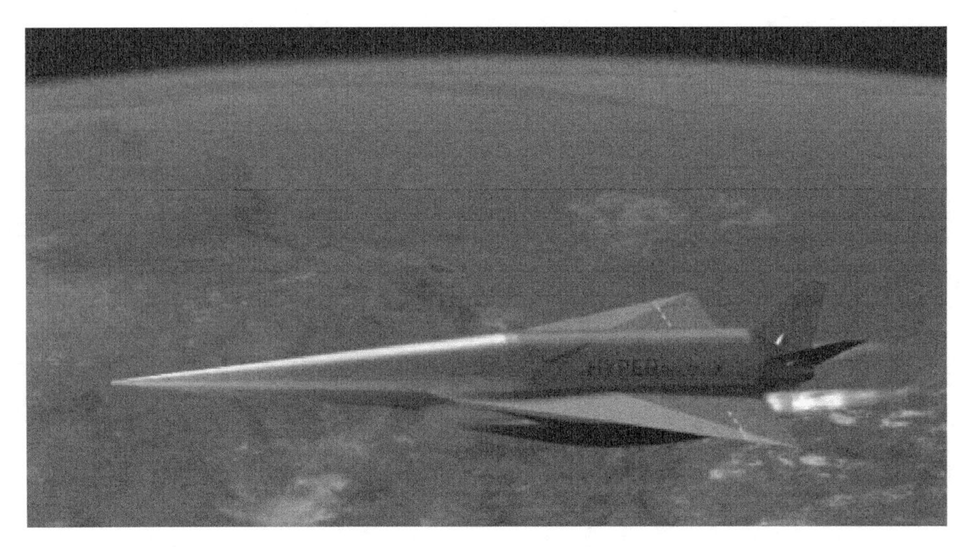

图 4-11 绿色氢动力航天飞机

元素 1 已与 NEXA Capital Partners 达成协议，将加速采用其用于航空航天工业燃料电池应用的甲醇制氢发电机（图 4-12）。氢发生器与燃料电池配对后，将通过产生推进用的车载动力以及为车载电池充电来提高 EVAs 的性能。元素 1 的解决方案是使用甲醇和水的氢密混合物，将显著扩大蒸发排放的范围，超过通常使用车载压缩氢实现的范围。

目前，大多数氢是在大规模生产设施中产生的，以液化或压缩气体的形式运输和储存。元素1设计的氢气发生器显著降低了输送氢气的成本。NEXA管理合伙人迈克尔·戴蒙（Michael Dyment）表示，氢动力电动系统将改变航空业，就像70年前喷气发动机变革航空旅行一样。元素1的甲醇制氢技术将使飞行更高效、更可持续、更实惠。

伯明翰大学将与GKN航空航天合作开发飞机的氢推进系统。该计划名为H2GEAR，该计划将GKN航空航天置于未来更可持续的航空技术发展的核心位置。该技术将首先着重于显著改善支线飞机的氢动力性能，使之能够在更大的飞机上使用，并实现更长的航程。该计划由ATI（航空航天技术学院）的2 700万英镑资金支持，GKN航空航天及其工业合作伙伴也提供了相应的支持。

氢有望在航空脱碳战略中发挥关键作用，因为它可以有效地为飞机提供动力，而水是唯一的副产品。

在H2GEAR计划中，液态氢通过使用伯明翰大学开发的燃料电池系统转化为电能。这些电能有效地为飞机提供动力，消除了二氧化碳的排放。这将产生新一代的清洁空气旅行，消除有害的二氧化碳排放。

图4-12　基于甲醇制氢技术的航空器

GKN航空航天将利用其长期的经验以及对电力系统和推进技术深入的了解来加速技术的发展。首架氢动力飞机的服役最早可在2026年。

3.1.3 铁路与航运

(1) 氢能在铁路中的应用

清洁能源成为许多国家未来能源体系的重要组成部分，氢能作为清洁能源也受到铁路领域的广泛关注。氢能在铁路交通领域的应用主要是与燃料电池结合构成动力系统，替代传统的内燃机。目前，氢动力火车处于研发和试验阶段，德国、美国、日本和中国等走在前沿。德国在2022年开始运营世界上第一条由氢动力客运火车组成的环保铁路线，续航里程可达1 000 km，最高时速达到140 km。中国在2021年试运行国内首台氢燃料电池混合动力机车，满载氢气可单机连续运行24.5 h，平直道最大可牵引载重超过5 000吨；于2022年建成国内首个重载铁路加氢科研示范站，将为铁路作业机车供应氢能。

氢动力火车的优点在于不需要对现有铁路轨道进行改建，通过泵为火车填充氢气，噪音小、零碳排放。但是现阶段发展氢动力火车也存在一些挑战，一方面，氢燃料电池电堆成本高于传统内燃机，组成氢动力系统后（含储氢和散热系统等）成本将进一步增加，搭载氢能源系统的车辆成本较高；另一方面，由于技术不成熟、需求少等因素，目前加氢站等氢能源基础设施的建设尚不完善。

由于世界主要国家重视以氢能为代表的清洁能源的发展，氢动力火车作为减碳的有效途径，未来发展空间广阔。以欧洲国家为例，法国承诺到2035年、德国提出到2038年、英国计划到2040年把以化石能源（柴油）驱动的国家铁路网络替换成由包括氢能源在内的清洁能源驱动的铁路网络。

(2) 氢能在航运中的应用

随着航运业迅速发展，柴油机动力船舶引发的环境问题日益显现。2020年，我国航运业的二氧化碳排放量占交通运输领域排放量的12.6%。氢能作为清洁能源有望在航运领域减碳中发挥积极作用。根据IEA发布的《中国能源体系碳中和路线图》可知，航运业的碳减排主要取决于氢、氨等新型低碳技术和燃料的开发及商业化；在承诺目标情景中，2060年基于燃料电池的氢能应用模式将满足水路交通运输领域约10%的能源需求。

氢及氢基燃料是航运领域碳减排方案之一。通过氢燃料电池技术可实现内河和沿海船运电气化，通过生物燃料或零碳氢气合成氨等新型燃料可实现远洋船运脱碳。我国部分企业和机构基于国产化氢能和燃料电池技术的进步已经启动了氢动力船舶研制。现阶段，氢动力船舶通常用于湖泊、内河、近海等场景，氢动力作为小型船舶的主动力或大型船舶的辅助动力。海上工程船、海上滚装船、超级游艇等大型氢动力船舶研制是未来发展的趋势。

总体而言，氢动力船舶整体处于前期探索阶段，高功率燃料电池技术尚未成熟，但随着氢存储优势显现，燃料电池船舶市场渗透率将逐步提升。预计到 2030 年我国将构建氢动力船舶设计、制造、调试、测试、功能验证、性能评估体系，建立配套的氢气“制储运”基础设施，扩大内河/湖泊等场景的氢动力船舶示范应用规模，完善水路交通相关基础设施；到 2060 年完成我国水路交通运输装备领域碳中和目标，在国际航线上开展氢动力船舶应用示范，提升我国氢动力船舶产业的国际竞争力（图 4-13）。

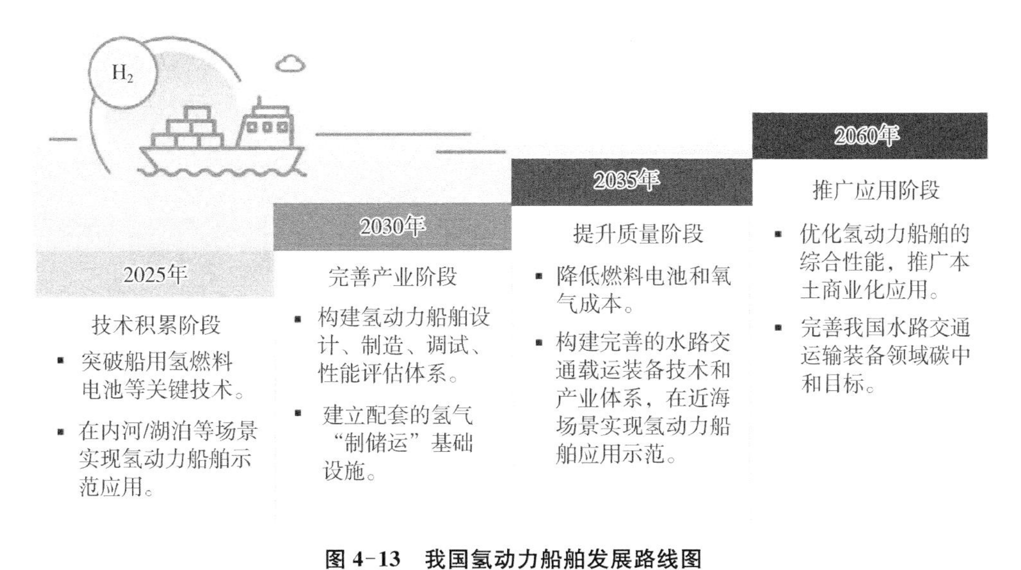

图 4-13　我国氢动力船舶发展路线图

3.2　工业领域

工业是当前脱碳难度较大的应用部门，化石能源不仅是工业燃料，还是重要的工业原料。工业燃料通过电气化可实现部分脱碳，但是工业原料直接电气化的空间有限。在氢冶金、合成燃料、工业燃料等的带动下，2060 年工业部门氢需求量将达到 7 794 万吨，接近交通领域的 2 倍。

3.2.1　钢铁行业

钢铁冶炼二氧化碳排放量较大，2020 年国内钢铁行业碳排放总量约 18 亿吨，占全国碳排放总量的 15%左右。在实现“双碳”目标的大环境下，钢铁行业面临巨大的碳减排压力。根据各大型钢铁企业公布的碳达峰、碳中和路线图，结合中国钢铁行业协会减碳目标，假设到 2030 年，我国钢铁行业减碳 30%，则在此期间钢铁行业需累计减排 5.4 亿吨。我国钢铁产量占世界总产量的一半以上，实现钢铁行业的降碳对我国“双碳”目标的达成意义重大。

氢在钢铁行业可应用于氢冶金、燃料等多个方面，以氢冶金规模最大。氢冶金通过使用氢气代替碳在冶金过程中的还原作用，从而实现源头降碳，而传统的高炉炼铁是以煤炭为基础的冶炼方式，碳排放占总排放量的70%左右，氢冶金是钢铁行业实现“双碳”目标的革命性技术。2021年《“十四五”工业绿色发展规划》发布，强调要大力推进氢能基础设施建设，推进钢铁行业非高炉低碳炼铁技术的发展。

现阶段，氢冶金技术的氢气主要来源于煤，整体减碳能力有限。氢冶金技术分为高炉氢冶金和非高炉氢冶金两个大类。高炉氢冶金是指通过在高炉中喷吹氢气或富氢气体替代部分碳还原反应实现“部分氢冶金”，非高炉氢冶金技术则以气基竖炉法为主流。我国竖炉氢冶金技术处于起步阶段，同时受氢气制备和储运、高品质精矿少等条件制约，距离大规模应用和全生命周期深度降碳仍有一定距离。

从全球范围看，氢冶金的工业化技术也尚未成熟，德国和日本等氢冶金技术相对领先的国家也处于研发和试验阶段。根据世界能源署统计，传统高炉的使用年限为30～40年，而目前全球炼铁高炉平均炉龄仅为13年左右，在未来很长一段时间内，全球范围内将仍以传统的高炉炼铁工艺为主流，低碳高炉冶金技术将是过渡期内重要的研发方向。氢冶金的发展可以分步实现：到2025年，验证中试装置研究大规模工业用氢能冶炼的可行性；到2030年，实现以焦炉煤气、化工等副产品中产生的氢气进行工业化生产；到2050年，进行钢铁高纯氢能冶炼，其中氢能以水电、风电及核电电解水为主。

钢铁行业是碳排放密集程度最高、脱碳压力最大的行业之一，碳排放约占全球排放总量的7.2%。钢铁行业迅速脱碳在中国尤为重要，2021年中国粗钢年产量为10.3亿吨，约占全球粗钢总产量的53%。由于中国钢铁生产中用于提供高温的燃料燃烧造成的排放和以焦炭为主要还原剂的反应过程排放，难以通过电气化的方式实现完全脱碳，且能效提升和废钢利用等方式的减排潜力有限，因此利用可再生氢替代焦炭进行直接还原铁生产并配加电炉炼钢的模式将成为钢铁行业完全脱碳最关键、最具前景的解决方案之一。

钢铁行业对可再生氢的利用集中在新增产能生产工艺流程，行业领先企业占据先发地位。根据不同炼铁工艺，氢冶金的主要应用场景可分为三类，如表4-5所示。通过统筹考虑钢铁企业2030年前新增产能、氢冶金技术发展意愿，以及各企业的产能分布、技术基础、行动规划、地方性属性等因素，氢冶金的产能主要来自中国钢铁行业领先企业，并将形成数个规模化的氢冶金基地。近年来，国内各个大型钢铁企业氢冶金技术工艺试点项目如表4-5、表4-6所示。基于上述考虑，对氢冶金项目产能的规模和区域位置进行估算，并结合不同地区电解槽的利用小时和工业副产氢供给等因素确定各地区的可再生氢消耗量和电解槽装机需求（图4-14）。

表 4-5　氢冶金技术及特点分析

用氢场景	技术说明	减排潜力*	技术成熟度	试点项目	优点	局限性
高炉富氢冶炼	在高炉顶部喷吹含氢量较高的还原性气体	20%	5—9	八一钢铁富氢碳循环高炉；THYSSENKRUPP“以氢代煤”高炉炼铁项目	改造成本低，具备经济性，具有增产效果	理论减排潜力有限，技术上难以实现全氢冶炼
氢能直接还原炼铁	在气基竖炉直接还原炼铁中提升氢气的比例	95%	6—8	河钢富氢气体直接还原铁项目；ARCELORMITTAL德国直接还原铁项目	理论减排潜力较高，可供参考的国际经验相对较多	改造难度较高，基础技术较薄弱
氢能熔融还原冶炼	在熔融还原炼铁工艺中注入一定比例的含氢气体	95%	5	内蒙古建龙塞斯普氢基熔融还原冶炼	理论减排潜力高	国际先进经验较少，改造难度较高，基础技术较薄弱

注：*减排潜力在零碳电力的支持下将达到最大值，其中直接还原铁与电炉结合，熔融还原与转炉结合。

表 4-6　国内氢能炼钢产业转型汇总表

钢铁企业	地点	技术	产能（万吨）	氢源
宝武-八一钢铁	新疆乌鲁木齐	富氢高炉技术	研发阶段	—
宝武-湛江钢铁	广东湛江	富氢气基竖炉技术	2×100	工业副产氢、清洁氢
河钢集团	河北张家口、唐山、邯郸	富氢气基竖炉技术	3×120	工业副产氢、可再生氢
酒钢集团	甘肃嘉峪关	氢气直接还原铁	研发阶段	—
建龙集团	内蒙古乌海	氢气熔融还原冶炼	30	工业副产氢
日照钢铁	山东日照	氢气直接还原铁	50	工业副产氢
晋南钢铁	山西临汾	高炉喷氢	300	工业副产氢

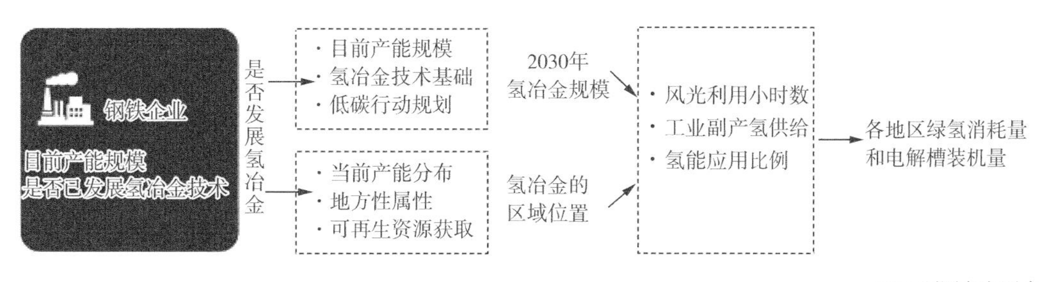

图 4-14　钢铁行业 2030 年用氢量分析

根据测算，2030 年中国氢冶金产能的规模约为 4 347 万吨，约占全国总产能的 4.5%左右；全行业的氢气消耗量约为 174 万吨，其中可再生氢 94 万吨，约占 54%，其他为工业副产氢。在空间分布上，氢能炼铁产能和现有炼铁产能存在差异。目前，中国钢铁企业区位布局主要与铁矿石和焦炭资源的分布、运输条件、市场需求、劳动力和产业基础等要素密切相关，产能主要集中在华北和华东地区，如河北、江苏、辽宁、山东和山西等地。

未来，各个钢铁企业在氢能炼铁项目选址时会倾向于选择可再生氢资源丰富的地区，降低氢能储运成本，以降低总体成本。西北地区将成为氢能炼铁发展最为重要的基地，预计 2030 年氢冶金产能占到整个西北地区产能的 46%；华南地区也具有发展氢冶金的相对优势。而华东地区和华北地区的钢铁产业特别是可再生氢冶金产业将一定程度上向西北地区进行转移。

3.2.2 化工行业

氢气是合成氨、合成甲醇、石油精炼和煤化工行业中的重要原料，还有小部分副产气作为回炉助燃的工业燃料使用。中国氢能联盟数据显示，2020 年合成氨、甲醇、冶炼与化工所需氢气分别占比 32%、27%和 25%（图 4-15）。目前，工业用氢主要依赖化石能源制取，未来通过低碳清洁氢替代应用潜力巨大。

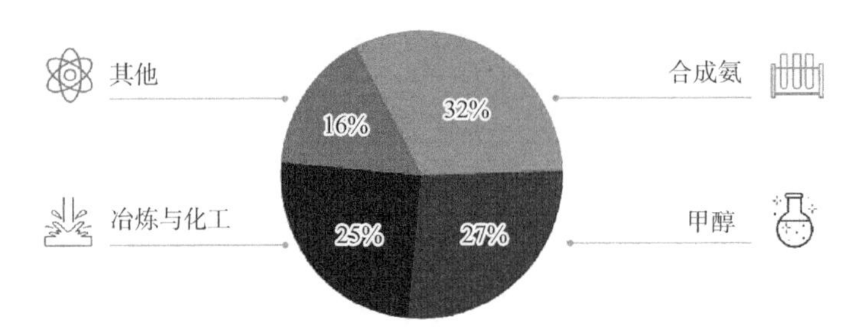

图 4-15 2020 年我国化工行业氢气消费领域分布

氨是氮和氢的化合物，广泛应用于氮肥、制冷剂及化工原料。合成氨的需求主要来自农业化肥和工业两大方面，其中农业肥料占 70%左右。国际能源署预计至 2050 年，将会有超过 30%的氢气用于合成氨和燃料。目前，氨生产所需要的氢（化石能源制取，又称灰氢）主要是通过蒸汽甲烷重整（SMR）或煤气化来获取，每生产一吨氨会排放约 2.5 吨二氧化碳。绿氢合成氨则可减少二氧化碳排放。绿氢合成氨的主要设备包括可再生能源电力装备、电解水制氢设备、空分装置、合成氨装置，以上相关技术装备国产化程度较高。大规模、低成本、持续稳定的氢气供应是化工领域应用绿氢的前提。尽管短期内化工领域绿氢应用面临经济性挑战，但随着可再生能源发电价格持续下降，到 2030 年国内部分地区有望实现绿氢平价，绿氢将进入工业领域，逐渐成为化工生产的常规原料。

与氢能供需关联最紧密的三个上游化工细分领域分别是石油炼化、合成氨、甲醇。目前，中国的化工行业仍然属于以化石燃料为主要能源基础和原料的高耗能高碳排放行业。石油炼化作为石油化工行业的主要生产环节，对氢气的需求量大，大型炼化厂几乎均有场内制氢设备，采取天然气重整或煤气化作为氢气主要的供给方式。合成氨、甲醇的生产在中国以煤化工为主要路径，工厂大多采用煤气化制氢的传统方式获取氢气。根据测算，2030 年，化工行业总可再生氢消费量将达到 376 万吨，是中国最大的可再生氢需求市场。其中，西北地区由于具备化工产业及可再生电力资源优势，将成为最大的化工可再生氢消费地，其次分别是华东、西南和东北地区（图 4-16）。

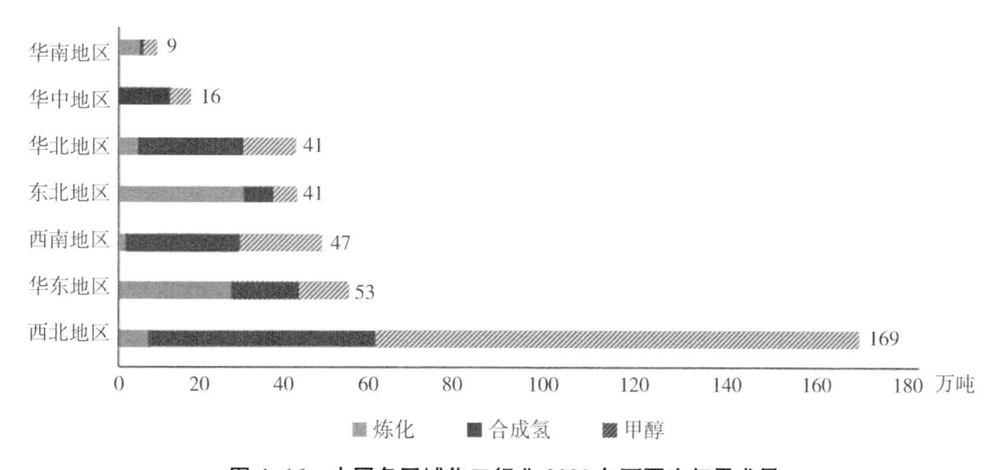

图 4-16　中国各区域化工行业 2030 年可再生氢需求量

甲醇领域，到 2030 年，产业整体保持增长并逐渐饱和，可再生氢需求量预计达到 165 万吨/年，全国甲醇产业平均可再生氢应用率有望达到 20%。

合成氨领域，到 2030 年，相关产能集中度增强、装置替换升级，并进一步向可再生资源富集地区转移，可再生氢需求预计达到 138 万吨/年。

炼化领域，到 2030 年，炼厂总产量预计与目前持平，可再生氢需求预计达到 73 万吨/年。

3.3　发电领域

纯氢气、氢气与天然气的混合气体可以为燃气轮机提供动力，从而实现发电行业的脱碳。氢能发电有两种方式。一种是将氢能用于燃气轮机，经过吸气、压缩、燃烧、排气过程，带动电机产生电流输出，即氢能发电机。氢能发电机可以被整合到电网电力输送线路中，与制氢装置协同作用，在用电低谷时用电解水制备氢气，到用电高峰时再通过氢能发电，以此实现电能的合理化应用，减少资源浪费。另一种是利用电解水的逆反应，氢气与氧气（或空气）发生电化学反应生成水并释放出电能，即燃料电池技术。燃料电池可应用于固定或移动式电站、备用峰值电站、备用电源、热电联供系统等发电设备。

这两种氢能发电方式均存在成本较高的问题。目前，燃料电池发电成本大约在2.50～3.00元/度，而其他发电方式成本基本低于1元/度。例如，目前火力发电成本大约为0.25～0.40元/度，风力发电成本约为0.25～0.45元/度，太阳能发电成本约为0.30～0.40元/度，核能发电成本大约为0.35～0.45元/度（图4-17）。对比发电成本可以发现，燃料电池的发电成本要高于其他类型的发电模式。由于质子交换膜、电解槽等核心设备主要依赖进口，成本较高，叠加原材料铂的价格昂贵，导致氢能发电成本较高。

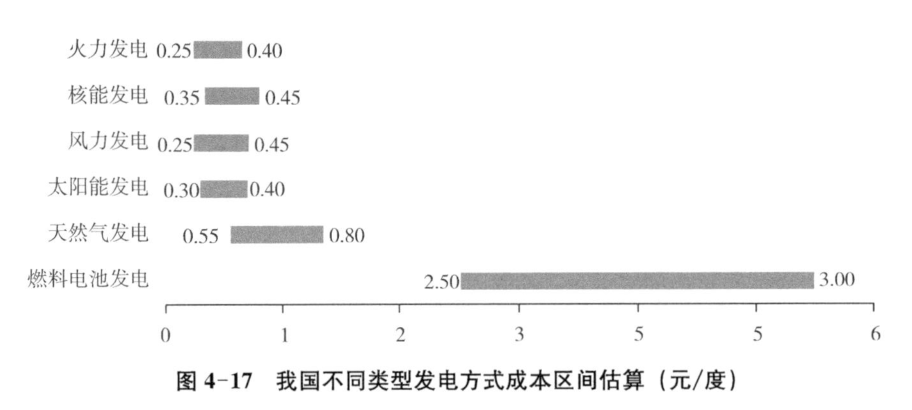

图4-17 我国不同类型发电方式成本区间估算（元/度）

随着对清洁能源的重视，风能、太阳能等可再生能源的发电量占总发电量的比例逐步提高。2020年，我国风电、太阳能发电总装机容量为5.3亿kW，占全社会用电量的比重达到11%；到2030年风电、太阳能发电总装机容量将达到12亿kW以上。根据IEA的研究，在2050年零碳排放目标的情景下，风电、太阳能发电在发电量中的占比接近70%。可再生能源发电在电力系统中的作用越来越重要。但是，风电、太阳能发电的间歇性和随机性，影响并网供电的连续性和稳定性，因此储能作为相对独立的主体将发挥重要作用。

电力储能方式目前主要有抽水蓄能、锂电子电池、铅蓄电池、压缩空气储能等，其中抽水蓄能占比超过86%。与其他储能方式相比，氢储能具有放电时间长、规模化储氢性价比高、储运方式灵活、不会破坏生态环境等优势。另外，氢储能应用场景丰富，在电源侧，氢储能可以减少弃电、平抑波动；在电网侧，氢储能可以为电网运行调峰和缓解输变线路阻塞等。

受技术、经济等因素的制约，氢储能的应用仍面临许多挑战。一方面，氢储能系统效率相对较低。氢储能的“电—氢—电”过程存在两次能量转换，整体效率为40%左右，低于抽水储能、锂电池储能等70%左右的能量转化效率。另一方面，氢储能系统成本相对较高。当前抽水蓄能和压缩空气储能成本约为7 000元/kW，电化学储能成本约为2 000元/kW，而氢储能系统成本约为13 000元/kW，远高于其他储能方式。

氢储能目前仍处于起步阶段，2021年国内氢储能装机量约为1.5 MW，氢储能渗透率不足0.1%。氢储能在推动能源领域碳达峰、碳中和过程中将发挥显著作用。国家发展改革委和国家能源局于2021年出台的《关于加快推动新型储能发展的指导意见》提出，到2025年实现新型储能从商业化初期向规模化发展转变；到2030年，实现新型储能全面市场化发展。氢储能作为新型储能方式，未来发展空间广阔。

3.4　建筑领域

建筑部门的能源需求主要用于供暖（空间采暖）、供热（生活热水）等的电能消耗。与天然气供热（最常见的供热燃料）等竞争性技术比较，氢气供热在效率、成本、安全和基础设施的可得性等方面目前不占优势。由于纯氢的使用需要新的氢气锅炉或对现有管道进行大量改造，在建筑中使用纯氢气的成本相对较高。例如，欧洲的氢能源使用比其他地区起步要早，但目前氢能源供热成本仍然是天然气供热成本的2倍以上。即便到2050年，当热泵成为最经济的选择时，氢气供暖的成本可能仍将比天然气供热成本高50%。氢气可以通过纯氢或者与天然气混合的方式输送，使用纯氢方式对管道要求更高。氢气还可能导致钢制天然气管道存在安全风险，需要用聚乙烯管道取代现有管道。这种投资对于较大的商业建筑或地区供暖网络来说可能具有经济意义，但对于较小的住宅单元来说则可能成本过高。因此，早期氢气在建筑中的使用将主要是混合形式。氢气与天然气混合，按体积计算的比例可以达到20%，而无须改造现有设备或管道。和使用纯氢相比，将氢气混合到天然气管道中可以降低成本，平衡季节性用能需求。

第4章　氢能源行业融资

氢能作为21世纪最具发展潜力的二次清洁能源，是实现多领域深度清洁脱碳的重要路径，也是全球能源技术革命和转型发展的重大战略方向。面对日趋严峻的气候挑战，我国立足碳达峰、碳中和目标，积极推动氢能产业发展，氢能产业发展潜力正逐渐释放。2050年氢在我国终端能源体系占比约10%，2060年占比将达约15%，成为我国能源战略的重要组成部分，氢能将纳入我国终端能源体系，与电力协同互补，共同成为我国终端能源体系的消费主体，带动形成十万亿级的新兴产业。

氢能产业的巨大机遇得益于其在应对气候变化和推动能源系统转型中的优势。氢能将在未来能源生产和消费中扮演重要角色，氢能有助于推动传统能源向低碳清洁能源转型，推动能源动力转型和保障能源供应安全，同时还是实现各种能源之间高效转化的理想媒介，以及实现传统化石能源清洁化的有效途径。

无论是能源结构调整，还是实现减碳目标，在这个过程中氢能都扮演重要角色。氢能是未来能源体系的重要组成部分，在碳中和背景下，未来能源体系将由以新能源为主体的新型电力系统和以制氢等储能为主体的绿色能源网络构成。以电化学储能、氢储能为代表的新型储能技术广泛应用于新型电力系统各环节，电氢系统成为能源互联网的重要组成，是未来重要的发展方向，也是氢能备受关注的重要原因。

氢能产业链条长，涵盖上游制氢、中游储运加氢和下游用氢环节。上游制氢环节可以分为化石能源制氢、工业副产氢和电解水制氢，生产出“灰氢”“蓝氢”“绿氢”。其中，绿电制氢过程不会排放温室气体，而且得到的氢气纯度高，是未来制氢的主要方向。

中游储运加氢环节，无论是高压气态、液态、固态储氢，还是管道输氢，比较依赖于制氢和用氢的场景。加氢站方面，目前我国正在加速建设中，技术问题不大，主要需解决设备投资和规模优化的问题。加氢站装备，尤其是氢气压缩和加注设备，是加氢站的核心，也是加氢站投资较大的部分；加氢站设备投资占比60%，其中压缩机占比约30%，占比大。

下游用氢环节，燃料电池是重要的应用场景。随着燃料电池技术的成熟，氢逐步通过燃料电池在交通、建筑、发电等领域得到应用。目前，我国已初步掌握了燃料电池电堆、动力系统与核心部件、整车集成技术。其中，电堆产业发展迅速，但多以集成生产为主，系统及整车产业发展较好，配套厂家较多且生产规模较大，但核心零部件对外依赖度较高，这是当前制约产业发展的关键。

全球氢能产业处于初期示范和商业模式探索阶段，预计 2030 年后，将进入商业化阶段。中国氢能产业链已初具雏形，处于规模化前夕。我国氢能产业从制氢—储运加—应用，已经初步形成较完整的产业链条。受顶层设计、政策利好拉动，氢能产业正稳步发展。总体来看，氢能产业链非常庞大，也非常复杂，整体产业链形成规模仍需要时间。未来仍需要深入结合不同场景，继续探索氢能关键技术、核心材料及拓展氢能的应用领域，助力氢能产业发展。

2022 年上半年，氢能行业股权融资共发生融资事件 21 笔，融资金额为 15.9 亿元（图 4-18）。

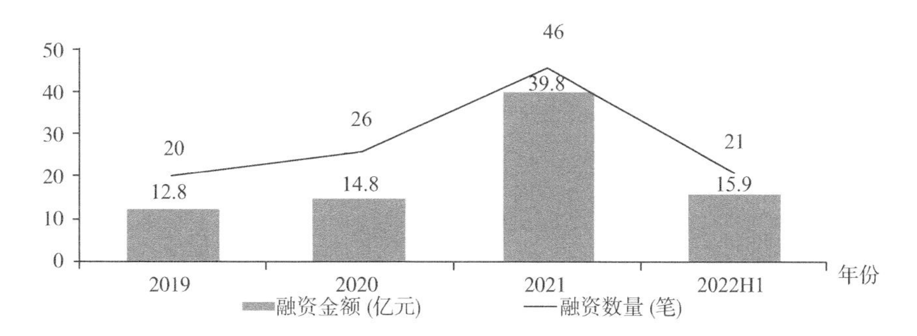

图 4-18　2019—2022 年上半年氢能行业股权融资数量和金额

由于氢能行业处于起步阶段，氢能企业目前的融资主要集中在早期轮次，其中 A 轮无论是数量还是金额都位居前列，2022 年上半年氢能领域 A 轮投资 7 笔，投资金额合计 6.5 亿元（图 4-19）。

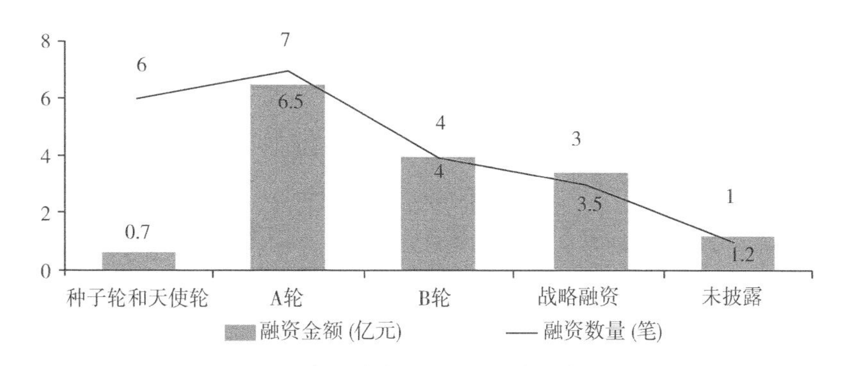

图 4-19　2022 年上半年氢能行业融资轮次数量和金额

从地区分布来看，上海、浙江、四川、北京、江苏等地氢能企业融资领先其他地区（图 4-20）。其中，上海、江苏是国内燃料电池车研发与示范最早的地区，四川是国内可再生能源制氢和燃料电池的核心部件电堆研发的重要地区，北京是较早开展燃料电池电堆和关键零部件研发的地区。

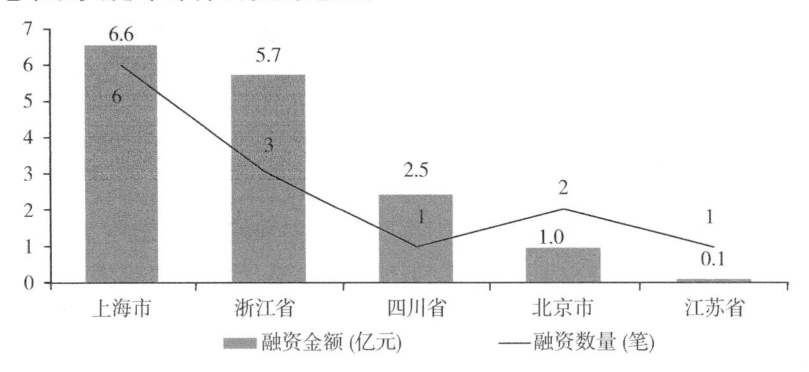

图 4-20　2022 年上半年氢能行业融资按地区划分

2022 年上半年氢能企业融资主要集中在产业链中游，燃料电池的研发是投资热点，燃料电池的电堆、系统等高精尖技术备受资本青睐，共 14 笔。产业链上游制氢、储氢和加氢环节的投资共 5 笔，比去年增加 4 笔，氢能行业融资从扎堆燃料电池向上游产业延伸，投资者更加注重布局氢能全产业链（图 4-21）。

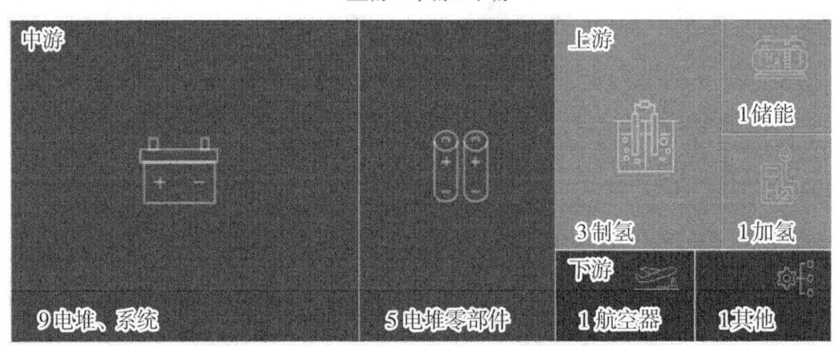

图 4-21　2022 年上半年氢能融资企业所处产业链

我国氢能行业处于起步阶段，行业融资以早期轮次为主，融资规模普遍偏小。在实现“双碳”目标的背景下，叠加燃料电池行业经过几年的成长，2022 年上半年出现一些大额融资项目。其中，骥翀氢能融资 5 亿元、东方氢能融资 2.49 亿元、氢途科技融资 1.24 亿元（表 4-7）。大额融资项目的出现为氢能企业的发展提供了动力，有助于企业进一步发展壮大。

随着氢能产业的发展，企业间的国际投资与合作也不断加强。在利用外资方面，我国氢能企业不断加强与技术领先的外资企业合作，设立合资公司深化氢能领域布局。在对外直接投资方面，我国企业主要关注通过收购国外先进的氢能技术企业进入氢能产业。

表 4-7　2022 年上半年氢能企业大于 1 亿元的融资事件表

企业简称	业务描述	交易金额（亿元）	交易轮次	投资方名称	企业所在地	交易时间
骥翀氢能	燃料电池电堆	5	A	中金汇融 云泽资本 山东江诣创投等	上海市	2022-01
爱德曼	氢燃料电池零部件	4	B+	元禾重元 霍尔果斯华控 北商资本等	浙江省	2022-02
东方氢能	燃料电池电堆	2.49	战略融资	北商资本 广州城发基金 江西大成投资	四川省	2022-05
氢途科技	氢燃料电池的研发	1.24	未披露	中广投资 泰恒投资	浙江省	2022-01
新研氢能	燃料电池研发生产商	1	A	亦庄国投 吉富创投	北京市	2022-06
鲲华科技	燃料电池、储能	1	战略融资	申能能创	上海市	2022-05

第5章　氢能源趋势及展望

5.1　氢能产业的发展趋势

在政策支持、企业积极参与和受到资本青睐等多重有利因素的影响下，预计氢能产业的发展将呈现出星火燎原之势。展望未来，氢能产业发展的主要趋势包括以下三个方面。

5.1.1　氢能有望在交通运输领域率先实现商业化

当前，中国氢能产业总体处于市场导入期，应用需求主要受下游行业脱碳进程、政策支持力度、技术成熟度三方面因素的影响。短期内，中国氢能应用的需求增量可能主要来自交通运输领域，氢燃料电池汽车的大规模推广成为关键驱动力。长期来看，工业领域有望成为氢能应用的第一大领域，需求会在政策推动和技术进步下进一步释放。

行业脱碳进程方面，中国能源体系碳中和路线图数据显示：2020年，中国交通运输部门的二氧化碳排放量约为9.5亿吨，占能源体系总排放量的比重约为9%，仅次于燃煤发电和供热（约50%）、工业（36%）。其中，用于货运和旅客出行的道路机动车的排放量占交通运输排放总量的80%以上，利用氢燃料电池汽车取代此类长距离重载商用车具有较强的经济性，有助于快速推进交通运输行业脱碳。

技术成熟度方面，根据IEA评估，交通领域的燃料电池技术基本已进入市场采用阶段，有望比工业领域的低碳氢能技术更早实现大规模部署。

政策支持方面，各级政府纷纷将氢能产业发展的重点放在了氢燃料电池汽车相关领域，尤其是在财政方面，国家逐步将新能源汽车的补贴重心转移至氢燃料电池汽车领域。随着五大示范应用城市群项目启动，氢燃料电池汽车有望加大量产。

5.1.2　绿色制氢、氢燃料电池关键材料、加氢站设备国产化将成为行业热点

随着下游应用需求不断释放，已有超过三分之一的央企在谋划包括制氢、储氢、加氢、用氢等全产业链的布局。例如，中石化设定了“建设中国第一大氢能公司”的

目标，大力布局氢能全产业链；中石油基于油气储运零售终端建设和运营基础，布局加氢站建设及运营；国家电投、东方电气等重点布局燃料电池核心材料及关键部件。央企入局能产生强有力的带动作用，预计资本市场对氢能的关注度将持续升温，投资者重点关注绿色制氢、氢燃料电池关键材料、加氢站设备国产化等赛道，推动我国氢能科技迭代创新。

在氢燃料电池电堆与关键材料、动力系统与核心部件、整车集成等环节，中国企业实力已接近国际先进水平。不过，在质子交换膜等原材料、加氢站设备国产化等方面，中国氢能发展仍存在明显短板。在这些领域拥有核心技术，并拥有优质客户资源的企业，有望获得资本青睐。此类企业在细分领域具有一定的先发优势，可以在产业层面的低成本制氢技术路线确立后，快速获取商业订单，获得快速增长。在下游应用环节，氢燃料电池汽车应用市场规模增长动力充足，投资者仍会重点关注。在中上游加氢站、氢储运等基础设施建设领域，投资规模大、周期长，前期主要依靠大型能源、化工类央企投资布局，小型机构投资者态度较为谨慎。

5.1.3　氢能区域产业布局快速形成

氢能产业布局与区域资源禀赋高度相关，且短期内氢能长距离、大规模储运的成本瓶颈依然存在。预计在产业发展初期阶段，各地将优先打造区域内产业生态，随着产业进一步成熟，区域之间通过输氢管道等基础设施，由近及远连接形成全国性网络。

以上海和江苏为代表的长三角地区、以广州和佛山为代表的珠三角地区、以北京和山东为代表的京津鲁豫地区，以内蒙古等地为代表的西北地区，以川渝、云南为代表的西南地区，已初步形成氢能产业生态。长三角地区辐射城市数量最多，区域内高校集聚，研发实力强劲，燃料电池汽车研发与示范经验丰富，氢能产业总体实力雄厚。珠三角地区主要包括佛山、广州、深圳三大氢燃料电池汽车创新核心区，加氢站网络规划领先全国，当前广东正加快打造一条湾区“氢”走廊，形成广州—深圳—佛山—环大湾区核心区车用燃料电池产业集群。京津鲁豫以北京为中心，已具备氢能全产业链发展的基础条件，能源转型动力强，交通和钢铁两大领域的氢能应用示范项目有望快速推进。西北、西南地区是主要氢能供给区，是国内可再生能源制氢和燃料电池电堆研发的重要地区，担负着实现大规模低成本制氢、推进可再生能源制氢与氢储能融合发展、保障国家能源供应安全的重任。

随着区域间协同发展的不断加强，氢能产业链分工协作也将进一步深化，各区域产业发展定位更加明晰，除了制氢、氢储运、燃料电池汽车等核心环节形成产业集群外，氢能研发、科技服务、整车集成等集群效应会不断涌现。

5.2 中国可再生氢产业预测与发展建议

5.2.1 分区域可再生氢装机总体路径展望

（1）西北：资源优势推动全面发展

西北地区资源条件和消费需求优势明显，其丰富的化石燃料资源、金属矿产资源和土地资源，以及良好的风光资源禀赋优势和相对平缓的电力需求，是其成为可再生电力制氢大基地的有利条件，既能满足重工业低成本零碳转型的需求，又能在一定程度上优化可再生电力的生产和应用结构。

（2）东北、西南：化工转型与可再生能源相互映衬

东北和西南地区作为目前中国重要的炼化/合成氨等化工产业发展基地，面临下游竞争加剧、原材料价格上涨、低碳转型加速等挑战，有必要进一步替换清洁生产原料并对原有副产氢进行逐步替代，以实现能源转型。

（3）华北、华南：钢铁、交通双管齐下

对于华北和华南地区的氢能产业发展，预计将以燃料电池示范城市群为主要抓手，同时头部钢铁企业将率先布局典型试点示范项目。2030 年前，华北和华南地区将依托本地局部地区优势电力资源建成绿色制氢基地，服务以河钢和宝武等大型钢铁企业为依托的氢能炼钢和冶金基地，同时辐射以北京—张家口和广州佛山为核心的氢燃料电池汽车产业和示范项目集群。华北和华南地区在 2030 年分别需要建设 20.2 GW 和 13.9 GW 的电解槽，并分别达到 121 万吨/年和 78 万吨/年的可再生氢产量。要实现这一目标，需要以局部资源优势地区为核心，建设覆盖重点区域的氢能供应链网络，加强对本区域氢能全产业链发展的支撑，快速形成可再生氢规模化利用的供需格局。

（4）华东、华中：交通为主进行突破

华东和华中地区的氢能产业发展主要集中在长三角城市群以及山东、河南和武汉地区。华东地区依托上海示范城市群，在港口运输、物流、公交等场景部署氢燃料电池交通工具，形成可再生氢大规模应用基地。山东可发挥自身产业基础优势，通过已开展的省级氢能示范项目积累转型经验，在交通、化工等领域进行综合示范。近期需大规模利用工业副产氢，并开展可再生氢替代示范项目；远期配合海上风电资源开发进行可再生氢制备。华中地区各省人口稠密，也是全国的交通枢纽，交通需求将持续增长。郑州进入第二批示范城市群，武汉等具有成熟的汽车产业基础，正规划布局发展千亿氢能产业，打造世界氢能汽车之都。根据分析，华东和华中地区在 2030 年分别需要建设 18.4 GW 和 8.4 GW 的电解槽，并分别达到 110 万吨/年和

47万吨/年的可再生氢产量（表4-8）。

表4-8 2030年中国可再生氢发展区域格局表

	可再生氢需求领域	可再生氢供给	区域内储运潜力	主要挑战	2030年绿氢装机（GW）	2030年绿氢产量（万吨）
华东	交通、化工	海上风电制氢、小规模风光制氢	罐车、区域管网	工业副产氢较丰富，与新增可再生氢形成竞争	18.4	110
华北	交通、钢铁	风电制氢	罐车、区域管网	工业副产氢较丰富，与新增可再生氢形成竞争	20.2	121
华南	交通	水电及海上风电制氢	罐车	绿电成本高	13.9	78
西南	化工	水电制氢	罐车、区域管网	新增项目分散	7.5	82
西北	钢铁、化工	风光制氢大基地	区域管网、示范液氢	产能投资需求巨大	24	264
东北	化工	风光制氢大基地	区域管网	供需距离远	9.7	68
华中	交通	水电制氢	罐车	绿电资源有限	8.4	47

同时应注意的是，截至2021年底，中国用于制氢的电解槽装机量不到1 GW，以试点示范项目居多，可再生氢综合成本较高，尚没有大规模的商业化项目落地。此外，目前全国电解槽制造总产能低于5 GW。实现2030年可再生氢装机100 GW的重要一环是推动行业中各参与方对未来市场需求和趋势形成稳定预期，对各行业实现碳达峰目标的路径进行分析和选择，抓住近两年的决策关键点支持电解槽制造产能扩张，在2025年实现电解槽制造产能规模和装机规模的稳步提升。与此同时，行业龙头企业通过技术进步和规模效益提升来进一步降低可再生氢制造成本，抓住具有潜力的可再生氢消费市场早期机会。

5.2.2 可再生氢能源发展建议

全国和各区域具备了2030年实现100 GW可再生氢装机目标的潜力，但同时也需要采取更有效的措施解决所面临的挑战。在《氢能产业发展中长期规划（2021—2035年）》的指导下，为了更有效地促进氢能和可再生氢产业的规模化发展，在降低成本的同时完善产业体系，充分发挥氢能和可再生氢的发展潜力，引领氢能产业的长期发展和双碳目标的实现，提出以下建议。

（1）跟进完善全国可再生氢装机目标及区域、行业生产和消费目标

以《氢能产业发展中长期规划（2021—2035年）》为基础，进一步研究并制定2030年和2060年可再生氢装机目标及分区域、分行业产量和消费量目标。建议在现有氢能中长期发展规划所设定目标和总体发展方针的基础上，以2060年碳中和目标为导向开展氢能和可再生氢长期发展路线图相关研究，明确氢能在中国整体能源体系中发挥的作用以及可再生氢转型的关键时间节点、产量及装机量需求。同时以该

路线图为基准，依据规模化发展增长速率和成本经济性变化趋势，归纳提出2030年中国可再生氢装机和产量目标，并根据各区域的资源禀赋、氢能主要应用行业的技术发展水平等制定分区域、分行业2030年可再生氢生产和消费量目标。鼓励各区域和行业企业自主提出可再生氢消纳目标。

（2）开展“大基地”规模化示范，促进产业链成本下降

快速下降加强各层级联动合作，开展“大基地”示范项目，共同发展可再生“氢经济”。在加大中央层面对“大基地”示范项目的政策扶植力度的同时，充分调动地方政府的能动性，集中区域优势，加强对“大基地”示范项目的政策和金融扶持。发挥央企资金实力、基础设施建设能力、产业链协同能力等优势，作为氢能产业规模化发展的主要推动力量，采用“走出去”技术引进和自主研发相结合，寻求突破技术壁垒的方法，充分利用内部市场和优势资源，开展规模化应用示范。不同央企间加大合作建设，促进不同央企“制储运加用”各环节优势资源的合理利用，加快氢能相关产品开发和投入市场的进程。通过联手利用各自的优势，创造和开拓新市场。民企发挥灵活、创新优势，充分利用央企资源和市场，与央企形成发展合力共同突破核心技术，促进产业发展。通过中央与地方、央企与央企、央企与民企的有机联动，推动氢能产业尽快实现技术提升、规模扩大、市场拓展、成本下降。

（3）完善地方氢能产业支持政策体系，加速可再生氢项目建设

以国家氢能发展中长期规划为指导，因地制宜制定地方氢能和可再生氢产业支持政策。建议区域地方政府部门制定系统的氢能和可再生氢发展顶层规划，确定氢能和可再生氢在区域内的发展方向与路线，专门制定并出台产业发展目标及氢能和可再生氢专项规划。明确氢能设施参与电碳市场相关机制。建议具备条件的地区加快出台可再生能源制氢优惠电价政策支持，进一步完善分时电价机制，鼓励弃风、弃光、弃水及谷段电力制氢。研究建立氢能设施参与现货、辅助服务和中长期交易等各类电力市场的准入条件、交易机制，加快推动氢能进入并允许同时参与各类电力市场。鼓励清洁低碳氢能项目减碳方法学开发，探索与全国碳交易市场协同联动。

加大可再生氢项目开发政策支持力度，健全低碳清洁氢项目激励机制。建议具备条件的地方政府持续实施支持氢能发展的贷款贴息、减免企业税费、普惠金融服务、优先用地供应等财政/金融/税收/土地政策，对于氢能产业关键零部件或项目给予投资补助。鼓励金融机构利用央行碳减排支持工具等政策，开展涉氢绿色金融产品创新，加大对低碳清洁氢项目的信贷支持。制定支持氢能源产业技术创新相关政策，引导企业、科研院所等加大技术攻关投入力度，鼓励通过技术合作、人才引进、设立产业基金等多途径支持氢能及燃料电池基础材料、核心技术和关键部件的技术攻关。

重视氢能源产业人才队伍建设。建议将氢能源产业人才培育与实现“双碳”目标紧密联结，依托国家重大科技任务和创新平台及高校教育培养，大力推动政、产、学、研、用协同创新，实现我国氢能源产业的基础研究、应用基础研究、技术创新、成果转移转化和支撑服务等各类人才均衡发展，为我国氢能产业发展提供人才保障、专业支撑。

(4) 整合氢能产业及专家资源，推进行业团体等技术标准的建立

依据氢能中长期规划涉及的相关技术标准建立行业和地方平台，制定并实施行业和团体标准。积极贯彻落实氢能技术和安全相关标准的制定，加快建立氢能和可再生氢技术标准制定专项体系，提升相关技术标准重视程度。加快提出氢能和可再生氢技术标准制定指导原则与指导意见，为产业相关企业进行核心技术突破提供指导精神与方向。

5.3　中国氢能产业健康有序发展的路径

当前，我国氢能产业尚处于发展初期，与国际先进水平相比还存在较大差距，特别是产业创新能力不强、技术装备水平不高，支撑产业发展的基础性制度滞后，产业发展形态和发展路径尚需进一步探索等，不能完全满足战略发展的需求，亟待加强统筹谋划，进一步提升创新能力，拓展市场应用新空间，引导产业健康有序发展。中国氢能产业健康发展的要点如下。

(1) 以关键核心技术和装备攻关为抓手

作为一种技术密集型的能源，氢能从制备、储存、运输、加注到终端利用等产业链各主要环节，都有极高的技术要求。目前，我国在基础材料、核心零部件等领域尚未突破技术壁垒，氢能制备储运成本过高等因素困扰氢能产业发展。因此，提高氢能产业发展质量，不能靠盲目上项目，更不能搞低水平重复投资，而要把技术创新放在首位，加强创新体系建设，加快突破核心技术和关键材料瓶颈，促进技术装备取得突破，增强自主可控能力，实现氢能产业链良性循环和创新发展。

我国可再生能源装机量居全球第一，“绿氢”供给潜力巨大。按照《氢能产业发展中长期规划（2021—2035 年）》（以下简称《规划》），充分发挥氢能作为可再生能源规模化高效利用的重要载体作用及其大规模、长周期储能优势，促进异质能源跨地域和跨季节优化配置，推动氢能、电能和热能系统融合，促进形成多元互补融合的现代能源供应体系。这既是实现可再生能源规模化开发利用的重要技术路线，也是氢能产业发展的重点方向和技术攻关的重点领域。《规划》明确提出，要加快提高可再生能源制氢转化效率和单台装置制氢规模，持续开展光解水制氢、氢脆失效、低温吸附、泄漏/扩散/燃爆等氢能科学机理，以及氢能安全基础规律研究等。建议以

关键核心技术和装备攻关为抓手，点面结合、以点带面，构建氢能产业高质量发展格局。

（2）构建协同高效的氢能创新体系

氢能产业链长、利用领域广，涉及技术包罗万象。在当前氢能产业投资布局热情高涨、技术路线选择“百花齐放”的情况下，以需求为导向，带动产品创新、应用创新和商业模式创新。采用“揭榜挂帅”“赛马”等方式，鼓励探索多种技术路线，保证氢能产业的技术积淀。从基础研究、应用技术开发、创新产品示范等多维度部署重点科技创新项目，根据技术开发进展、可靠性、安全性及经济性，统筹不同技术发展路线，聚焦短板弱项，加强应用基础研究，超前部署颠覆性技术研发，明确技术推广及示范重点，形成跨部门、跨行业、跨区域的研发布局和协同高效的创新体系。

持续推动氢能先进技术、关键设备、重大产品示范应用和产业化发展，特别是要因地制宜开展可再生能源制氢示范，探索氢能技术发展路线和商业化应用路径。我国疆域辽阔，不同地区的地理环境、资源禀赋、经济社会发展水平差异较大，就氢能产业发展来说，客观上存在氢气资源地域供需错配的问题。比如，“三北”地区可再生能源丰富，而东南沿海氢能产业发展快且氢气需求量大。为此，《规划》明确，重点在可再生能源资源富集、氢气需求量大的地区，开展集中式可再生能源制氢示范工程，探索氢储能与波动性可再生能源发电协同运行的商业化运营模式。

（3）搭建多层次、多元化创新平台

氢能产业发展需要强有力的应用基础和前沿技术研究支撑。比如，电解水制氢催化剂和阴离子膜、光电催化制氢、基于超导强磁场高效磁制冷的氢液化循环，以及中压深冷气态储氢、新一代固体氧化物燃料电池和能够可逆运行的SOFC/SOEC等新一代氢能科技。因此，《规划》强调要加快集聚人才、技术、资金等创新要素，支持高校、科研院所、企业加快建设重点实验室、前沿交叉研究平台，开展氢能应用基础研究和前沿技术研究。在科技部公示的2021年度12个重点专项中，在“氢能技术”“新能源汽车”“高端功能与智能材料”“催化科学”“大科学装置前沿研究”5个重点专项里，就包含了35个氢能及燃料电池项目；而项目牵头承担单位中，有22家是国内高校，7家是中科院所属研究单位，3家是汽车制造企业。

企业处于产业一线，对市场和技术变化具有高度敏锐性，是技术创新决策、研发投入、科研组织、成果转化的主体。特别是科技领军企业，作为行业的龙头企业，在氢能产业技术创新中处于领导地位，是有效解决制约氢能发展的技术难题、探索氢能产业前瞻技术和颠覆性技术、占领未来发展制高点的尖兵。《规划》提出，依托龙头企业整合行业优质创新资源，布局产业创新中心、工程研究中心、技术创新中心、制造业创新中心等创新平台，构建高效协作创新网络，支撑行业关键技术开发和工程化应用。

同时，《规划》鼓励行业优势企业、服务机构，牵头搭建氢能产业知识产权运营中心、氢能产品检验检测及认证综合服务、废弃氢能产品回收处理、氢能安全战略联盟等支撑平台，结合专利导航等工作服务行业创新发展。支持“专精特新”中小企业参与氢能产业关键共性技术研发，培育一批自主创新能力强的单项冠军企业，促进大中小企业协同创新融通发展。

(4) 深化“政产学研用”融通创新

“政产学研用”五位一体的融通创新模式，是推动氢能产业技术创新实现协同效应的有效途径。鉴于目前我国氢能开发利用技术仍处于研发与示范阶段、氢能产业发展还处于初级阶段，亟需发挥好政府在优化整合创新资源方面的作用，引导创新要素向氢能产业聚集，加大共性技术能力供给；企业的创新主体地位不仅要体现在决策、投入、组织、转化方面，还要发挥对产业链、创新链的带动作用，可与大学、研究院所建立创新联合体，面向市场需求开展氢能原创技术、共性技术、应用技术联合攻关，打造科技成果转移转化基地，促成高校、科研院所与企业创新有效对接。通过高水平的科技自立自强，为《规划》提出的氢能产业高质量发展提供强有力支撑。

加强专业人才队伍培养是我国氢能产业发展的重要环节，需尽快建立健全氢能人才培养培训机制。以氢能技术创新需求为导向，支持引进和培育高端人才，提升氢能基础前沿技术研发能力。加快培育氢能技术及装备专业人才，夯实氢能产业发展的科技基础，重视培养一大批氢能领域高素质的复合型技术技能人才和专业型一线技术工人。可采取学历教育与职业培训并举的方式，促进高校人才培养体系与企业技术创新需要的对接，把联合培养高端人才作为深化产学研合作的重要内容，多出既有理论知识，又有实际动手能力的氢能产业技术创新人才。

目前，我国氢能领域的一些基本创新要素是具备的，也是充足的，关键是要怎么去顺应时代的发展，营造开放、包容、协同、有序、可持续的创新生态，形成政府、企业、员工以及客户、金融、社会等“栖息共生”、共同成长的氢能创新环境。要落实好国家鼓励支持创新的一系列政策，坚持以科研人员和科研活动为中心，以调动科研人员的主动性、积极性、创新性为根本，以促进技术成果转化为现实生产力为目标，对行政化色彩浓厚的科研体制机制进行彻底改革，为我国氢能领域技术创新注入勃勃生机和无穷动力。

(5) 参与全球氢能技术和产业创新合作

全球加速绿色低碳转型，各国普遍对氢能寄予厚望。由于受制于技术装备、应用场景及资源问题，多数国家都在寻求氢能发展的国际合作。近年来，有不少国家和组织宣布了若干双边和多边合作协议、倡议，如清洁能源部长级氢能倡议、氢能创新使命和联合国工业发展组织的全球氢能伙伴关系等，对推动全球氢能产业发展和市场培育起到积极作用。

应鼓励开放式创新，勇于打破行业界限，畅通创新主体与外部环境之间在知识、人员、技术、资本等方面的沟通交流。按照《规划》要求，我国的氢能产业发展和技术创新要坚持对外开放，进行国际合作，通过对接国际氢能协会等国际组织、参加国际学术交流和论坛活动、参与氢能共性关键技术联合研发和产业应用等，有效融入全球氢能产业链和创新链。加强与氢能技术领先的国家和地区开展项目合作，共同开拓第三方国际市场。

同时，建立完善氢能产业标准体系，重点围绕建立健全氢能质量、氢安全等基础标准，制氢、储运氢装置、加氢站等基础设施标准，交通、储能等氢能应用标准，增加标准有效供给。积极参与国际氢能标准化活动，促进国内国际氢能标准的有效对接。

第6章 “共筑梦想 创赢未来”绿色产业创新创业大赛2022年度氢能产业优秀项目

6.1 大功率车载燃料电池用氢气循环系统

6.1.1 项目简介

氢气作为氢燃料电池发动机的“血液”，能否高效循环反应，是动力能否顺畅输出的关键，而氢气循环系统作为“起搏器”，是氢燃料电池发动机的关键技术之一。但目前市场上的氢气循环产品罗茨式氢气循环泵存在漏油、漏气、功耗大、无法破冰、无法满足大功率系统需求，引射器无法满足低功率段氢气循环需求等难以解决的问题，尤其是面对主要发展的大功率商用车的市场，其弊端日益突出。

凯格瑞森在氢气循环系统的安全可靠性、全功率覆盖、轻量化、低温启动等方面取得了重要技术突破，主要包括以下三方面（图4-22）。

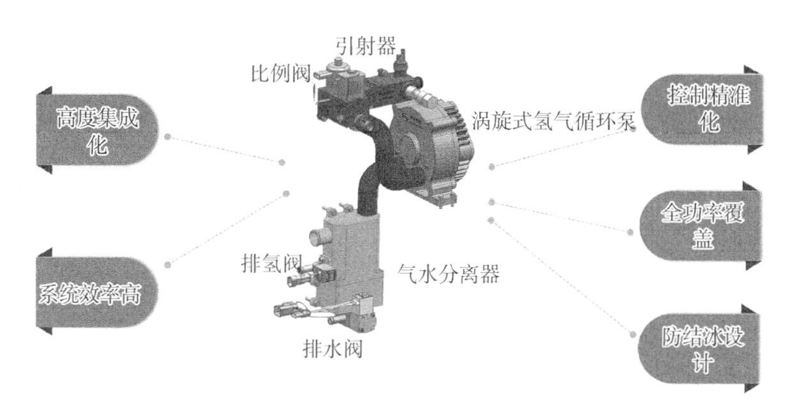

图4-22 中国首台套“引射器+涡旋泵氢气循环系统”

(1) 攻克了流量及压力解耦控制技术、复杂气体组分条件下的高精度模拟仿真技术、高速运动流体的标定及模拟技术，研发了无油、无功耗件、结构简单的引射式回路，可直接替代罗茨泵使用，广泛应用在中高功率商用车等领域。

(2) 研发了无油高速旋涡式氢气循环泵，产品可实现低功率（降低60%)、高循环效率（提升50%)、更安全（无漏油、漏气风险)，与引射式回路匹配使用可满足全功率燃料电池的氢气循环需求。

（3）创新性使用工程塑料、高度集成设计、加热模块使用等，提升了产品的轻量化（减重60%）、功率密度（提高50%）等。

项目申请专利30余项，现授权10余项，经济效益显著。公司参与《燃料电池发动机用引射器测评方法》企业规范的制定；参与中汽研组织的《燃料城市示范应用氢气循环系统评价方法》的制定等。

6.1.2 竞争优势

产品技术优势：（1）解决用户端石墨堆、高压升、高流量的需求难点；（2）解决用户端罗茨泵无法满足120 kW及以上系统氢气循环需求的难题；（3）引射器与涡旋泵串联连接，解决用户端罗茨泵流阻大的问题；（4）无油设计、无轴静态密封设计、产品安全防爆；（5）工业化设计，体积小，提高燃料电池系统功率密度；（6）匹配车规级阀件，冷启动无障碍；（7）无易损运动件、产品性能更可靠；（8）轻量化、低噪音等。

供应链优势：解决氢气回路氢气供应量控制精度差的问题，与国外公司联合开发设计的比例阀可实现氢气量的精确控制并解决冷启动问题，凯格瑞森拥有此项计划的独家采购权。

商业模式优势：（1）企业生产轻量化。技术含金量高、利润高的部件自制，其余部件委外加工，严控成本，重视企业利润、现金流、负债率等管理。（2）营销数据精准化。利用数据化管理，保障产品追溯，数据采集，优化产品技术。（3）打造技术“护城河”，领先并持续超越竞争对手。

6.2 中小功率氢燃料电池技术

6.2.1 项目简介

暗流科技是国内唯一基于全自研技术搭建中小功率氢燃料电池量产线的企业。公司自2018年成立起，始终专注于氢能的多元化应用，聚焦中小微型功率氢能应用场景，为工业无人机、叉车、应急电源等终端提供微型风冷、小型风冷和中型水冷三大系列氢燃料电池系统（图4-23）。公司针对中小型燃料电池系统的多个应用场景，实现从基础材料优化、膜电极组件开发生产、电堆组装、测试等一系列工艺技术的自研。创始团队来自清华大学和华南理工大学，具有丰富的氢燃料电池项目开发经验以及丰富的客户资源。

公司展厅实景

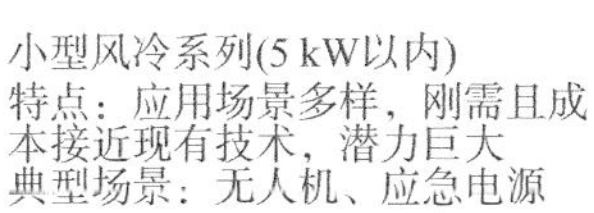

图 4-23　三大产品系列满足氢能的多元化应用

6.2.2　竞争优势

核心技术优势主要有以下三点。

（1）膜电极组件生产的核心工艺及低成本成套生产自研设备能做到膜电极生产的技术自研和成本可控。该公司是国内唯一一家，从膜电极生产工艺出发，深入开发膜电极核心生产设备的燃料电池电堆厂商。

（2）小型化电堆设计及组装工艺。小型化的膜电极设计参数上需要更加灵活，公司自己生产膜电极组件的基础材料——GDL（气体扩散层）材料，能更好地匹配电堆组装工艺，因为需要对于膜电极厚度、压缩率等进行控制，GDL 的参数是十分重要的。除此之外，还需要优化膜电极组件的封装工艺，来配合电堆密封设计，包括双极板、膜电极组件之间的密封胶、密封圈、密封垫片等配合，最后通过堆叠完成电堆组装。

（3）燃料电池测试工艺及国产化测试系统开发。该系列测试系统可以服务于中小型电堆的开发，做到深入扎根场景需求，快速开发测试及生产。目前，国内应用的燃料电池测试系统现状是高度依赖进口的，基于这个现状，公司团队在 2019 年左右就开始了高度国产化的自研测试系统开发，现在工厂使用的测试系统就是自研的测试系统。

公司是中小型燃料电池电堆及系统供应商，拥有中小型燃料电池电堆膜电极开发、批量生产以及装堆、测试环节自研核心技术，相比目前同类型企业来说，公司技术最为全面。

6.3 HyFA“氢”电源项目

6.3.1 项目简介

本项目是利用工业固碳的氢载体（甲酸），进行常温常压、短流程易控分解制氢。该技术可广泛地应用于下游氢能技术企业的各种产品之中，按需产氢、即产即用。以常温常压液态形式的能源进行安全高效地运输和使用，解决传统氢能行业面临的储运难、便捷性差、经济性低等一系列问题，做到上下游联合发展、综合减碳，既实现工业减碳固碳产品的盈利，又丰富普及氢能来源，降低氢的成本。

本项目技术虽属于创新技术，但选用的原料为拥有成熟产业体系的产品，可进行大量快速地生产扩产，同时在其创新技术应用方面尤其是钢化联产合成低成本甲酸方面，不但技术成熟而且可以进行大规模的复制实施，其技术均已在建成的项目中成熟应用。中国拥有覆盖面广的钢铁企业落脚地，意味着能源的获取更加容易，钢铁减碳变成了盈利行为。

HyFA“氢”电源的技术特点包括以下几方面。

（1）原料来源简单。整个原料市场的发展属于兼容行业，未来可进一步实施绿电/废电制甲酸。甲酸的生产不但成本低廉还能节能减碳，产品利润丰厚（钢化联产可实现3年回本）且不用改变原有技术工艺。

（2）工艺实施简单。甲酸制氢技术在工艺实施过程中仅仅通过专有核心催化剂技术进行无消耗活化催化参与甲酸反应，无外接能源，可在常温常压下反应制取氢气。其他技术要么采用压力罐储运氢，以压力气体使用；要么采用剧毒、易燃易爆氢载体进行高温200 ℃以上重整复杂工艺制氢。

（3）介质安全大储量。甲酸本身化学品性质对标汽油（同属三类危险品），不同于其他技术方案（二类/三类危化品的特性）无法实现市区供应，本技术不仅理论上可以进入市区且甲酸的储氢量大（53 kg/m^3，已达到美国能源部氢能储运长期发展目标最高级），有利于氢的储运和普及（其他压力罐技术运输在23～39 kg/m^3 之间）。

（4）本技术的应用产品多种多样。基于以上几个特点其应用产品可以实现轻量化、小型化分布式应用，如分布式离网电力设备、应急通信及电力设备/车、热电联供（暖气、电力联合供应家用/商用设备）、长续航无人机、氢能汽车储能等。

6.3.2 竞争优势

HyFA“氢”电源是一种以液态氢载体甲酸为能源而不产生有害排放的发电设备（图4-24）。不同于传统气态氢技术，甲酸能量密度达到53 kg/m^3，可常温常压以液体形式储存大量氢气，避免了压力容器的高危、低效。在发电设备中，氢气可按需生产，并在燃料电池中直接转化为清洁电能。这与传统发电机一样易于使用，但却是零排放。

图 4-24　HyFA“氢”电源

HyFA“氢”电源规格参数：

额定功率：5 kW/20 kW；尺寸：825×600×1 800/10 英尺货柜；DC 输出电压：48 V；AC 输出电压：220 V；燃料电池系统效率：44%；燃料消耗：9 L/h、36 L/h；通信方式：485/CAN；外部通信：4G、蓝牙、本地；集成电池：48 V，100 Ah/400 Ah。

HyFA“氢”电源的竞争优势如表 4-9 所示。

表 4-9　HyFA“氢”电源竞争优势

项目	柴油发电机	汽油发电机	HyFA“氢”电源
能源	化石	化石	再生
噪音	大	小	—
污染	NOx、SOx、PM	NOx、SOx、PM	—
震动	大	小	—
维护	贵	贵	便宜
智能	—	—	有
远程	—	—	有
功率	>30 kW	<30 kW	>5 kW
额定电价	>2.1 元/度	>3.2 元/度	>1.6 元/度
综合电价	>4.0 元/度	>5.0 元/度	>1.6 元/度

注：参照国标 5 kW 汽油发电机，单位耗油 0.374×5=1.87L×8.46=15.8/5=3.2；30 kW 柴油发电机单位油耗 7.8L×8.2/30=2.1；汽柴油参照 2022 年 4 月 28 日挂牌价格、甲酸以锚定价计算。

该设备可以广泛地用于包括离网基站的供电，野外工程供电，政府、医院、银行备用电源，无人机分布式充电、氢汽车分布式充气等领域。国外针对甲酸的技术应用已经广泛开展，目前中国氢能行业对于该技术的了解还较少。华璞科技目前正与中核集团、申能集团探讨电力调峰与储能技术应用，与武汉中极探讨分布式电站储能供能技术应用。

本项目典型应用场景包括：

（1）基本定位：分布式的电力应用及备用电源。

（2）离网电力保障：市电无法触及或成本较高的持续电力保障需求。

（3）户外施工：无稳定电力供应的户外施工及低成本可调峰的电力需求。

（4）静音及环保：对环境要求高、声音分贝低、震动影响小的区域施工或备用电源。

第5篇

储能产业创新发展研究

第1章　储能技术概况

1.1　前言

近年来，人类社会能源需求增加，同时相对环保永续的可再生能源快速发展，因而凸显了储能技术的重要性。尤其在我国“双碳”目标的牵引下，可再生能源的应用规模与比例势必大幅提升，然而间歇性是风电、光伏等可再生能源的一大特点，其无法像传统化石能源一样发电随时间稳定输出，而是具有波动性与随机性，这意味着需要储能系统介入调节，以缓解电力需求供给不匹配所导致的种种问题。借由储能技术可以减少可再生能源因间歇性而带来的负面影响，增加电力调配的弹性、改善电力质量、提升电压稳定性。储能系统种类繁多，各自有其特色，还可依不同的存储形式、用途、存储时间或存储规模等进一步分类与比较。本章通过对比分析，明确了各种储能技术的主要参数、优缺点及技术瓶颈，在此基础上，分析了其应用前景，为工业应用中储能技术的选择提供参考。

1.2　储能技术概述与分类

储能技术简而言之就是将多余的能量储存，并在有需求时释放能量的技术。不同场合与需求可选择不同的储能系统，根据储能技术的原理及存储形式差异可将储能系统分为以下几类。

(1) 电气式储能：包括电容器、超级电容和超导磁储能等。

(2) 机械式储能：包括飞轮储能、抽水蓄能和压缩空气储能等。

(3) 化学式储能：其中可细分为电化学储能、化学储能以及热化学储能等。电化学储能包括铅酸、镍氢、锂离子等常规电池和锌溴、全钒氧化还原等液流电池；化学储能包括燃料电池和金属空气电池；热化学储能则包括太阳能储氢以及利用太阳能解离-重组氨气或甲烷等。

(4) 热能式储能：包括含水层储能系统、液态空气储能以及显热储能与潜热储能等高温储能。

此外，还可以依放电时间尺度及系统的功率规模对储能技术进行分类。例如放电时间为秒至分钟级的储能系统可用于支持电能质量，此类储能系统典型额定功率小于1 MW，且具快速响应（μs级）的特性，典型的储能系统包括超导磁储能、飞轮储能、超级电容等；放电时间为分钟至小时级的储能系统则可用作桥接电源，额定功率约在100 kW～10 MW的区间，且响应时间较快（小于1 s），典型的储能系统包含液流电池、燃料电池和金属空气电池等；至于放电时间为数小时甚至超过24 h的储能系统则多应用于能源管理，其中，压缩空气、抽水蓄能和低温储能等功率在100 MW以上的储能系统适用于大规模能源管理，而一些化学式与热能式储能则可用于容量为10～100 MW的中等规模能源管理。

上述分类法仅是对典型储能技术的大致划分，并非绝对准确。随着各种储能技术不断发展，同一种储能技术也发展或延伸出许多不同规模、不同参数的系统，因此以放电时间尺度或其他技术参数作为指标的分类法的界线亦渐趋模糊。

1.3 国内外储能发展概况

美国能源部全球储能数据库（DOE Global Energy Storage Database）公布的2020年统计资料显示，全球各类储能技术总装机容量约为192 GW，各项技术占比如图5-1所示。而储能项目数量如图5-2所示。从中可见，抽水蓄能总装机容量最大，至于项目数量则是电化学储能最多，这其中又以锂离子电池为首。

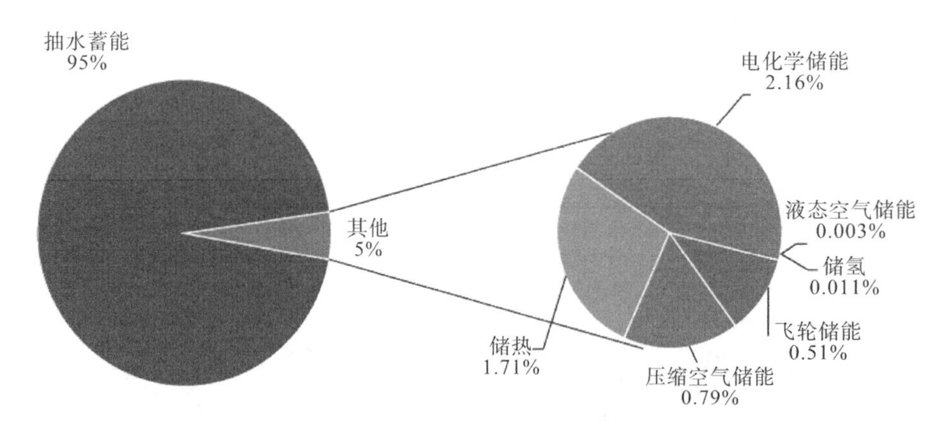

图5-1 全球储能技术装机容量占比

国内各种储能技术装机容量与项目数量占比分别见图5-3和图5-4。2020年我国储能技术总装机容量约32 GW，其中抽水蓄能占比较全球统计更高，且在这份统计资料中国内并未出现飞轮储能、储氢以及液态空气储能等三项技术。由国家发展改革委、国家能源局于2021年7月15日发布的《关于加快推动新型储能发展的指导意见》（以下简称《指导意见》）可知国内储能技术的进展及未来的发展改革方向。《指导意见》除了完善政策机制、营造健康市场环境，也明确指出“坚持储能技术多元化，推动锂离子电池等相对成熟新型储能技术成本持续下降和商业化规模应用，实现压缩空气、液流电池等长时储能技术进入商业化发展初期，加快飞轮储能、钠离子电池等技术开展规模化试验示范，以需求为导向，探索开展储氢、储热及其他创新储能技术的研究和示范应用”。这也反映了国内各项储能技术当前的发展进程。

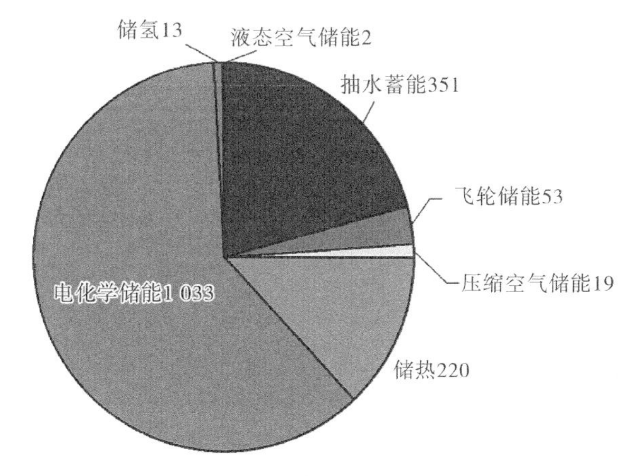

图 5-2　全球储能技术项目数量（项）

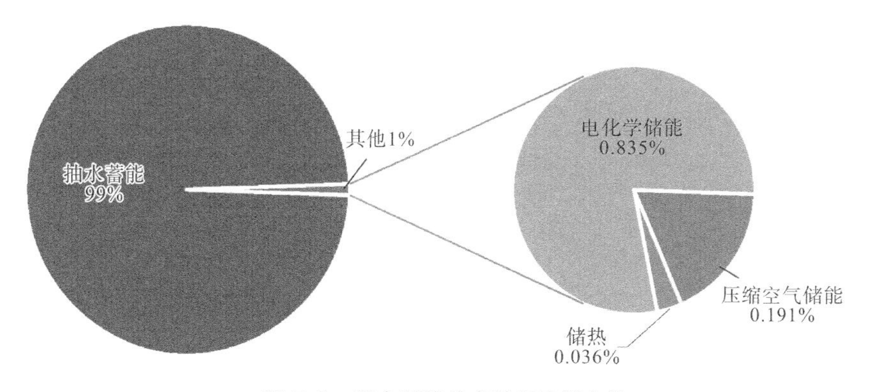

图 5-3　国内储能技术装机容量占比

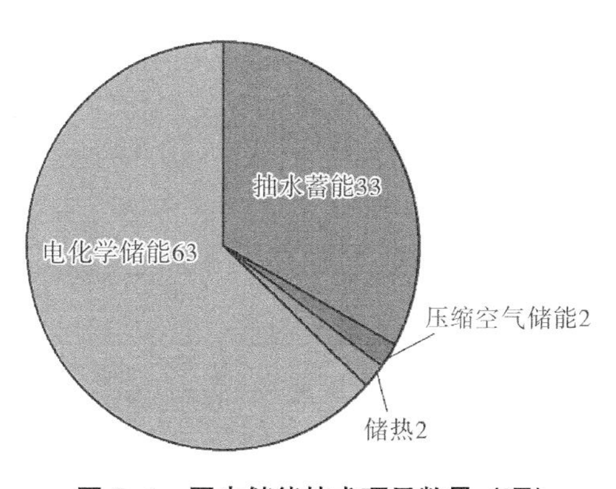

图 5-4　国内储能技术项目数量（项）

第2章 常见储能技术分析

2.1 抽水蓄能

2.1.1 基本情况

抽水蓄能是目前应用最广、技术最为成熟的大规模储能技术，具有储能容量大、功率大、成本低、效率高等优点。抽水蓄能系统的基本组成包括两处位于不同海拔高度的水库、水泵、水轮机以及输水系统等。当电力需求低时，利用电能将下水库的水抽至上水库，将电能转化成势能存储；当电力需求高时，可释放上水库的水，使之返回下水库以推动水轮机发电，进而实现势能与电能间的转换。由其储能的原理可知，抽水蓄能的储能容量主要正比于两水库之间的高度差和水库容量。由于水的蒸发或渗透损失相对极小，因此抽水蓄能的储能周期范围广，短至几小时，长可至几年。再考虑其他机械损失与输送损失，抽水蓄能系统的循环效率为70%～80%，而预期使用年限约为40～60年，实际情况取决于各抽水蓄能电站的规模与设计情况。抽水蓄能的额定功率为100～3 000 MW，可用于调峰、调频、紧急事故备用、黑启动和为系统提供备用容量等。抽水蓄能的储能容量大，需要找寻庞大的场地以修建水库，对地理条件有一定要求，因而建设成本高、时间长，且易对周遭环境造成破坏，这是抽水蓄能技术最主要的缺点。

2.1.2 发展近况

有些抽水蓄能电站是混合式抽水蓄能电站，由于天然水源的汇入，厂房内除了设有抽水蓄能机组，还设置了常规发电机组，因此这类电站不仅能用于调峰填谷和承担系统事故备用等储能功能，还可常规发电。另外，有些学者认为，没有自然水源汇入的闭环系统相较有自然水源汇入的开环系统更为安全、稳定；反之，电站功能性与调度弹性可能相对较差。考虑到前面提及的当前抽水蓄能的缺点，即抽水蓄能往往对地形、环境的要求高，为了解决这一问题，有的抽水蓄能系统会直接以海洋或大型湖泊作为下水库，扩大了抽水蓄能的应用场景并降低了成本。此外，还衍生出了地下抽水蓄能技术，其特点在于将两水库设于地下，可利用废弃的矿井或采石场等洞穴，将其修建为地下水库。相较于传统的抽水蓄能系统，地下抽水蓄能对地形的依赖程度较小，可减少环境问题，但前期地质勘探较为费时，也考验土木工程与挖掘技术。地下抽水蓄能在原理与技术上是可行的，但目前此技术仍于起步阶段，尚未规模化，主要是碍于高成本，且在传统抽水蓄能技术成熟的情况下对地下抽水蓄能的需求不迫切。尽管如此，当前储能需求日渐提高，未来地下抽水蓄能技术还是有机会蓬勃发展的。

2.1.3 最新进展

根据新闻媒体报道，国网新能源吉林敦化抽水蓄能电站1号机组已于2021年6月4日正式投产发电，预计2022年实现全部投产，可为东北电网安全稳定运行和促进新能源消纳提供坚强保障。敦化电站可说是国内抽水蓄能技术的一个里程碑，是国内首次实现700 m级超高水头、高转速、大容量抽水蓄能机组的完全自主研发、设计和制造。额定水头655 m，最高扬程达712 m，装机容量为1 400 MW，其中包含4台单机容量350 MW可逆式水泵水轮机组，且在机组运行稳定性、电缆生产工艺、斜井施工技术上皆有所突破，还克服了施工过程中低温严寒所造成的问题。敦化抽水蓄能电站的完工投产，可发挥调峰、填谷、调频、调相、事故备用及黑启动等储能应用，可提高并网电力系统的稳定性与安全性，并促进节能减排。

2.2 飞轮储能

飞轮储能装置是一个机电系统，可将电能转化为旋转动能进行存储，基本结构如图5-5所示，该系统主要是由电机、轴承、电力电子组件、旋转体和外壳构成。储能时，电动机带动飞轮转动，电能转为飞轮的动能；释放能量时，同一电动机可充当发电机，将动能转为电能释出。飞轮系统的总能量取决于转子的尺寸和转动速度，额定功率取决于电动发电机。此外，飞轮储能系统是在真空（$10^{-8}\sim10^{-6}$ atm，1 atm$=1.013\ 25\times10^{5}$ Pa）中运行，且磁轴承悬浮，可尽可能地减少摩擦阻力以确保性能并延长系统寿命。飞轮储能的主要特点是寿命长，可循环充放电数十万次，寿命可超过20年，且响应速度快、效率高（90%～95%）、功率密度高、对环境较为友善等。正因为其有响应快速、功率大的特点，飞轮储能常用于不间断电源和改善电能质量，在短时间尺度（数秒）内稳定因电力供需不平衡或电网故障所引起的电压及频率的波动。飞轮储能还可应用于混合动力汽车、航天器、航母发射等场景。然而相较其他储能系统，目前，飞轮储能存在储能容量小、持续放电时间短等问题，因此，较不适用于能量管理。

目前，飞轮储能的主要缺点在于由转子和轴承的摩擦阻力与电机和转换器的电

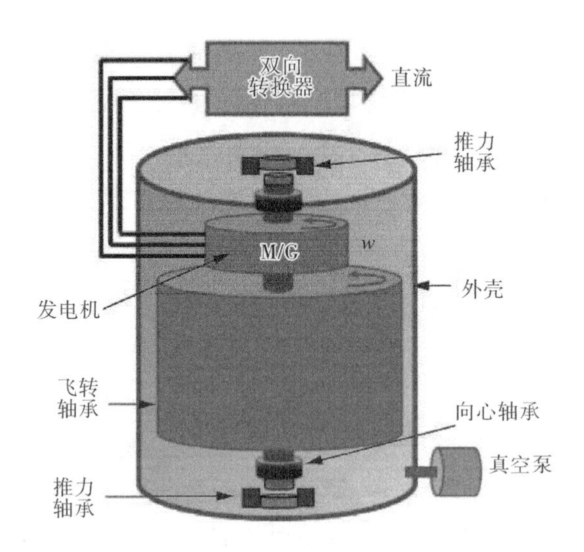

图 5-5 飞轮储能系统基本构造

磁阻力所致的能量耗损。若想储存更多能量，飞轮就需要有更高的转速（一般为 10 000～100 000 rad/m），但这同时会使飞轮产生更大的应力，对材料的要求更高，通常高转速时选用碳纤维复合材料取代适用于低转速的金属材料。其中，轴承是影响成本的关键，当转速提高时摩擦损耗影响甚巨，为了降低摩擦耗损造成的负面影响，需选用更佳的轴承。在转子高速运行的条件下传统的机械球轴承已不适用，磁轴承（其中超导磁轴承尤佳）会是更好的选择。然而，若选用高强度材料的转子、性能更佳的轴承，会大幅增加储能系统的成本，这是当前影响飞轮储能普及的关键因素。未来若能提升飞轮转子、轴承或外壳等部件的制造工艺与技术，进而降低成本，则具多项优点的飞轮储能有机会胜过其他电化学储能技术，大幅提高其市场占有率。

2.3 压缩空气储能

2.3.1 基本情况

压缩空气储能是一种基于燃气轮机发展而产生的储能技术，以压缩空气的方式储存能量，图 5-6 是压缩空气储能系统的基本结构。当电力富余时，利用电力驱动压缩机，将空气压缩并存储于腔室中；当需要电力时，释放腔室中的高压空气以驱动发电机产生电能。目前，世界上已有两座大规模压缩空气储能电站投入商业运行，分别位于美国和德国。其主要应用为调峰、备用电源、黑启动等，效率约为 85%，高于燃气轮机调峰机组，存储周期可达一年以上。然而，传统的压缩空气储能系统在减压释能时需补充燃料燃烧，此时也会产生污染物。此外，大型压缩空气储能系统需找寻符合条件的地下洞穴用以储存高压空气，其相当依赖特殊地理条件，以上都是传统压缩空气储能系统面临的问题与挑战。

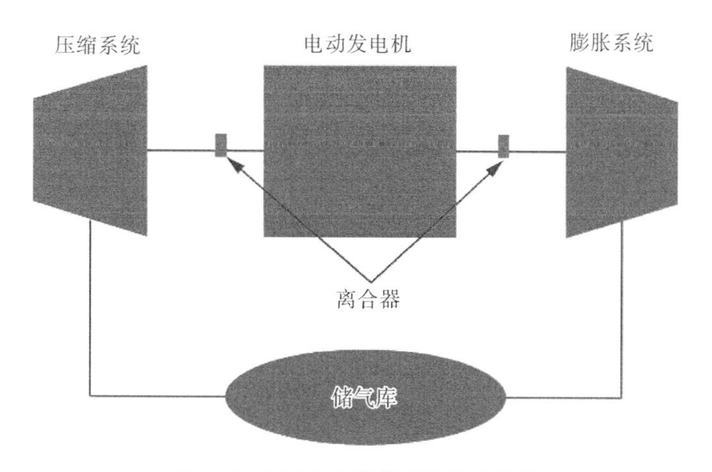

图 5-6　压缩空气储能系统基本结构

2.3.2　技术进展

先进绝热压缩空气储能是近年来备受瞩目的压缩空气储能技术，目前皆为试验示范项目（图 5-7）。有别于传统压缩空气储能系统，此系统摒弃了燃烧室即补燃环节，取而代之的是蓄热系统，可回收压缩空气释放的能量，并于空气进入透平前给予能量。通过改进，可提升系统效率，同时减少化石燃料的使用，因此对环境更为友好。蓄热系统提高了运行的灵活性，亦使其具备热电联储与热电联产特性，因此更适合在智能电网和综合能源系统等场景发挥作用。2022 年，我国在江苏建设了首座先进绝热压缩空气储能电站——金坛盐穴压缩空气储能国家试验示范项目，一期工程发电装机容量为 60 MW，储能容量为 300 MW·h，项目远期规划为 1 000 MW，其系统储能效率大约为 60%。

当前，压缩空气储能的主要问题是储能效率较低（70%～80%）、能量密度较低，且与抽水蓄能类似，选址条件要求高。另外，由于先进绝热压缩空气储能以储热系统替代燃烧室，发电受制于传热速率，因此系统响应速度可能更低。

2.4　超导磁储能

超导磁储能是目前唯一可将电能直接存储为电流的技术，可将电能以直流电流的形式存储于由超导材料制成的环形电感器，几乎实现电流零损耗。超导磁储能功率密度高，可达 500～2 000 W/kg，典型的额定功率为 1～10 MW，储能效率高（97%以上）、响应速度快（μs 级），而缺点也与飞轮储能类似，即储能容量较小、存储时间短（数秒）。目前，这项储能技术发展较为缓慢，主要受限于超导材料和实现低温强磁场系统的成本过高。

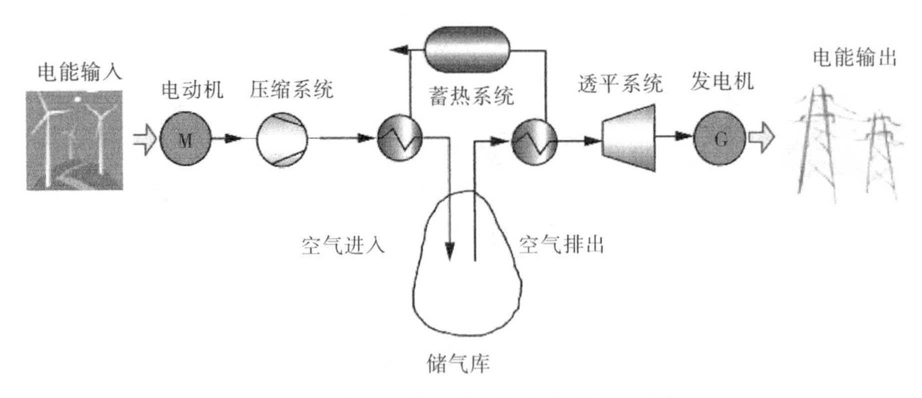

图 5-7 先进绝热压缩空气储能原理示意图

2.5 电化学储能

电化学储能包含多种储能技术，如锂离子电池、铅酸电池、金属空气电池等二次电池储能，以及液流电池、超级电容等，不同的储能技术各有特点，其中，电池储能的优势体现在灵活性及可扩充性。以下简要介绍几种常见电化学储能的特点。

（1）超级电容的优点是充放电速度快、功率密度高、循环使用寿命长、环境友好、工作温度范围宽等；其主要问题是能量密度低、成本高，能量密度为 2～15 W·h/kg，成本为 300～2 000 美元/（kW·h）。超级电容目前仍处于技术探索阶段，在提高能量密度和降低成本方面仍有较大发展空间。

（2）锂离子电池在电子产品与电动汽车领域已有较多应用。锂离子电池能量密度高，循环寿命约为 10 000 次，特定情况下库伦效率可接近 100%，且没有记忆效应，目前制造成本随着新能源汽车市场的规模效应而不断下降。储能电池一般用于通信基站、电网、微电网等场合，因此，其更注重安全性、寿命与成本。目前，锂离子电池是国内外电化学储能项目占比最大者。

（3）液流电池的特点是活性物质不在电池内，而是另外存储于罐中，电池仅是提供氧化还原反应的场所，因此储能容量不受电极体积的限制，可实现功率密度和能量密度的独立设计，使其具有丰富的应用场景。以全钒液流电池为例，其循环寿命长（可超过 200 000 次）、效率高（>80%）、安全性好、可模块化设计、功率密度高，适用于大中型储能场景。但碍于制造成本较高，液流电池目前还未得到大规模的应用，其中电解液与隔膜是左右成本的关键。

（4）铅酸电池历史最为悠久，发展至今制造工艺较为成熟、成本较低，能源转换效率为 70%～90%，适合改善电能质量、不间断电源和旋转备用等应用。铅酸电池缺点是不环保，且循环寿命低，仅 500～2 500 次。

(5) 钠硫电池理论能量密度高、充放电能效高、循环寿命长、原料成本低，电池运行温度保持在 300～350 ℃。如图 5-8 所示，中间的陶瓷隔膜为该电池的固体电解质，可传导钠离子，而电子则是流经外电路以构成电池回路。若陶瓷隔膜破碎导致钠和硫反应，释出大量热量容易造成事故，这也是制约钠硫电池发展的首要因素，因此较低温度或室温钠硫电池的研发是未来的研究方向。

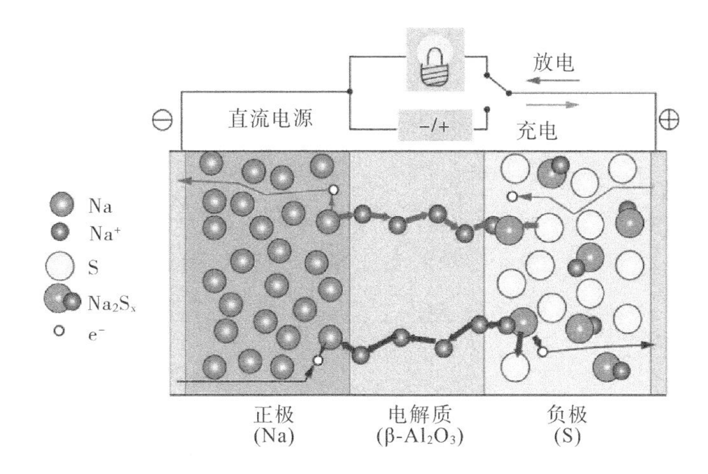

图 5-8　钠硫电池原理示意图

2.6　其他储能技术

除了上述介绍的几种储能技术，还有多种具有潜力的储能技术，均各有特点，能适用于不同场景。例如，热储能和氢储能为牵涉众多环节与技术的储能技术，是值得进一步研究探索的领域，可为储能开拓更多不同的可能性。然而，储热技术目前处于试验示范阶段，整体系统的成本过高，探索合适的存储模式、关键设备制造能力的提升、众多储热材料的选择，这几项是储热系统能否压低成本进而普及、商业化的关键要素。而储氢则为商业储能开辟了全新的模式，是以氢气取代电能作为二次能源，因此，该产业链牵涉范围更广，从制氢、储氢、输氢至用氢，各环节中的运作模式、关键技术发展、系统整合、成本与效率分析等，都还有待我们进一步探究。总而言之，尽管氢储能相当有潜力，但仍有较长的路要走。

第3章　常见储能技术分析与展望

3.1　储能技术比较

每种储能技术的优缺点、成本、发展情况不尽相同，表5-1、表5-2汇总了几种常见储能技术的特点和技术参数，尽管当中的数字并非绝对精确，但这些信息可供我们参考对比，并建立对各技术参数数量级的认知。例如，抽水蓄能、压缩空气储能与液态空气储能的额定功率相对较大，更适合大规模能源管理，其他储能技术的额定功率同样也可与前面储能技术分类部分相呼应，再配合放电损失和放电时间等信息，便可大致推断该技术适合的储能周期与应用场景。

表5-1　常见储能技术参数比较（一）

储能技术	额定功率（MW）	放电时间尺度	每日自放电率	适合储能周期	寿命（年）
抽水蓄能	100～5 000	小时	非常小	数小时—数月	40～60
压缩空气储能	5～300	小时	小	数小时—数月	20～40
液态空气储能	0.1～300	小时	0.5%～1%	数秒—数天	20～40
高温储热	0～60	小时	0.05%～1%	数分—数月	5～15
钠硫电池	0.05～8	秒—小时	0～20%	数秒—数小时	10～15
全钒液流电池	0.03～3	秒—小时	小	数小时—数月	5～10
斑马电池	0～0.3	秒—小时	0～15%	数秒—数小时	10～14
锌溴电池	0.05～2	秒—小时	小	数小时—数月	5～10
镍镉电池	0～40	秒—小时	0.2%～0.6%	数分—数天	10～20
铅酸电池	0～20	秒—小时	0.1%～0.3%	数分—数天	5～15
锂离子电池	0～0.1	分—小时	0.1%～0.3%	数分—数天	5～15
金属-空气电池	0～0.01	秒—小时	小	数小时—数月	—
超导磁储能	0.1～10	毫秒—秒	10%～15%	数分—数小时	20
飞轮储能	0～0.25	毫秒—分	100%	数秒—数分	0～15
超级电容	0～0.3	毫秒—分	20%～40%	数秒—数小时	20+

另外，可通过对比各储能技术的效率、功率密度和成本，分析各技术当前的经济性与可行性，并综合各技术其他优缺点进行比较以预测发展潜力与未来趋势。

表 5-2　常见储能技术参数比较（二）

储能技术	质量能量密度（W·h/kg）	质量功率密度（W/kg）	体积能量密度（W·h/L）	体积功率密度（W/L）	效率（%）	成本 1（美元/kW/h）	成本 2（美元/kW）	一次循环成本（美元/kW/h）
抽水蓄能	0.5～1.5	—	0.5～1.5	—	65～85	5～100	600～2 000	0.1～1.4
压缩空气储能	30～60	—	3～6	0.5～2	70～89	2～50	400～800	2～4
液态空气储能	150～250	10～30	120～200	—	40～50	3～30	200～300	2～4
高温储热	80～200	—	120～500	—	—	—	30～60	—
钠硫电池	150～240	150～230	150～250	—	70～90	250～500	150～3 000	8～20
全钒液流电池	10～30	—	16～33	—	60～85	150～1 000	175～1 500	5～80
斑马电池	100～120	150～200	150～180	220～300	85～90	100～200	150～300	5～10
锌溴电池	30～60	—	30～60	—	60～85	150～1 000	175～2 500	5～80
镍镉电池	50～75	150～300	60～150	—	72	800～1 500	500～1 500	20～100
铅酸电池	30～50	75～300	50～80	10～400	70～90	200～400	300～600	20～100
锂离子电池	75～200	150～315	200～500	—	85～89	500～2 500	175～4 000	15～100
金属-空气电池	150～3 000	—	500～10 000	—	＜50	10～60	100～250	—
超导磁储能	0.5～5	500～2 000	0.2～2.5	1 000～4 000	＞95	1 000～10 000	200～300	—
飞轮储能	10～30	400～1 500	20～80	1 000～2 000	＞80	1 000～5 000	250～350	3～25
超级电容	2～15	500～10 000	10～30	100 000＋	＜75 或＞95	300～2 000	100～300	

3.2　展望

储能技术可有效缓解可再生能源发电的间歇性和随机波动性问题，提高电能质量、强化电网的调配弹性与韧性。储能技术目前多元发展，在电源侧、电网、用户侧皆发挥作用。不同的储能技术有其各自的优缺点，并没有十全十美的储能技术，对于储能技术的选择，应针对应用场景或需求，一并考虑储能容量、功率、存储时间、效率、寿命及成本等因素，做出折中选择。各类储能技术是否能进一步发展，主要取决于该储能技术的规模等级、设备形态、技术水平、经济成本，而政策的推动以及价格机制的完善更是影响国内储能技术发展的重要因素。抽水蓄能目前在国内外皆是最为成熟的大容量储能技术，选址和初期投资问题可能影响其未来发展，而地下抽水蓄能或许是一种替代方案。其他大容量储能技术则多处于示范、研究阶段，有较多困难待克服。尽管新型储能备受期待，但技术成熟的抽水蓄能仍扮演举足轻重的角色，其作为电力系统的关键，是保证电力系统稳定运行，进而推动其他新型储能技术的发展。随着可再生能源、电动汽车以及氢经济等概念或领域的持续发展，都有助于扩展储能技术的应用规模与范围，进而促进对技术研究的投入以及扩大储能相关设备的制造规模。若能在保障市场机制和政策健全的前提下，提升核心技术和制造能力，降低储能应用成本，储能技术的普及便指日可待。

第 4 章 “共筑梦想 创赢未来”绿色产业创新创业大赛 2022 年度储能产业优秀项目

4.1 水系钠离子电池

4.1.1 项目简介

本项目开发的水系钠离子电池成本低廉，主要应用于对安全性要求较高的领域，如电网储能、风电光伏储能、家庭储能、公交系统以及电动自行车等。特点为有卓越的安全性，不易燃不易爆、不含危险和有毒的物质，容易回收和再利用（图 5-9）。

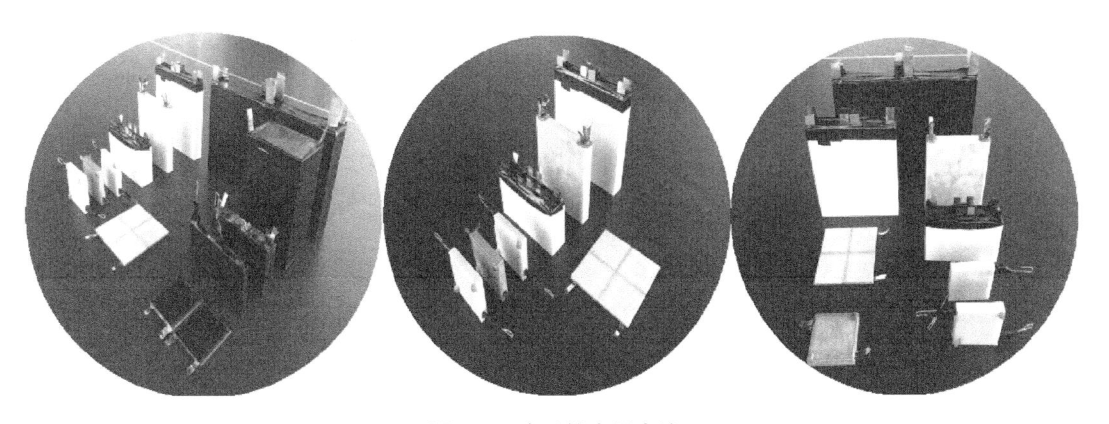

图 5-9 水系钠离子电池

4.1.2 竞争优势

水系钠离子电池材料分布广泛，成本低廉，具有大量介孔和微孔，能储存大量电荷，制备工艺简单，成本低，寿命长，循环 10 000 次后容量仍保持在 99%以上。特殊的微基多孔结构可以储存大量电荷，并使电荷“有序快速穿梭”，从而提升“续航能力”。水系钠离子电池无过放电性，它可以放电到 0 伏，质量能量密度最高可达 180 W·h/kg，可以和磷酸铁锂电池媲美，低成本优势完全可以替代铅酸电池。

4.2 手持储备应急电源

4.2.1 项目简介

手持储备应急电源产品基于金属电化学反应原理，通过独有的发明专利设计，可做到储存十年免维护，电量不衰减，少量加水瞬时发电，水体不限，不惧低温，安全环保（图 5-10）。

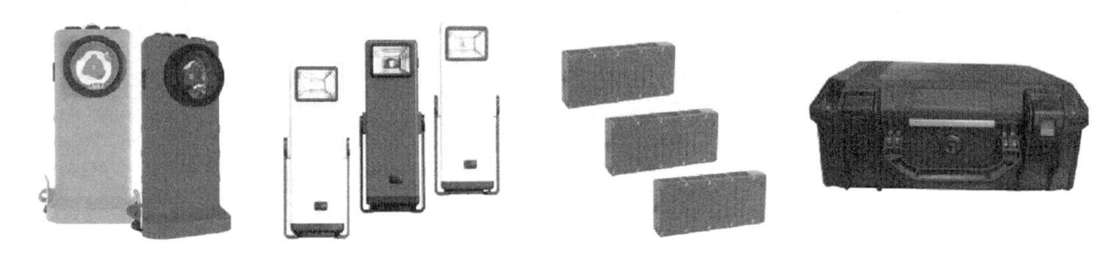

图 5-10 多功能储备应急灯、储备应急灯、发电宝、空投储备电源箱

4.2.2 竞争优势

手持储备应急电源的电芯突破了传统电池领域无法长期储存的技术瓶颈，解决了储备应急用电需求的技术难点，在性能指标上超过国外同类产品。项目目前已完成小规模工业化和国产化，正处于持续研发和产品销售阶段，产品技术主要应用于军方武器装备和单兵紧急供电，同时在民用应急、户外旅游、替代高污染干电池领域有巨大的发展空间和应用潜力。项目优势：(1) 储存十年以上无须充电维护，电量不衰减。(2) 加少量水，瞬时发电。(3) 对水体不挑剔，污水、果汁、防冻液、尿液都可以。(4) 适应－40～80 ℃温域以及海拔 4 000 m 高原。(5) 不燃不爆，安全环保。(6) 自主知识产权发明专利，性能优于国际同类产品。

4.3 高效传热技术及热管理系统

4.3.1 项目简介

高效传热技术核心为新型平板热管技术，为密闭空腔装置（空腔内壁面含有微结构），并充有液体。主要工作过程：液体在热端吸热蒸发形成蒸汽，蒸汽体积膨胀，以超音速的速度运动至冷端，然后迅速冷凝液化成液体，液体通过微结构作用回流至热端，重复循环。该技术的关键在于内壁面微结构强化气液相变（蒸发、冷凝）和液体回流。技术的核心是在密闭空腔内壁设计了独特的纳米涂层或微纳流体结构，可极大地增强蒸发和冷凝，并具有无与伦比的液体回流能力。以该技术加工的传热器件散热密度突破 107 W/m^2，具备快速响应、抗重力、长距离传热等优点，传热性能是铜的近 1 000 倍，石墨烯（目前最好的散热材料）的近 100 倍。

4.3.2 竞争优势

此技术可以运用于信息通信领域、能源领域、国防领域、交通运输领域，如高性能手机芯片散热、高功率芯片、新能源汽车、储能电池、激光器、太阳能、5G 等受温度因素影响核心器件性能、效率、精确度、安全和寿命的技术。

4.4 85 ℃螺杆式高温水汽能热泵的研发与应用

4.4.1 项目简介

85℃螺杆式高温水汽能热泵系统主要由水汽能提纯平台、水汽能热泵机组、水泵、管道、控制系统、传输系统等组成（图 5-11）。夏季水汽能提纯平台作冷却塔使用，将热量排到大气中从而达到制冷的目的；冬季水汽能提纯平台利用防冻液从空气中吸收水汽能，然后防冻液作为低温热源进入水汽能热泵机组，被富集提升为高温热源，供采暖使用，从而达到制热的目的。

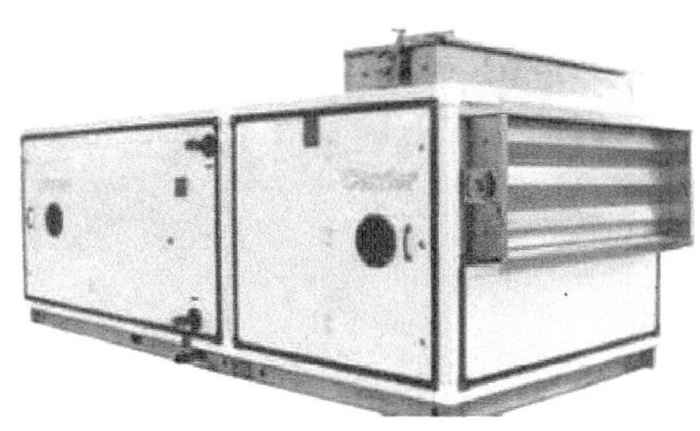

图 5-11 水汽能提纯平台、高温水汽能热泵机组、控制传输系统、用户端

4.4.2 竞争优势

水汽能热泵技术的成功应用解决了行业内其他一些产品技术无法克服的难点和痛点问题。水汽能热泵系统只需比同类产品更少的电力作为驱动能源，零排放、高能效，高度契合并强力助推国家“双碳”目标；水汽能热泵系统的技术特性尤其适合夏热冬冷地区使用，能效更优，可切实解决现实迫切需求问题；水汽能热泵系统可充分利用“削峰填谷”结合储能技术进行智慧智能管理，更节能、更经济。通过高温水汽能热泵系统生产的60～100 ℃的热水和蒸汽可广泛运用于各食品生产线，且可利用余热回收系统将使用过程中产生的废热进行回收，进一步提高系统节能率。生产热水与蒸汽所产生的冷量可用于中央空调与冷库使用，做到一机两用、能效最大化。分布式能源站是所有水汽能热泵系统的理想应用场景，规模化的应用可进一步减少能耗，并降低运行和维保成本。在分布式能源站中引入高温水汽能热泵系统可为用户提供生活热水、高温热水与消毒蒸汽，并可将产生的冷量运用于能源站的制冷。

4.5 低成本超薄金属复合双极板产业化项目

4.5.1 项目简介

低成本超薄金属复合双极板产业化项目采用的创新材料体系和工艺技术，合理地避开冲压金属双极板工艺路线，通过符合中国国情的成熟工艺制备超薄复合双极板的高导电复合层材料，并以之制备超薄复合双极板，通过优化流场结构进而改善流体传质，进而提高燃料电池电流密度，达到提高燃料电池堆功率密度的目的。

4.5.2 竞争优势

此技术采用丝网印刷技术在预镀层不锈钢板上制备，避开模具冲压工艺，极大地降低开发成本，缩短开发时间，极大地提高电堆体积功率密度。本项目制备工艺成熟，成本低，电堆性能优异，易量产，具有广阔的应用前景。此技术目前已完成燃料电池电瓶车、燃料电池备用电源、分布式发电站和叉车系统的系统设计，并开展推广应用。

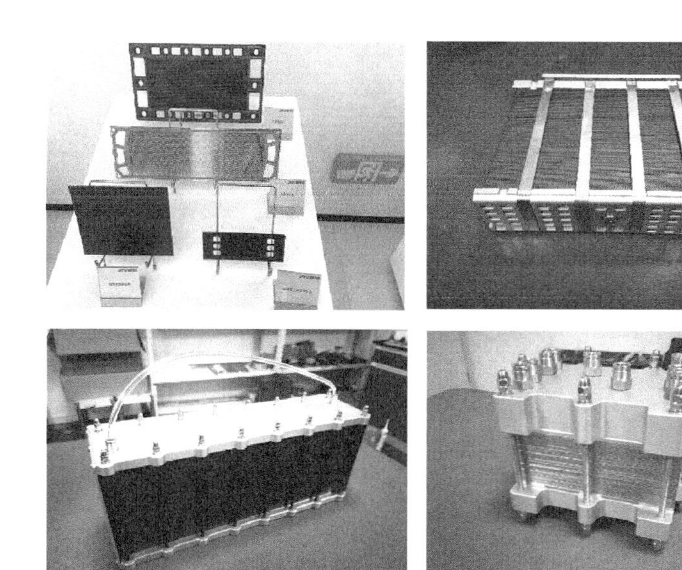

图5-12　石墨和金属双极板、大功率液冷式石墨双极板电堆、小功率空冷式石墨双极板电堆、大功率液冷超细流道金属双极板电堆

参考文献

[1] 王虎. “双碳”目标下储能技术的发展及应用 [J]. 电力与能源，2022，43(6)：469-471+506.

[2] 卢山，傅笑晨. 飞轮储能技术及其应用场景探讨 [J]. 中国重型装备，2022(4)：22-26.

[3] 杨于驰，张媛，莫堃. 新型储能技术发展与展望 [J]. 中国重型装备，2022(4)：27-32.

[4] 王富强，王汉斌，武明鑫，等. 压缩空气储能技术与发展 [J]. 水力发电，2022，48(11)：10-15.

[5] 李建林，田立亭，来小康. 能源互联网背景下的电力储能技术展望 [J]. 电力系统自动化，2015(23)：15-25.

[6] 傅昊，张毓颖，崔岩，等. 压缩空气储能技术研究进展 [J]. 科技导报，2016，34(23)：81-87.

[7] 艾欣，董春发. 储能技术在新能源电力系统中的研究综述 [J]. 现代电力，2015，32(5)：1-9.

[8] 罗星，王吉红，马钊. 储能技术综述及其在智能电网中的应用展望 [J]. 智能电网，2014，2(1)：7-12.

第6篇

绿色服务产业创新发展研究

第1章　绿色服务概述

《绿色产业指导目录（2019版）》（以下简称《目录》）是对绿色产业上、中、下游的全覆盖，从勘察服务、方案设计，到绿色产业设备生产、设施建设运营，再到项目运营管理、审计核查、技术认证及推广等各大方面，都进行了细致的划分。其首次将绿色服务纳入其中，这在以往的标准中是没有涉及的（表6-1）。以咨询服务为例，在绿色产业项目技术咨询服务中明确涵括了绿色咨询服务、环境投融资及风险评估服务、绿色产业人才培训等服务内容。在项目运营管理方面，《目录》也纳入了用能权交易服务、水权交易服务、碳排放权交易服务、可再生能源绿证交易服务。绿色服务的纳入将会极大推动绿色产业的发展。

表6-1　《绿色产业指导目录（2019版）》大纲

<table>
<tr><th colspan="2">《绿色产业指导目录（2019版）》对于绿色产业的界定</th></tr>
<tr><th>一级分类</th><th>二级分类</th></tr>
<tr><td>1　节能环保产业</td><td>1.1　高效节能装备制造
1.2　先进环保装备制造
1.3　资源循环利用装备制造
1.4　新能源汽车和绿色船舶制造
1.5　节能改造
1.6　污染治理
1.7　资源循环利用</td></tr>
<tr><td>2　清洁生产产业</td><td>2.1　产业园区绿色升级
2.2　无毒无害原料替代使用与危险废物治理
2.3　生产过程废气处理处置及资源化综合利用
2.4　生产过程节水和废水处理处置及资源化综合利用
2.5　生产过程废渣处理处置及资源化综合利用</td></tr>
<tr><td>3　清洁能源产业</td><td>3.1　新能源与清洁能源装备制造
3.2　清洁能源设施建设和运营
3.3　传统能源清洁高效利用
3.4　能源系统高效运行</td></tr>
<tr><td>4　生态环境产业</td><td>4.1　生态农业
4.2　生态保护
4.3　生态修复</td></tr>
</table>

续表

《绿色产业指导目录（2019版）》对于绿色产业的界定	
5　基础设施绿色升级	5.1　建筑节能与绿色建筑 5.2　绿色交通 5.3　环境基础设施 5.4　城镇能源基础设施 5.5　海绵城市 5.6　园林绿化
6　绿色服务	6.1　咨询服务 6.2　项目运营管理 6.3　项目评估审计核查 6.4　监测检测 6.5　技术产品认证和推广

资料来源：《绿色产业指导目录（2019版）》

关于绿色服务，相关概念包括“绿色服务”、服务业“绿色化”、服务业绿色转型等，以下从三个维度展开对绿色服务的理解。

一是指服务业发展过程的“绿色化”（简称服务业“绿色化”），即从生态环保的角度出发，利用新技术（包括网络技术），尽可能使服务业发展过程的载体、配件、方式等体现低碳节约的要求。

二是指服务于绿色发展（生产）的服务行业（简称绿色生产服务业），即服务业本身将有助于生产活动投入产出比率增加或是资源能源的消耗减少，从而获得服务价值回报的服务业，这一领域多体现为节能环保服务业。

三是指对绿色发展行为引导和鼓励的服务业（简称绿色引导服务业），即依托此类服务业的支持和引导，通过制度设计降低交易成本，使绿色环保理念得以有效落地。

国家发展改革委员会也要求进一步加强国际国内经验交流，推动建立《目录》同相关国际绿色标准之间的互认机制。还将联合各部门，在权限范围内对各地区和从事相关工作的协会、委员会、认证机构、企业等进行指导或检查。

第 2 章　绿色服务分类

2.1　咨询服务

绿色服务的咨询服务包括：

（1）绿色产业项目的勘察服务。如风能、太阳能、生物质能、地热能等可再生能源资源及其他绿色资源勘察服务，可再生能源等绿色资源经济利用潜力及绿色产业项目建设规模潜力评估等技术咨询服务。

（2）绿色产业项目方案的设计服务。如可再生能源、能效、污染防治、资源综合利用、温室气体减排等绿色产业项目设计，技术咨询服务，建设、运营管理，维护方案设计技术服务、绿色供应链管理、技术改造方案设计等技术咨询服务。

（3）绿色产业项目的技术咨询服务。如可再生能源、能效、污染防治、资源综合利用、温室气体减排等绿色产业项目的尽职调查、规划研究和编制、可行性研究和可行性研究报告编制、风险评估、后评价、绿色金融融资、人才培训等技术咨询服务。

（4）清洁生产审核服务。如对企业生产过程及其生产管理开展全面系统地调查和诊断，发现其原料使用、工艺流程、产品生产、污染物排放等方面的薄弱环节，并制定针对性清洁生产改造方案的技术咨询服务。

2.2　监测检测

绿色服务的监测检测服务包括：

（1）能源在线监测系统建设。如能源在线监测管理系统方案设计、硬件设备采购、计量和在线监测设备校准等技术服务以及系统软件开发、信息化平台建设，符合《用能单位能耗在线监测技术要求》（GB/T 38692—2020）等国家标准的要求。

（2）污染源监测。如污染源监测系统开发、污染源监测设备采购、污染源监测应用软件开发、数据库建设、污染物排放计量和监测设备校准等污染源监测相关服务。

（3）环境损害评估监测。如环境损害评估监测方案设计、环境损害鉴定评估、环境损害应急处置方案设计、环境损害法律咨询服务、环境损害保险服务等技术或法律咨询服务。

（4）环境影响评价监测。如水环境影响评价监测、大气环境影响评价监测、土壤环境影响评价监测、噪声与振动环境影响评价监测、环境损害应急处置方案设计、环境影响法律咨询等环境影响评价监测相关技术咨询服务。

（5）企业环境监测。如企业环境监测设备采购、环境监测服务、污染物监控人员培训等技术咨询服务，以及环境监测软件、硬件开发和数据库建设等信息化平台建设，均符合《产业园区循环经济信息化公共平台数据接口规范》（GB/T 36578—2018）等国家标准的要求。

（6）生态环境监测。如水、空气、土壤、固体废物、地下水、海洋、农业面源、辐射等生态环境监测，突发生态环境事件涉及的监测设计方案等技术服务，农业废弃物资源、土地资源、水资源监测，林业和草原碳汇监测，生态遥感监测，生物群落监测，生物多样性监测，水土保持监测等监测服务以及毒性试验服务等生态环境监测相关技术服务。

2.3 项目运营管理

绿色服务的项目运营管理包括：

（1）能源管理体系建设。如企事业单位能源管理体系管理咨询服务、能源管理体系工具软件开发、信息化平台建设、能源管理体系认证服务等管理咨询服务。能源管理体系建设应符合《能源管理体系 要求及使用指南》（GB/T 23331—2020）、《能源管理体系 实施指南》（GB/T 29456—2012）等国家标准的要求。

（2）合同能源管理服务。采用节能效益分享、能源费用托管、节能量保证、融资租赁等形式开展的节能技术改造服务，以及合同能源管理商业模式咨询、融资咨询等咨询服务，并符合《合同能源管理技术通则》（GB/T 24915—2020）等国家标准的要求。

（3）电力需求侧管理服务。为防止电能浪费，降低电耗、提高绿色电力生产与消费协同互动水平，促进电网对可再生能源电力消纳能力及电力用户可再生能源电力消费水平，以及通过电能替代实施大气环境治理和保护，向电力用户、电网企业提供节约用电技术改造服务，移峰填谷、需求侧响应等有序用电管理咨询服务，电能替代技术改造等。

（4）环境权益交易服务。

①用能权交易服务。包含用能权统计核算、用能权第三方审核、用能权交易法律咨询、节能方案咨询、用能权交易平台建设、用能权资产管理和运营、用能权金融质押等用能权交易相关服务。

②水权交易服务。包含水权交易可行性分析、水权交易参考价格核定、水权交易方案设计、水权交易法律咨询、水权交易技术咨询、水权交易平台建设等水权交易相关服务。

③排污许可及交易服务。包含排污许可证申请、审核，排污许可台账记录和执行报告，排污行为合规性审核或咨询，排污权交易法律咨询，排污权金融质押，以及排污权交易信息化平台建设等排污权许可及交易相关服务。

④碳排放权交易服务。包含碳排放和国家温室气体自愿减排交易有关数据统计核算、碳配额注册登记及变更、碳交易法律服务、碳减排方案咨询、碳金融、碳信息管理服务等碳排放权交易相关服务。碳排放核算应符合《温室气体排放核算与报告要求》（GB/T 32151—2015）等国家标准的要求，开展企业边界温室气体排放核算与报告活动。基于减排项目的温室气体减排量评估工作参照《基于项目的温室气体减排量评估技术规范 钢铁行业余能利用》（GB/T 33755—2017）、《基于项目的温室气体减排量评估技术规范 生产水泥熟料的原料替代项目》（GB/T 33756—2017）、《基于项目的温室气体减排量评估技术规范 通用要求》（GB/T 33760—2017）等国家标准的要求。

⑤可再生能源绿证交易服务。包含绿色电力证书认购交易、交易法律咨询服务、交易信息化平台建设等可再生能源绿证交易相关服务。

2.4　技术产品认证和推广

绿色服务的技术产品认证和推广包括：

（1）节能产品认证推广。包含计算机、复印机、显示器、碎纸机、服务器等办公商用电器产品，中小型三相异步电机等机电产品的节能认证和推广服务（含绿色标识产品）。

（2）低碳产品认证推广。包含产品生产和消费全生命周期内产品碳足迹评价、碳减排效益显著的工业产品、商用产品、民用产品的低碳产品认证和推广服务（含绿色标识产品），如水泥、玻璃等建材产品，电机、变压器、轮胎等机电产品的低碳产品认证和推广服务。

（3）节水产品认证推广。包含节水效益显著的工业、民用反渗透净水机、水嘴、淋浴器、水箱配件、洗衣机等节水产品的认证和推广服务（含绿色标识产品）。

（4）环境标志产品认证推广。包含低毒少害，节约资源、能源，符合特定环保要求的环境标志产品认证和推广服务（含绿色标识产品），如电子电器、建材、机械设备等产品的环境标志产品认证和推广服务。

（5）有机食品认证推广。包含产品及其生产环境符合有效期内《有机产品》

（GB/T 19630—2005）等国家标准要求的农产品有机食品认证和推广服务（含绿色标识产品）。如蔬菜、水果等种植业产品，食用菌、野生植物产品，水产品、畜禽养殖产品等，以及动物饲料等产品的有机产品认证和推广服务。

（6）绿色食品认证推广。包含产品或产品原料产地符合有效期内绿色食品相关生态环境标准，加工生产过程符合绿色食品相关生产操作规程，产品符合绿色食品相关质量和卫生标准等绿色食品认证和推广服务。如蔬菜、水果、肉及肉制品等食品的绿色食品认证和推广服务。

（7）资源综合利用产品认定推广。包含列入《国家工业固体废物资源综合利用产品目录》产品的资源综合利用产品认定和推广服务，以及纳入有效期内《再制造产品目录》的再制造产品的认定和推广服务。

（8）绿色建材认证推广。包含符合有效期内国家、行业、地方绿色建材评价相关政策、标准、规范要求的节能玻璃、薄型瓷砖、砌体材料等绿色建材的认证和推广服务。

2.5 项目评估审计核查

绿色服务的项目评估审计核查包括：

（1）节能评估和能源审计。包含用能单位能源效率评估、节能改造方案设计技术咨询服务以及第三方能源审计、节能量评估、能源审计培训、固定资产投资项目节能报告编制服务等节能评估和能源审计相关服务，并符合《用能单位节能量计算方法》（GB/T 13234—2018）、《节能量测量和验证技术通则》（GB/T 28750—2012）、《能源审计技术通则》（GB/T 17166—2019）等国家标准的要求。

（2）环境影响评价。包含环境影响综合评估、环境影响解决方案设计、环境影响法律咨询、环境影响数据库建设等环境影响评价相关技术服务，环境影响技术评估，生态保护红线、环境质量底线、资源利用上限和环境准入负面清单编制，以及建设项目、行政区域、工业园区等环境风险评估、环境应急控制方案编制、环境应急预案制定等资讯技术服务。

（3）碳排放核查。包含碳排放第三方核查、碳排放核查人员培训、碳排放核查数据库建设、碳排放核查结果抽查校核服务等碳排放核查相关技术服务。

（4）地质危害危险性评估。包含塌崩、滑坡、泥石流、地面塌陷、地裂缝、地面沉降等地质灾害危险性评价，灾害区易损性评价，地质灾害破坏损失评价等地质危害危险性评估相关技术咨询服务。

（5）水土保持评估。包含建设项目水土保持方案编制、监测评估等技术服务，水土保持设施验收、第三方评估，水土保持信息化监管，水土保持法律咨询等水土保持评估相关技术服务。

第3章　欧盟绿色服务发展

在绿色转型方面，欧盟是全球公认的先行者和引领者。经过几十年的努力，欧盟推进绿色转型由“被动应对”逐步发展为“主动引领”，形成了一套全面系统的绿色转型模式，其主要内容包括：立法与政策引导；技术创新与碳排放交易体系驱动；绿色金融体系支撑；规则标准的统一与对外推广等。

3.1　政策转型

欧盟特别重视通过立法和出台框架性政策引导绿色转型。欧盟的绿色转型始于20世纪70年代，经过几十年的发展，其环境政策与立法日臻完善。总体而言，欧盟的环境立法与政策有两个突出特点：其一，政策重点从事后治理逐步转向事前预防，着力点由污染控制为主转向积极主动的生态保护；其二，在理念和实践上强调将环境保护要求纳入欧洲共同体其他政策的制定和执行中。在环境立法与政策的推动下，欧盟逐步形成了以节能环保和发展可再生能源为核心内容的绿色转型模式，并通过整体发展战略和能源气候战略陆续提出了一系列转型目标。欧盟基于立法和框架性政策出台的大量条例和指令持续转化为成员国立法，有力推动了成员国绿色转型政策与实践的趋同，起到引领欧盟整体绿色转型的关键作用。

3.2　碳排放交易

技术创新与碳排放交易体系是欧盟推进绿色转型的两大驱动力。欧盟碳排放交易体系（EUETS）于2005年正式启动。欧盟委员会根据《京都议定书》的减排目标和欧盟内部减排量分担协议确定各成员国的二氧化碳排放量，再由各成员国根据国家分配计划将排放配额分配给国内企业。如果这些企业通过技术改造实现大幅减排，可将剩余排放权转卖给其他企业。这种交易体系对买卖双方都有激励作用，比单纯依靠罚款更有助于鼓励企业通过技术改造进行节能减排，也能间接促进可再生能源的开发与应用。该体系自实施以来一直是世界上参与国家最多、规模最大、发展最成熟的碳排放权交易系统，虽然也不断暴露出碳排放配额供需不匹配、企业碳排放数据难以核实等问题，但是不可否认，它的确是具有全球引领意义的制度创新。

3.3 绿色金融体系

欧盟绿色转型取得显著成绩离不开绿色金融体系的支撑。欧盟是绿色金融实践的先行者。首先，欧盟层面逐步形成了发展绿色金融的系统性政策框架。值得注意的是，欧盟提出的是比“绿色金融”外延更广的“可持续金融”概念。绿色金融主要聚焦于气候与环境领域，而可持续金融除了考虑环境可持续性，还关注社会、经济和治理的可持续性。2018 年 3 月，欧盟委员会发布的“为可持续增长融资的行动计划”制定了欧盟可持续金融发展的路线图。其次，为应对绿色投资项目的环境正外部性难以内部化、大多存在风险高或风险被高估的情况，以及绿色投资项目与资金来源的期限不匹配等难题，欧盟及其成员国通过政策性银行（如欧洲投资银行、德国复兴信贷银行等）为绿色投资项目提供担保、低息贷款、示范性投资和股权投资等支持措施，进而带动更多私人部门投资。最后，将气候与环境风险纳入金融监管体系，同时为绿色债券和其他可持续资产建立欧洲统一标准，引导整个金融体系朝支持可持续发展转型。2019 年 6 月，欧盟委员会可持续金融技术专家组连续发布《欧盟可持续金融分类方案》、《欧盟绿色债券标准》和《自愿性低碳基准》三份报告，为欧盟建立完善统一的可持续金融标准体系打下了基础。

3.4 市场规则

制定适用于欧洲大市场的规则和标准并将之对外推广是欧盟推进绿色转型的重要努力方向，也是塑造欧洲“软实力”的典型做法之一。欧盟层面一直重视制定适用于欧洲大市场的统一的经济规则与技术标准，这一点在推动绿色转型方面表现得尤其突出。例如，在汽车尾气排放方面，欧盟层面自 1992 年起开始制定统一标准以取代成员国各自为政的状况。值得关注的是，欧盟特别重视参与和引领国际环境与气候行动。通过多边与双边途径对外推广欧盟内部规则与标准成为欧盟扩大自身影响力的重要抓手。多年来，欧盟的诸多绿色规则与标准都已成为事实上的国际规则与标准，如欧标汽车尾气排放标准已被广大发展中国家沿用或借鉴，欧盟碳排放交易体系的规则也成为不少国家设计碳市场的重要参考。此外，欧盟还力争在制定绿色金融的国际标准方面发挥主导作用。

总之，通过以上举措“多管齐下”，欧盟推进绿色转型的成效显著。欧洲企业也凭借“先行一步”的优势和欧盟对外推广规则与标准带来的便利条件，将最初来自绿色转型的被动的成本压力逐步转化为自觉的创新动力，并且在技术水平、产品质量、企业ESG（环境、社会、治理）综合管理等方面都走在了世界前列。可以说，未来欧盟进一步推进绿色转型既拥有丰富的治理经验，也具备了相对坚实的民意与技术基础。

第4章　我国绿色服务发展

4.1　发展现状

进入21世纪以来，人们对于发展绿色产业的意识得到提升的同时，环保科技不断进步，专利技术不断增多，以及空气、水和土壤污染研究的不断深化，使得中国绿色产业的竞争力不断增强。虽然在当前的情况下，中国绿色产业的国际认证水平仍偏低，但近年来已经呈现出明显的上升趋势。随着中国国家相关政策的持续增多，执法力度的不断强化，目前中国的外来污染已经得到一定程度的控制，本土绿色产业得到迅速发展。

国家政策一直以来都是把控绿色产业发展方向的重要环节。随着中国对于绿色产业关注度的持续高涨，中国相继修订或颁布了环境信用制度、环保综合名录及应用、环境财政政策、绿色税费政策、绿色信贷政策、环境污染责任保险政策、绿色证券政策、绿色价格政策、环境贸易政策、绿色采购政策、生态补偿政策、排污权交易政策以及其他环境经济政策来规划引导以及促进绿色产业的发展。

在此基础上，各研究机构及学者对绿色产业发展现状的关注度持续上升，纷纷采用了不同的方法构建自己的评价体系，以便对其发展进行分析研究。表6-2总结了近年来相关评价体系的指标名称、指标含义及发布机构。

表6-2　中国绿色产业评价体系相关研究

指标名称	指标含义	发布机构
中国绿色发展指数	否定黑色发展，判断经济绿色发展的程度与进度	中国科学院可持续发展战略研究组
区域产业绿色发展指数评价指标体系	对区域绿色产业运行现状进行评价，监测绿色产业系统状态的变化趋势	天津工业大学
绿色产业评价指标体系	从绿色生产、绿色消费、绿色环境三个方面评价绿色产业	大连理工大学工商管理学院
绿色产业竞争力评价体系	区域绿色产业的竞争力水平	中国石油大学（华东）
中国省级绿色经济指标体系	测度、评估和指导绿色经济发展	中国国际经济交流中心与世界自然基金会

续表

指标名称	指标含义	发布机构
绿色产业景气指数（GICI）	反映中国绿色行业景气现状、发展特征及变化趋势	中央财经大学

不同的学者或研究机构通过不同的方法，对中国区域性或整体性的绿色产业发展态势进行了详尽地分析和评价，且都认为目前中国绿色产业发展态势良好，已经得到了迅速的发展扩大。

4.2　绿色服务产业的发展预期

4.2.1　国家战略定位产业发展方向

国际上一系列的绿色产业发展经验表明，发展绿色产业，必须加强宏观调控，需要各级政府加大支持力度并做出相应安排，形成有利于绿色转型的体制机制、政策导向以及金融服务体系。《国家环境保护“十三五”科技发展规划纲要》中指出，当前，中国经济社会呈现出从高速增长转为中高速增长的态势。环境承载能力已达到或接近上限，环境保护面临着诸多挑战。与此同时，世界经济正在经历深度调整，国内高污染、高消耗、低附加值产业仍占很大比重，传统发展模式和路径转型难度大。另一方面，中国已进入环境高风险期，区域性、布局性、结构性环境风险更加突出，环境事故呈高发频发态势，守住环境安全底线的任务尤为艰巨。

在“十二五”规划已经取得重大进展的前提下，中国将进一步加大对于环境科学技术开发的投入，进一步促进科技进步，强化环保应用基础研究，强化关键技术创新开发，支撑环境管理改革，开展环保技术集成示范，开展创新平台建设。而这一系列相关措施的实施，少不了绿色产业的全程参与。

4.2.2　绿色金融促进产业加速发展

绿色金融对于绿色产业发展的支持主要是以发放绿色信贷、绿色股权与绿色债券，推进绿色保险以及发展碳市场几个方面来予以重点支持。2016年，中国七部委联合发布的《关于构建绿色金融体系的指导意见》，释放了中国开展绿色投融资的重要政策信号，开启了全面支持绿色产业发展的新局面。这一政策信号的释放，有助于绿色企业和绿色投资者获得“声誉效应”，有助于推动绿色投资，进而推动绿色产业的发展。

以绿色债券为例，依据东方金诚的统计数据显示，2017年上半年，中国境内绿色债券累计发行34只，发行规模677.9亿元，发行数量、规模较去年同期分别增长

278%和 28%。除绿色债券之外，在基础设施领域，中国也通过绿色金融来全面支持相关绿色企业的发展。仅以相关“PPP”政策为例进行分析，表 6-3 所示为 2016 年明确指出促进绿色产业领域政府资本与社会资本合作的相关政策。

仅在 2016 年，中国明确指出促进绿色产业领域政府资本与社会资本深入合作的相关政策就有 5 条，且其支持的力度逐步加大。绿色产业作为一个新兴产业，产业内部存在大量的民间企业，企业规模多以中小企业为主，在该系列政策的指引下，中国进一步拓宽民间资本准入原则，势必带来绿色产业的蓬勃发展。

表 6-3 绿色产业领域“PPP”相关政策

颁布时间	颁布部门	政策名称	备注
2016-6-27	财政部、环保部	《关于申报水污染防治领域 PPP 推介项目的通知》	
2016-8-10	国家发改委	《关于切实做好传统基础设施领域政府和社会资本合作有关工作的通知》	能源、交通运输、水利、环境保护、农业、林业以及重大市政工程等基础设施领域政府和社会资本合作（PPP）
2016-10-11	财政部	《关于在公共服务领域深入推进政府和社会资本合作工作的通知》	在垃圾处理、污水处理等公共服务领域，各地新建项目要“强制”应用 PPP 模式
2016-10-20	财政部	《政府和社会资本合作项目财政管理暂行办法》	适用于中华人民共和国境内能源、交通运输、市政公用、农业、林业、水利、环境保护、保障性安居工程、教育、科技、文化、体育、医疗卫生、养老、旅游等公共服务领域开展的各类 PPP 项目
2016-10-24	国家发改委	《传统基础设施领域实施政府和社会资本合作项目工作导则》	适用于在能源、交通运输、水利、环境保护、农业、林业以及重大市政工程等传统基础设施领域采用 PPP 模式的项目

基于以上分析可以预测，在未来的一段时间内，中国将进一步加强对于绿色投融资的引导，进一步加强对于绿色产业发展的支持力度。中国势必出台一系列绿色金融政策，以更好地促进其经济的绿色发展。在已经克服专业技术难题的前提下，中国绿色产业的发展势必迎来新一轮的发展热潮。

第 5 章　绿色服务行业未来前景

当前，我国正处于推进绿色转型的关键期。2021 年 9 月，《中共中央 国务院关于完整准确全面贯彻新发展理念做好碳达峰碳中和工作的意见》发布；10 月，《2030 年前碳达峰行动方案》发布。这两个文件进一步明确了全社会的“减碳”目标，确定了宏观层面的工作原则，并且对各行业、各地区“减碳”工作做了初步部署。为更好地落实上述两个文件内容，加快推进我国绿色转型，可从欧盟的发展经验中获得一些启示与借鉴。

加强立法和框架性政策引导，将“可持续性发展”融入所有政策的制定与执行中。欧盟自 1980 年代起至今，始终强调将环境保护和可持续性融入所有政策的制定与执行当中，并且特别重视通过立法和各类框架性政策确保其贯彻。这种做法对于培育政府部门、产业界和民众的绿色发展理念十分重要。我国在《2030 年前碳达峰行动方案》中提出，“将碳达峰贯穿于经济社会发展全过程和各方面”，未来各地区、部门、行业、领域应当积极通过立法和框架性政策确保将“可持续发展”作为制定发展规划的优先项，最大限度地促进各项经济社会目标与可持续发展目标的协同，培育全社会的绿色发展理念。

加快发展与完善全国碳交易市场，逐步将一些高碳排放行业纳入其中。我国全国碳交易市场刚刚起步，未来应当更深入研究和合理借鉴欧盟等成熟经济体的碳排放交易体系建设经验，加速出台相关法律法规，完善相关行业的碳排放监测、审查、核算、信息披露要求。目前，全国碳交易市场仅涵盖电力行业，未来应适时扩大覆盖范围，尤其是将欧盟碳边境调节机制拟覆盖的水泥、电力、化肥、钢铁和铝等高碳排放行业纳入其中，便于通过双边协议等方式推动我国全国碳市场与欧盟碳市场兼容对接，增加可在欧盟进行碳价抵扣的产品范围，减少我国企业对欧出口的不确定性，为我国各行业参与国际碳市场创造条件。

大力促进绿色投融资，加快构建与完善绿色金融体系。近几年，我国绿色金融发展较快，在诸多方面逐渐跻身全球引领者行列，但在绿色金融体系构建方面，欧盟仍有不少经验值得我们参考。例如，2020 年，我国成立了国家绿色发展基金，未来该基金要更好地发挥绿色金融体系的“龙头”作用，充分带动私人部门绿色投融资活动，欧洲投资银行和德国复兴信贷银行等欧盟政策性银行的绿色金融实践值得参考。我国还可借鉴欧盟经验，将气候与环境风险纳入金融监管体系，逐步建立和完善符合我国国情且与国际接轨的统一的绿色金融/可持续金融标准体系。

深度参与全球绿色治理与绿色转型合作。当前欧盟正在推进的碳边境调节机制立法表明，“绿色”或将成为新的贸易投资壁垒。作为最大的发展中国家，我国应在加快自身绿色转型的同时主动参与全球绿色治理体系建设，坚持公平原则、“共同但有区别的责任”原则和各自能力原则，积极联合发展中国家在 WTO 绿色贸易规则制定中维护自身正当权益。此外，还应与欧盟积极开展绿色经贸、技术与金融合作，将“中欧绿色伙伴”做实做强。中欧加强对话与合作，有助于兼顾不同发展阶段国家的差异与诉求，为构建发达国家与发展中国家都能接受的公平、合理、有效的全球绿色发展规则和标准体系做出贡献。

第6章　"共筑梦想　创赢未来"绿色产业创新创业大赛2022年度绿色服务产业优秀项目

6.1　海洋渔业碳汇项目

6.1.1　项目简介

随着全国碳交易市场及各个地方试点碳交易市场正式开启运行，碳汇项目的开发类型逐渐丰富多样，而相关的碳金融产品也正为市场注入活力。由于发展渔业碳汇的主体多为非投饵型滤食性贝类及海藻，在生长阶段能有效吸收水体内的有机物质，对于近海生态环境的保护有正面作用；同时，每吨贝类的年固碳能力约为0.15吨、藻类年固碳能力约为0.3吨，与部分林地每亩的年固碳能力相当，有着极大的开发价值。

本项目主要包括以下内容：

(1) 结合已有的养殖渔业水域水质和生态因素监测，推广开展渔业碳汇量监测，研发贝类碳含量便携监测仪器，随时量化养殖渔业固碳量。

(2) 编写结合地方实际情况的渔业碳汇计算方法学，并计算实际固碳量，打通渔业碳汇进入碳市场的通道。牵线政府端与金融机构，为地方财政注入全新的绿色活力。

(3) 计算渔业产品碳足迹并完成认证，打造具有"零碳""负碳"等生态产品品牌，增加地方企业的差异性及自身特色，增加市场认可度。

(4) 规划进一步增加渔业固碳能力的路径，结合地方生态保护政策，规避可能存在的风险，从而实现可持续发展。

6.1.2　竞争优势

(1) 团队实力雄厚

团队拥有曾主持开发CDM项目、CCER项目的专业技术人员，已完成企业温室气体排放清单编制项目，能够独立出具产品碳足迹报告，且拥有自主研发标准及方法学的人才配备。

（2）渔业碳汇市场前景广阔

2022年5月19日，全国首例双壳贝类海洋渔业碳汇交易落地福建莆田，交易的碳汇量达10 840吨，金额超过20万元。相较于林业碳汇的开发周期长、计算程序复杂等特点，渔业碳汇具有易于获取数据、计算方法明晰、开发周期与养殖周期相匹配等优势，且尚待开发的市场巨大。

（3）助力企业发展

随着地方碳市场及碳普惠的发展，渔业碳汇项目能够被众多平台接纳并进行交易，且地方企业取得专业的固碳量核算报告后，能够以更低的利率向金融机构申请绿色贷款，从而为企业发展提供助力。

6.2 环保与双碳管理数据平台项目

6.2.1 项目简介

本项目平台采用“物联网＋大数据＋云计算＋人工智能＋5G技术”相结合，开启物联产品连接的升维，打破产品边界，实现在线协同。平台将全局数据拉通，为政府能耗监控和双碳管理提供大数据监测及分析服务；为工业园区等重要用户提供能耗监测预警。提供企业能源利用状况报告收集审核功能，对全面掌握企业能耗状况，强化节能监管，促进企业提高能效具有重要意义。通过地图等多种可视化形式展示相应区域能源生产消费情况、能流图、碳流图等。实时监控重点用能单位、主要涉碳单位的能源消费情况以及碳排放在线核算情况。提供碳核查、碳盘查、碳足迹、碳标签、碳考核、碳交易服务支撑、“两高”项目管理等碳排放管理业务支撑功能。

针对国家政策要求及市场在建设零碳园区方面的重大需求，本项目通过信息化手段，结合当前物联网技术，通过硬件监测终端以及大数据监管平台，可全面感知园区内重点风险源，对园区当前环境态势进行主动预警，有效把控风险脉络，实现环境风险情况数据化、可视化，一改传统环境风险预警依靠人工发现的被动预警方式，化被动为主动，有效指导第三方治理公司对重点污染源开展治理工作。

6.2.2 竞争优势

本项目综合碳监测、碳核算及行业大数据，实现碳排放数据的数字化，精准分析碳排放的时空变化特征、排放来源构成和减排增汇潜力。

产品除基础功能外，通过对各排放场景、减排场景的平台应用及多平台数据共享交换、收集排放相关数据，建立智多兴碳排放数据库，形成数据服务基础，并在此基础上，通过平台智慧化、数字化的管理，将大数据与人工智能深度融合，形成数据共享交换的碳排放数字大脑。碳排放数字大脑的数据可连接碳交易市场，确保排放数据真实准确，同时保障数据安全。

项目团队拥有成熟的碳监测技术，积极参与到重点城市的监测试点中，有10个左右的城市案例，产品和服务在全国多个城市得到深度应用，通过碳、大气等生态多环境要素监测监管技术的综合应用，为客户提供全方位综合解决方案，有效发挥技术协同优势，初步巩固了行业地位，起到了良好的示范效应，拥有一定的品牌知名度。

项目团队参与研讨及起草《企业ESG披露指南》（T/CERDS 2—2022)、《固定反射式激光气体遥测仪》、《固定扫描式激光气体遥测仪》、《车载式激光巡检系统》、《无源光纤激光泄漏监测系统》等团体标准，同时正在研发林业及海洋碳汇相关的方法学。

6.3　无线无源绿色节能建筑AIoT智控系统

6.3.1　项目简介

无线无源绿色节能建筑AIoT智控系统提供涉及但不限于智能家居、智慧小区、智慧社区、智慧园区、智慧街区、智慧酒店、智慧公寓、智慧楼宇、智慧办公、智慧农业、智慧养老、智慧军营、古建筑古寺庙等领域的集成综合智能解决方案服务。此技术支持多终端，包括Andriod、IOS、PC、语音、场景面板，使用非常方便，安装调试简单，易于远程运维。所有的无线开关、传感器等设备都不需要电池和电源机械能、光能、温差能的能量采集技术来获取周围环境的能量。

6.3.2　竞争优势

此技术包括100多种自有知识产权的通信模组、硬件终端、控制主机等硬件产品，以及设备操控系统、云端管理平台、云端远程运维服务等软件产品。AIoT平台基于开放性、兼容性设计，可以兼容接入市面上90%以上的智慧家居、园区等相关种类设备，包括Savant、CRESTRON、BOSCH、Honeywell等，并与阿里云IoT生态、腾讯云IoT生态、涂鸦IoT生态、华为鲲鹏IoT生态、海尔、小米等平台全面兼容合作。可以个性化定制输出全屋智能家居一站式整装方案，各类园区、社区小区智慧化等解决方案。无线无源系统相比传统无线和有线系统在智慧建筑中有显著优势，可大幅节约材料、人工、时间成本，不用凿墙、不用挖孔、不用埋线、不用避水。

6.4 综合能源管理及低碳路径研究

6.4.1 项目简介

本项目将城市轨道交通日常运营和设备管理结合起来，从节能管理和碳管理两个角度去优化设备设计选型、工艺需求、场景需求以及从能源供给侧来引入微网绿色新能源，从而实现城市轨道交通节能减排的综合能源管理及碳管理。研究轨道交通碳减排核定方法，建立自动能耗计量与碳排放监测平台，开发 CCER 方法学并获取相应碳资产。抓住碳排放交易机遇，可以化被动为主动，让“双碳”成为城市轨道交通发展的助推器，通过行业发展引导政策制定，积极争取碳配额，参与碳交易实现能源资产化、能源金融化，助力轨道交通发展新的业务增长点。

6.4.2 竞争优势

目前，国内还没有成熟的轨道交通碳减排核定方法，且缺少地铁相关的详细能耗数据和碳排放核算数据。深圳地铁能耗计量与碳排放监测平台的开发可以填补相关空白，起到示范作用，未来可在全国各城市地铁行业推广。

6.5 中科 NEAP 生态环境监测与综合应用平台

6.5.1 项目简介

中科 NEAP 生态环境监测与综合应用平台是建立在中科深度自有知识产权的核心技术上，面向生态数据的云平台，以中科智能传感器为数据采集传输通道，建立在 NEAP 云下，有围绕各个生态相关单位环境和生物多样性的大数据收集及分析的母平台，以及服务基于 NEAP 云下的珍稀动植物数据、环境安全等各个信息子平台，为环保、国家公园、自然保护区、城市生态湿地、生态园区等相关区域的数字化建设提供云平台的基础服务，实现区域基础生态环境及图像大数据的实时数字化采集和预警分析，并立足生态资源地的基础保护工作需求，提供全面的智能一体化解决方案。

6.5.2 竞争优势

本项目研发的“基于云技术信号控制”“基于神经网络自组技术”“基于低功耗的野外供电技术”全面地解决了生态行业的通信难、供电差、数据少、人工短缺等几十年以来一直未解决的根本问题。自主产权的 NEAP 云平台将打造生态环境与生物多样性保护领域的创新应用，同时生态一体化解决方案解决了行业跨界幅度大、创新应用稀缺的问题。

参考文献

[1] 蔡宗朝，夏征. 绿色金融服务经济高质量发展的机理与路径研究 [J]. 环境保护与循环经济，2019，39(4)：78-81.

[2] 马骏，安国俊，刘嘉龙. 构建支持绿色技术创新的金融服务体系 [J]. 金融理论与实践，2020(5)：1-8.

[3] 贺丹，唐娅华，胡绪华. 绿色服务产业政策对中国低碳经济增长的影响 [J]. 资源科学，2022(4)：730-743.

[4] 胡子祥. 论绿色服务 [J]. 西南交通大学学报（社会科学版），2004，5(2)：64-67.

[5] 何潇. 加快我国绿色产业发展探析 [J]. 吉首大学学报（社会科学版），2008，29(5)：150-154.

[6] 安伟. 绿色金融的内涵、机理和实践初探 [J]. 经济经纬，2008(5)：156-158.

>> 第7篇

新材料产业创新发展研究

第1章 概述

材料是人类社会的基本组成要素和关键性资源，伴随着社会生产模式的发展而发展。材料工业作为我国七大战略性新兴产业、“中国制造 2025”重点发展的十大领域和科创板六大领域之一，是我国重要的战略性新兴产业，也是制造强国和国防工业发展的关键保障。新材料由于其技术密集性高、研发投入高、产品附加值高、国际性强、应用范围广等特点，已逐渐成为衡量一个国家国力与科技发展水平的重要指标。

新材料的定义于 20 世纪 90 年代被首次提出，并于 21 世纪初期开始逐渐成熟并广泛使用。在科技部 2004 年出版的《新材料及新材料产业界定标准》中，首次将新材料定义为新出现或正在发展中的具有传统材料所不具备的优异性能的材料；高新技术发展需要，具有特殊性能的材料；由于采用新技术（工艺、装备），使材料性能比原有性能有明显提高，或出现新的功能的材料。国务院《新材料产业“十二五”发展规划》中进一步将新材料定义为新出现的具有优异性能和特殊功能的材料，或是传统材料改进后性能明显提高和产生新功能的材料，其范围随着经济发展、科技进步、产业升级不断发生变化。党的十八大以来，我国以前所未有的力度抓生态文明建设，绿色发展的理念逐步深入人心，绿色产业成为国民经济绿色发展的产业支撑。新材料与节能环保、清洁生产等绿色产业的联系日益密切，新材料正在为绿色产业发展提供重要支撑，社会对新材料的需求逐渐呈现出多样化的趋势。

第2章　国内外新材料产业发展现状及趋势

2.1　国际新材料产业发展现状

长期以来，各国政府通过制定与新材料领域相适应的行业发展及战略规划，出台激励与扶持政策，从技术研发、市场竞争、产业环境等维度不断增强对新材料产业的宏观引导，新材料产业得以在全球范围内高速发展。

美国于2009年、2011年和2015年三度发布《国家创新战略》，其中清洁能源、生物技术、纳米技术、空间技术、健康医疗等优先发展领域均涉及新材料。德国政府发布了《创意、创新、繁荣：德国高技术2020战略》，其中“工业4.0”是十大未来项目中最为引人注目的课题之一。2013年，英国推出《英国工业2050》，重点支持建设新能源、智能系统和材料化学等创新中心。日本于2010年发布了《新增长战略》和《信息技术发展计划》。

随着新一轮科技革命和产业变革深度重构，全球竞争格局加快演变，新材料产业已成为诸多国家重点投入的高新技术产业之一。从产业分布格局看，当前全球新材料产业已形成三级竞争梯队格局。第一梯队是美国、日本、欧洲等发达国家和地区，在核心技术、研发能力、市场占有率等方面占据绝对优势；第二梯队是中国、俄罗斯等国，新材料产业发展迅速；第三梯队则是巴西等国，新材料产业已具备一定基础，发展潜力巨大。

在全球化趋势日益加快的背景下，新材料产业呈现以下主要特点和趋势。

1. 绿色化、低碳化、智能化成为新材料发展新趋势

以新能源为代表的新兴产业崛起，引起电力、建筑、汽车、通信等多个产业发生重大变革，拉动上游产业（如风机制造、光伏组件、多晶硅等）一系列制造业和资源加工业的发展，促进节能建筑和光伏发电建筑的发展。欧美等发达国家已经通过立法要求必须或鼓励使用低辐射（Low-e）等节能玻璃，目前欧洲80%的中空玻璃为Low-e玻璃，美国Low-e中空玻璃普及率达82%。功能材料向微型化、多功能化、模块集成化、智能化等方向发展以提升材料的性能；纳米技术与先进制造技术的融合将产生体积更小、集成度更高、更加智能化、功能更优异的产品。短流程、少污染、低能耗、绿色化生产制造，节约资源以及材料回收循环再利用，是新材料产业满

足经济社会可持续发展的必然选择。

2. 跨国集团在新材料产业中仍占据主导地位

信越、SUMCO、Siltronic、SunEdison 等企业占据国际半导体硅材料市场份额的 80 % 以上。半绝缘砷化镓市场 90 %以上被日本的日立电工、住友电工、三菱化学和德国 FCM 所占有。Dow Chemical 公司、GE 公司、Wacker 公司和 Rhone-Poulenc 公司及日本一些公司基本控制了全球有机硅材料市场。Du Pont、Daikin、Hoechst、3M、Ausimont、ATO 和 ICI 等 7 家公司拥有全球 90%的有机氟材料生产能力。美国科锐（Cree）公司的碳化硅衬底制备技术具有很强的市场竞争力，飞利浦(Philips）控股的美国 Lumileds 公司的功率型白光 LED 国际领先，美、日、德等国企业拥有 70 % LED 外延生长和芯片制备核心专利。小丝束碳纤维的制造基本被日本的东丽纤维公司、东邦公司、三菱公司和美国的 Hexcel 公司所垄断，而大丝束碳纤维市场则几乎由美国的 Fortafil 公司、Zoltek 公司、Aldila 公司和德国的 SGL 公司 4 家所占据。美铝、德铝、法铝等世界先进企业在高强高韧铝合金材料的研制生产领域居世界主导地位。美国的 Timet、RMI 和 Allegheny Teledyne 等三大钛生产企业的总产量占美国钛加工总量的 90%，是世界航空级钛材的主要供应商。

3. 新技术与新材料交叉融合、加速创新

21 世纪以来，新材料、信息、能源、生物等学科间交叉融合不断深化，大数据、数字仿真等技术在新材料研发设计中作用不断突出，“互联网+”、材料基因组计划、增材制造等新技术、新模式蓬勃兴起，新材料创新步伐持续加快，新技术更新迭代日益加速，新思路、新创意、新产品层出不穷，国际市场竞争日趋激烈。基础学科突破、多学科交叉、多技术融合快速推进新材料的创制、新功能的发现和传统材料性能的提升，新材料研发日益依赖多专业合作。

2.2　我国新材料产业发展现状

与发达国家相比，我国新材料技术与产业起步较晚、基础薄弱。中华人民共和国成立以来，特别是改革开放以来，我国出台多项政策，在材料领域全面部署，对标发达国家奋起直追。近年来，产业发展迅速，总产值从 2010 年的 6.5×10^{12} 元发展到 2019 年的 4.5×10^{13} 元，年复合增长超过 25%。

从政策环境看，各级政府对新材料产业予以高度重视，颁布多项支持政策文件，提供方向性指导。《中国制造 2025》作为纲领性文件发挥了顶层引导作用，还出台了《〈中国制造 2025〉重点领域技术路线图（2015 版）》等指导性文件，以及《产业技术创新能力发展规划（2016—2020 年）》《稀土行业发展规划（2016—2020 年）》等发展任务类及目标性文件。

从技术角度看，近年来，我国新材料行业技术升级提速，自主创新能力逐步增强，但由于我国新材料产业起步较晚，目前正处于由中低端产品自给自足向中高端产品自主研发、进口替代的过渡阶段，除了稀土材料等少数细分领域具有比较优势外，总体仍处于产业价值链中低端。随着国家新材料创新体系建设日趋完备，加之新材料实验室、企业技术中心以及高校院所的实力逐步提升，推动了新材料产业科技成果转化加速落地，产业创新态势稳中向好，经济带动潜力亟待释放。我国新材料产业发展呈现以下特点。

（1）新材料产业规模增长较快。一方面，我国新材料产业的生产体系基本完整且规模不断壮大，近十多年来我国新材料产业产值拓展迅速，“十四五”期末新材料产业总产值有望突破 1×10^{14} 元规模，规划时期年均复合增长率达 13.5%；另一方面，科技快速发展不断推动新材料产业结构优化，随着超级钢、全氟离子膜等产业化关键技术的突破，推动了有色金属、石化等传统产业转型升级，为我国航空航天、工程建设等领域国家重大工程的实施提供了关键保障。

（2）产业集聚效应明显，区域特色产业集群初步形成。我国新材料产业正呈现出快速集聚并形成特色产业集群的趋势，各地根据自身资源、人才、区位和产业基础，充分发挥比较优势，出台专项规划和行动方案，支持新材料产业特色发展，逐步形成了特色鲜明、各具优势的区域分布格局，产业集聚效应不断增强。京津冀、长三角、珠三角等沿海发达地区依托人才、市场优势，形成新材料研发与应用为主的新材料产业集群。

（3）新材料军民融合产业载体加快建设。随着我国政策对发展军民融合产业的大力支持，赋予了地方产业经济谋求高质量发展的新机遇和新思路。加快设立军民融合产业园则是其中一个重要举措。

同时，我国新材料产业也面临着新材料对外依赖度仍然较高、产业基础仍较薄弱；产业引领发展能力不足，难以抢占战略高点；产业投资分散、初创期融资能力弱、缺少统筹等问题，亟待进一步改进。

第 3 章　新材料的热点和聚焦方向

面对新一轮世界科技革命与产业变革及我国经济社会发展方式转型升级交汇的关键机遇期，我国有必要加速新材料的重大技术突破，重视颠覆性技术和替代性技术等创新与应用，遴选支撑经济社会发展和国防工业重大需求的重点领域，营造适宜产业发展的环境，促进产业结构升级，形成良好产业生态，推动经济社会可持续发展。

根据中国工程院重大咨询项目“新材料强国 2035 战略研究”成果，以及国家新材料产业发展专家咨询委员会编制的新材料产业“十四五”规划思路，我国下一阶段新材料发展总体思路为：面向在世界材料强国行列中占有一席之地的战略目标，围绕保障国家安全、产业安全、科技安全的重大需求，着力破解核心系统、补强重大工程和应用系统中器件的核心问题。以新材料产业高质量发展为目标，建立高效协同的常态化管理机制，进行合理分工协作，通过产业链、创新链、资金链三链合一，相互对接，相互融合，提升新材料产业治理体系能力、产业基础能力水平和现代产业体系发展水平。新材料产业总体水平与世界新材料强国的差距大幅缩小，重点新材料领域总体技术和应用与国际先进水平同步，部分达到国际领先水平。表 7-1 列出了经专家投票汇总的新材料产业培育与发展的重点方向与技术。

表 7-1　新材料产业培育与发展的重点方向

序号	重点方向	序号	重点方向
1	大直径硅及硅基材料	34	高性能合成橡胶材料及应用
2	宽禁带半导体材料技术	35	导电高分子材料
3	高功率激光和非线性光学晶体、器件及应用技术	36	组织诱导性生物材料及组织工程化产品
4	石墨烯等碳基纳米材料制备技术	37	药物靶向控释载体和系统
5	新型显示技术	38	计算机仿生快速成型及生物 3D 打印技术
6	新一代存储材料及制备技术	39	微创伤及介入治疗技术及器械
7	高性能传感、探测器材料技术	40	纳米生物材料与软纳米技术
8	印刷电子制造技术	41	植入性微电子器械

续表

序号	重点方向	序号	重点方向
9	半导体自旋电子材料与器件	42	智能型可植入假肢
10	低成本、高性能的多晶硅规模化生产技术	43	生物医用传感材料及器件
11	高温光热材料技术及产业化	44	生物基材料
12	高质量大型锆合金管材及下一代 SiC 管材加工、组织及性能控制技术	45	低成本、绿色制备铝、镁、钛轻金属制备技术
13	叠层聚光薄膜太阳能电池产业化制备技术	46	高性能高温合金等特种合金及其制备技术
14	高容量、高电压、长寿命富锂固溶体正极材料制备技术	47	超超临界用钢及其制备技术
15	高容量、长寿命硅碳/合金类负极材料制备技术	48	高性能轴承钢、齿轮钢、模具钢及关键零部件用钢及其制备技术
16	固态/高压混合储氢系统作为车载氢源的应用研究	49	轮轨钢及其制备技术
17	镀膜玻璃、阳光控制节能镀膜玻璃的多功能化和复合化技术	50	高性能铜及铜合金材料
18	高性能分离膜材料	51	高纯稀土及制备技术
19	固体氧化物燃料电池材料	52	基于多外场跨尺度模拟的新一代稀土材料制备加工与组织性能调控技术
20	二氧化碳高效电催化还原技术	53	高端稀土功能纳米材料与规模制备技术
21	空间太阳能电池	54	稀土磁传感及磁致伸缩材料与器件
22	高性能特种陶瓷纤维及其批量制备技术	55	稀土金属基复合材料设计、制备与应用技术
23	薄壁异型、大尺寸、复杂形状陶瓷构件及3D打印增材制造用特种陶瓷粉体及其制备技术	56	重大工程关键稀土功能材料服役评价与安全控制技术
24	超薄多层陶瓷元件与陶瓷基复合材料绿色低成本制备技术	57	高性能纤维材料及其制备技术
25	新型耐高温/抗热震/耐腐蚀先进陶瓷材料的设计和批量制备技术	58	高温高效防隔热材料及其制备技术
26	航空或航天发动机用陶瓷基复合材料研制及批量制造技术	59	超宽禁带半导体材料及其制备技术
27	新型高性能耐火材料制备技术	60	超导材料及其制备技术
28	高性能玻璃纤维及其复合材料制备技术	61	含能材料安全、绿色制备及高效利用技术
29	长寿命高性能混凝土制备技术	62	材料计算、性能数据库与验证平台建设
30	高性能碳纤维（高强、高强中模、高模、高模高强）及其树脂基复合材料制备技术	63	智能纺织材料及其制备技术

续表

序号	重点方向	序号	重点方向
31	碳/碳复合材料低成本制备技术	64	超材料及其制备技术
32	高性能有机纤维及其复合材料制备技术	65	量子点红外材料及器件
33	高性能特种工程塑料及应用		

3.1 新材料产业发展重点任务

3.1.1 实施重点领域短板材料产业化攻关

推动“重点新材料研发及应用重大项目”启动。发挥举国体制优势，在新一代信息技术、国防军工等重点领域启动实施“短板材料产业化攻关行动”，集中突破一批关键短板材料。以50种有望在五年内实现规模化应用的新材料为突破口，组织重点新材料研制、生产和应用单位联合攻关，提升新材料产业基础保障能力。推动实施产业基础再造工程，提升产业基础能力。

3.1.2 加强新材料成果转化能力

夯实新材料创新体系薄弱环节，补齐新材料创新链条中科技成果转化成功率低的短板，构建20个以上规模逐级放大的新材料中试中心，加快整合各地创新资源，在此基础上成立6家以上“国家新材料工程转化中心”。继续优化首批次保险补偿机制，完善新材料生产及应用领域国有资本考核机制，加速新材料推广应用。

3.1.3 完善创新能力体系建设

建立起以企业为主体、市场为导向、产学研用紧密结合的自主创新体系，加快新材料创新平台布局。在应用端继续推动国家新材料生产应用示范平台，在材料开发端布局部分关键材料领域和前沿材料领域一批创新平台，推动数字研发中心建设。加强新材料人才培养，促进国际人才交流合作。鼓励新材料学科发展，注重培养基础扎实、视野开阔的研究型人才，培养有工匠精神、实践操作能力强的应用型人才。有序开展国际交流，提高交流实效。

3.1.4 推进新材料产业协同发展

加速推动新材料产业集聚区培育，支持建立产业集聚区培育平台，加强新材料产业链相关产业、科研机构、成果转化机构、高等院校、服务贸易机构、金融机构等各类业态与产业集聚区的融合协同，推动形成高效协同融合发展集聚区试点示范（现代产业体系试点示范）。

3.1.5 开展新材料领军能力建设

针对我国具有优势或潜在优势的新材料品种，实施“新材料长项技术和产品提升专项行动”，支持重点企业面向国内外市场需求，巩固和强化竞争优势，形成一批国际知名品牌和新材料行业巨头，以期在国际竞争中形成战略反制能力。

3.1.6 攻克一批新材料生产用核心装备及核心原辅料

实施“材料装备一体化行动”，组织新材料生产单位、装备研制单位、高校、科研院所等开展联合攻关，加快专业核心装备的研发和应用示范，解决新材料研发、生产、测试所需的核心设备、仪器、控制系统等不能自主生产，甚至高端装备面临国际禁运的问题。对新材料生产原辅料相关的国际、国内矿产资源和加工生产技术，实施“新材料专用原辅料保障行动”，提升保障能力。

3.2 新材料产业发展的五大聚焦

3.2.1 五大聚焦之一：结构化材料

具有量身定制的材料特性和响应，使用结构化材料进行轻量化，可以提高能效、有效负载能力和生命周期性能以及生活质量。未来的研究方向包括开发用于解耦合独立优化特性的稳健方法，创建结构化多材料系统等。

3.2.2 五大聚焦之二：能源材料

持续研发非晶硅、有机光伏、钙钛矿材料等太阳能转换为电能的材料，开发新的发光材料，研发低功耗电子器件，开发用于电阻切换的新材料以促进神经形态计算发展。

催化材料的研究方向：改良催化材料的理论预测，高催化性能无机核/壳纳米颗粒的合成，高效催化剂适合工业生产及应用的可扩展合成方案，催化反应中助催化剂在活性位场上的选择性沉积，二维材料催化剂的研究。

3.2.3 五大聚焦之三：极端环境材料

极端环境材料是指在各种极端操作环境下能符合条件地运行的高性能材料。研究方向包括：基于科学的设计开发下一代极端环境材料，极端条件下材料性能极限和基本退化机理。

3.2.4 五大聚焦之四：碳捕集和储存的材料

碳捕集和储存的材料包括：基于溶剂、吸附剂和膜材料的碳捕集，金属有机框架等新型碳捕集材料，电化学捕集，通过地质材料进行碳封存。

洁净水的材料问题涉及膜、吸附剂、催化剂和地下地质构造中的界面材料科学现象，需要开发新材料、新表征方法和新界面化学品。

可再生能源储存方面的材料研究基于研发多价离子导体和新的电池材料以提高锂离子电池能量密度，研发高能量密度储氢的新材料以实现水分解/燃料电池能量系统。

3.2.5 五大聚焦之五：纳米材料

纳米材料是指在三维空间中至少有一维处于纳米尺度范围（1～100 nm）或由它们作为基本单元构成的材料，由于纳米微粒的小尺寸效应、表面效应、量子尺寸效应和宏观量子隧道效应等使得它们在磁、光、电、敏感等方面呈现常规材料不具备的特性。因此，纳米微粒在磁性材料、电子材料、光学材料、高致密度材料的烧结、催化、传感、陶瓷增韧等方面有广阔的应用前景。

第4章 “共筑梦想 创赢未来”绿色产业创新创业大赛2022年度节能环保新材料优秀项目

4.1 一种可兼容碳银基芯片晶体管短沟道材料及柔性智能显示透光电极材料的中试量产项目

4.1.1 项目简介

碳纳米管是一种由单层碳原子卷成管状的碳材料，碳纳米管芯片比硅元器件体积更小。其韧性极高，可以承受弯曲、拉伸等应力，电信号传输过程的延迟很短，因此碳纳米管芯片完全可替代硅芯片，在生产工艺中碳纳米管芯片可以减少使用光刻机的频率、规避硅基使用SoC芯片核心零部件（美国产品或技术），真正缓解我国在该领域被这些设备和材料“卡脖子”的局面。该技术是由海归博士团队自主研发的专利技术，采用原位生长的方法使碳纳米管和纳米银线的电解溶液再渗透进入铂键晶核配位，形成复合型材料。彻底打破摩尔定律2纳米的极限，8英寸晶圆可沉积碳纳米管密度小于2纳米、纯度高达6个9、紫外光源照射刻蚀直径分布在1.2±0.16纳米的直立阵列晶体管沉积100亿根，解决了传统硅基芯片的漏电发热问题和摩尔定律限制以及短沟道带隙宽度窄、散热性不佳的痛点，在速度和功耗上比硅基芯片有5～10倍优势。目前，第三代碳化硅、氮化镓材料芯片的制备工艺尚不成熟，成本高、应用有限，IBM和麻省理工制备1纳米栅长的碳纳米管器件只是噱头，本产品的出现将减少国家进口芯片的额度。另外，产品属多功能，将它应用在柔性显示屏上，无论是材料配方和工艺上均可实现阻抗值低、感测电极稳定的效果，可作为移动终端、可穿戴设备、物联网大数据智慧智能数字化装备等核心部件关键层的基础材料，技术世界领先，形成自主知识产权15件，处于中试阶段，已有XSUNX、Harris公司欧美销售渠道、国内有豪科、元太电子等，2年后量产，年实现3 500万销售额，5年可实现1.8亿元以上。

4.1.2 竞争优势

(1) 本技术工艺打破摩尔定律，克服晶圆衬底上纳米级缺陷，有比硅基有成本更低、功耗更小、效率更高的优势。同时解决和优化了材料的纯度不够、杂质多、分散难、疏水、孔洞层数多、元素太活泼、石墨化程度差、反应温度低等难关、痛点。

（2）本产品孵育沉积的 CNT 迁移率是传统硅基芯片 CMOS 的 1 000 倍，减少和规避了掩膜、光刻胶、抗氧剂等一系列溶剂助剂及辅助设备的运用，制备工艺上有望摆脱进口光刻机；场发射低于硅基 CMOS 电路的碳纳米管集成电路的室温温度，导热系数达到令人振奋的 4 000 W/（m·k），能源效率提高 10 倍，1 纳米的碳纳米管 CMOS 栅电容导致延迟约 125 fs，仅为硅基 COMS 的五分之一，禁带宽度 1.2～1.6 V，是硅基芯片的 2.2 倍，构建三维微处理器新功能。可完全替代传统的硅基材料芯片。

（3）综合比较，本产品的优势主要体现在技术上透光度更高、电阻率更低、比单质的产品更有超高速光吸收缓冲率、高光耐损伤率和有利于载流子输送和收集、拉伸强度的韧性提高了 10 倍，另外，本技术工艺原位生长配位技术独立一无二，门槛更高、更难复制。

（4）本技术采用自创的最新的交替晶种和生长剂的低温培育工艺技术、高浓度银嫁接低浓度银生长晶、毛细管电泳分离、圆形颗粒组装修饰成超顺排阵列等方法。产品的制造成本比所有同类产品低三分之二。

4.2　材料创新驱动可持续水环境治理修复

4.2.1　项目简介

该项目于 2016 年由香港科技大学资深教授和中科院院士带领年轻海归博士团队在大亚湾创立。2018 年建立广东省博士工作站，现已取得国家专利近 20 项（其中发明专利 5 项）。项目第一代可持续治理黑臭水体的微生物沉底材料（Clearwaterbud）和缓释增氧剂（OCRT）已于 2020 年上市，目前已成功应用于多个地表水生态修复治理项目，取得突出效果。

项目正在研发并计划推出其他系列环境功能材料产品，如用于废水重金属循环吸附清除的“重金属吸附海绵”和绿色功能化高分子材料（持久抗菌高分子复合材料、可回收农业地膜材料）。

4.2.2　竞争优势

产品优势：独一无二的产品，生物基材料无毒害、无二次污染，脱氮、除磷效果一流，稳定可持续。

成本优势：施工和设施投入减少 90%，施工成本和工程总费用降低 50%。

研发优势：院士团队深厚的学术资源支持，从实验室到一些工程全线真实贯通。

4.3 高效稳定的稀土配合物农用转光材料

4.3.1 项目简介

我国是一个拥有 14 亿人口的农业大国，然而人均耕地面积却仅占世界平均水平的 32%，用世界上 7%的土地养活了 22%的人口。所以，发展科技农业，提升农业生产水平是关乎国家粮食安全和经济发展的重要任务。农用塑料薄膜使用是一种先进的农业生产技术，起到增温保墒的作用，能够在不适合作物生长的季节或地区实现高质量的农产品产出，生产“反季节”蔬菜、水果等，同时可增加作物产量 30%～50%，经济价值极高。我国从 20 世纪 90 年代起就大力发展农用塑料薄膜技术，到现在业已取得了长足的进步。2018 年，我国农用塑料薄膜的用量达到了 290 万吨，其中棚膜约 130 万吨、地膜 160 万吨。然而，从总体上来说，我国农膜产品技术含量不足、品质低下，发展高科技含量的多功能农膜有助于进一步提高农业生产力，这依然是国家“十三五”规划中重要的研究方向。本项目提到的转光技术，就是将农膜作为载体，实现太阳光波谱调控功能的一项新的农业生产技术。转光技术，具体来说就是在棚膜中添加转光剂，可以吸收太阳光谱中不利或低效的光波，转换并发射出植物可以高效利用的光波，从而实现增加大棚内有效光照强度的技术。转光农膜可以改善大棚内的光照环境，促进作物光合作用，加速作物对营养物质的积累，实现增产增收的效果，具有重要的经济效益和社会效益。

4.3.2 竞争优势

转光技术的研究始于 20 世纪 80 年代，国内外很多科学家对不同类型的转光农膜进行了大量研究和农田试验，均报道可产生一定的有益效果。然而，至今为止，转光农膜却并未得到大规模推广，主要原因是传统的转光技术存在诸多缺陷：无机转光剂效率低下，与高分子相容性差；有机转光剂容易降解，有效期太短，并不能将光调控的有益效果充分地体现出来。开发新型的、高效且稳定的转光剂是真正推进农膜转光技术发展所必须解决的关键问题。本项目采用北京大学的专利技术，使用新型结构的稀土配合物转光剂，开发出高效转光且经久耐用的具有真正实际应用价值的转光膜产品，并在全国市场大力推广。针对不同作物的生长习性开发出育苗类、蔬菜类、瓜果类专用转光材料，实现作物亩产增加15％～20％的种植效果，投入产出比为1∶10。

4.4　增材制造微细球形金属粉末材料在贵重难熔金属高质量绿色再生技术中的应用

4.4.1　项目简介

项目致力于自主开发一种新型的高效、高质、低成本和绿色的电弧微爆制备金属粉末技术，核心技术均100％独立自主开发。该技术具有工艺简单、设备灵活和过程稳定的特点，生产的金属粉末性能指标基本达到或者超过国际标准，较好地满足增材制造、喷涂、涂料、粉末冶金和MIM等行业的需求。项目金属粉末主要产品有钨及合金、钼及合金、镍及合金、铜及合金以及各类不锈钢、模具钢等高性能铁基合金粉末；项目还提供稀有金属、难熔金属、硬质合金刀具等绿色回收和高效再利用技术合作，定制多种新型粉末。项目生产的金属粉末产品具有粉末粒径细小、粒度分布较窄、球形度高、流动性好和松装密度高等特点，且材料成分可根据用户需求调整，含氧量低，能为用户提供小批量、可定制和协同合作的解决方案。

4.4.2　竞争优势

(1) 制备方法：水/气雾化＋旋转电极＋电弧微爆复合方法。

(2) 制粉设备的成本低、制粉效率极高。

(3) 核心设备设计紧凑。

(4) 每台金属粉末设备的制备效率高。

(5) 能在增材制造领域中得到主流金属粉末，包括钛合金、铝合金、高温合金、不锈钢、模具钢、钴铬合金、镍基合等。

(6) 使用新工艺方法金属粉末得粉率高。

(7) 制备的粉末符合2014年6月的ASTM F3049—14标准中规定的3D打印用金属粉末性能研究的范围和表征方法。

(8) 研制出不同金属粉末的生产工艺数据库，形成一套标准化生产的工艺规准。

(9) 设备组成和技术方案均由公司自主研发与设计。

(10) 产品设备、生产工艺和检测设备的自主国产化率可达到100％。

4.5 质子交换膜燃料电池催化剂的国产化

4.5.1 项目简介

市场定位：打破进口产品垄断的局面，供货周期短，稳定性好，成本显著降低80%。

产品形式：开发氮掺杂碳/氧化物载体单原子催化剂，属于自主研发的核心技术，处于细分行业领先地位。

商业模式：贵-非贵金属两类催化剂，应用在新能源、燃料电池汽车以及储能、电力等民生领域。

卓越团队：以朱贵有为首的核心团队，拥有中山大学、华南理工大学、北京化工大学、武汉理工大学、仲恺农业工程学院的化工、高分子、材料等技术战略多方面组合型人才。

项目现状：2021年，催化剂产品实现营收97.42万；从2019年至今持续投入研发费用超过400万元。

政府支持：广东省政府提供价值230万的经营场地，免费使用3年。

4.5.2 竞争优势

项目可实现100%单原子利用率、多种类金属单原子催化剂、催化性能提高20%、原料几乎无损失、成本降低80%、绿色环保、优异的催化活性、独特的电子-几何结构、理想的机理研究对象、暴露更多结构均一的催化活性位点和活性中心、具有更好的反应选择性和较高的本征活性。项目在2022年已有质子交换膜燃料电池单原子催化剂约10个单品；计划在2024年培育和稳固市场，提高市场占有率8%～10%，排名国内前三；2026年完成单原子催化剂产品性能升级换代；2028年在国内实现催化剂大规模工业化应用，并采用新型的商业模式面向全球市场。

4.6 能量吸收型材料

4.6.1 项目简介

深圳市上欧新材料有限公司（以下简称上欧新材）于2019年10月份注册，坐落在国家孵化器龙华银星科技园。上欧新材是中国领先的硅化合物材料精练商、熔炼商、制造商和服务商，服务于全球精细化工、电子、半导体、光伏、光通信和热管理材料市场。

上欧新材公司于 2019 年底成立。2020 年在松山湖建有专业的硅材料实验室，完成了国内第一条 SiO_2 高纯试验装备。主要针对新能源电池的防护材料进行基础理论与生产工艺攻关，完成了 SiO_2 在耐火材料中的应用验证。经过第三方检测机构的验证确认后，于 2021 年度进行了中试，在行业内得到客户的高度认可。2022 年，电池防护产品迈向了产业化大规模生产阶段。同年，上欧新材积极在集成电路领域布局，研发出了先进的封装材料，满足了半导体产业的市场需求，并且在梧州、无锡分别建有合资公司，满足公司的快速发展。

股权结构主要由 3 位股东组成，其中法定代表人及实际控制人柯瑞林持股比例为 70.5%；股东上欧控股合伙企业作为高管持股平台，持股比例为 23.5%；战略投资人科路公司持股比例为 6%。

4.6.2　竞争优势

目前，国内单个电芯多项指标已经接近国外水平，部分指标甚至超出。但是电芯组装成电池组或电池包时（简称锂电池），国内外的锂电池在技术方面的差距非常大，主要表现在三个方面：一是锂电池的寿命；二是锂电池的可靠性；三是锂电池总体的安全性。国外的三个主要优势是先进的 PACK 材料、精细的制程工艺、热管理及故障处置算法精度控制。

而上欧新材能量吸收型隔热防爆材料及工艺技术，可以大大缩小国内外锂电池的这些差距。电芯通过公司自主知识产权技术组成的锂电池有三个特点：(1) 由于该项目技术可以使锂电芯内部不平衡的热量快速导出扩散，锂电池整体一致性得到大幅度提高，延长了整个锂电池的寿命。(2) 材料具有优异的隔热防爆性能。在实际防火防爆效果中已经接近欧美锂电池的整体安全水平。(3) 由该项目技术可以通过材料自适应方式感知电芯是否热失控，从而可以在常规下利用弹性体保护锂电池的每个电芯，大大增加了锂电池的可靠性。

能量吸收型隔热防爆材料技术，通过公司自有知识产权的特殊工艺制备出多模态复合材料实现隔热、防爆，核心层是能量吸收层，该能量层在电芯正常状况下是常规导热材料，可以使电芯的一致性较好，但当个别电芯热失控产生高温时，热能被快速吸收，材料迅速在内壁形成一层致密的均匀多孔结构，起到高温热防护作用。中间是能量缓冲层，可以保障高温下，电池不至于因为内部应力导致力学强度下降，也使得内外不同界面层可靠相连。材料外层是一个能量耗散层，可以把多余的热量快速扩散，减缓结温聚集，使得整体温度持续下降，达到安全温度。从而使故障电芯不会引起连锁反应，最终达到锂电池隔热防爆效能。

4.7 绿色盾牌——水产养殖过滤新材料

4.7.1 项目简介

本项目以纳米配合物为抗菌材料，以过滤材料熔喷布为载体，得到无毒、质量轻、高强度灭菌、可重复利用的创新型纳米化过滤材料。并且研究一种以DSP单片机为核心控制器，能自动地对普通熔喷布纳米化溶液喷涂，采用驻极化、热压等工艺制作成纳米化熔喷布的涂布机器。本项目解决了传统熔喷布不能杀灭病菌、不能重复利用的问题，并且加工过程实现自动化，实现对纳米化抗菌抗病毒熔喷布的开发高效化、智能化。项目的纳米化抗菌抗病毒材料通过了广西药食局指定的国家权威机构广西梧州食品药品检测所、广州微平科技服务有限公司的合格检测，证明了纳米化抗菌熔喷布无毒、无金属、无防腐剂。经广东省微生物分析检测中心检测纳米化抗菌熔喷布对大肠杆菌、金黄色葡萄球菌的抗菌率高达99.9%。纳米涂布抗菌材料能运用到渔业尾水处理、食品保鲜产业、母婴用品产业、空气过滤系统、军用服装产业等，具有广阔的市场空间。目前，正处于发展上升的黄金时期，具有较好的应用价值和发展前景。

4.7.2 竞争优势

该材料具有抗菌杀毒的颗粒母料，此颗粒母料可加工做成渔业尾水处理、空气过滤、水处理和食品保鲜膜等过滤材料。在池塘养殖尾水处理过程中，目前主要由三池两坝或五池三坝处理，存在耗能大、尾水中有机污染物去除率低、处理周期长、过滤坝体材料难处理、不可循环使用、成本高等问题。

本项目生产的过滤新材料有三层（支撑层＋导电层＋过滤层），利用微生物燃料电池，配合电化学氧化处理，不需要外部能量的输入，能大大降低养殖尾水中的悬浮物、化学需氧量、氨氮和硝酸盐含量，造价低、持久耐用、可迅速回收再生、能循环使用、市场需求大。

4.8 第三代环保减震保温材料制备技术研发及产业化

4.8.1 项目简介

项目产品包括：

(1) 新材料。玉花棉是我司研发的新材料，由第二代珍珠棉（发泡聚乙烯）改性升级获得，是可以模塑造型、定型记忆功能的第三代环保减震保温新材料。(2) 智能装备。其可以把玉花棉材料模塑造型成任意产品。(3) 可折叠生鲜电商包装。这是我司研发的拳头产品，拥有包装减量、运储成本下降、耐损性强、性价比高等明显优势，是当下已知的性价比最高、技术完善的生鲜电商循环包装解决方案。

4.8.2　竞争优势

专利优势：获得环保新材料、成型工艺、智能设备、模具及其产品应用的全产业链专利技术，特别是 2020 年 12 月授权的发明专利，基本形成对整个行业的覆盖，给项目健康发展提供了强有力的保障。

政策优势：2020 年，《中华人民共和国固体废物污染环境防治法》施行后，中央人民政府、发改委、市场监管总局、环保部、邮政总局、各级地方人民政府都出台了对应的环保新材料及循环包装的支持政策。

先发优势：对各个应用市场进行产品开发，形成新的专利保护及市场认知，符合先到为王的营销法则。

成本优势：经过数十年的市场验证，发泡聚苯乙烯（泡沫箱）和传统发泡聚乙烯（珍珠棉）及其产品因为较高的性价比，占领了 80%以上的保温、减震、隔音等相关市场，仅国内年产值就超过 2 000 亿人民币。玉花棉产品性价比较以上两种产品都能够提升 20%以上，将是市场上性价比最高的相关领域解决方案及产品。榫卯结构可折叠保温包装箱解决了循环包装中的 4 大难题：(1) 体积降低 40%左右，运储成本下降 40%。(2) 无胶布密封技术，降低清洁成本 70%以上。(3) 复合高强度材料一次造型，耐损性能大幅度提升，提高了产品循环使用次数，成本大幅下降。(4) 同一产品上同时实现承重、减震、保温和美观，是最优的减量包装方案，是已知的性价比最高、最接近解决循环包装问题的成熟技术。

4.9　高性能动力锂电池单晶正极材料产业化

4.9.1　项目简介

目前，单晶正极材料主流合成技术路线为锂过量下高温固相反应，后续水洗或补充锂缓冲材料。由于锂过量及后续工艺导致单晶材料成本和价格要比普通多晶材料高出 10%，并且近期电池级碳酸锂和电池级氢氧化锂的价格快速上涨，导致单晶正极材料成本进一步提高。

项目在单晶正极材料合成的工艺技术上进行了创新，提出基于尖晶石过渡相可控制备单晶正极材料的新方法。该工艺不需要锂过量和后续处理，因此在单晶正极材料成本控制方面具有显著优势，可降低单晶材料生产成本的6%左右，可提高单晶材料产品利润率和市场竞争力。

4.9.2 竞争优势

单晶正极材料具优异稳定性、高压实密度、优良加工性能等优势，已逐步应用于高能量锂离子电池，然而目前单晶正极材料主流合成技术路线为锂过量下高温固相反应，后续需要水洗或补充锂盐及热处理等工艺，导致单晶材料成本要比普通多晶材料高出约10%。2022年电池级锂源的价格飞速上涨，锂源价格持续上涨将会加剧单晶正极材料高成本问题。

针对上述单晶正极材料成本高的难题，本团队在单晶正极材料合成技术上进行了创新，提出了可控制备单晶正极材料的新技术路线。该技术路线工艺简单，不需要额外锂源过量和后续处理工艺，能够保证在电性能优异的前提下，降低单晶材料生产成本约6%，可提高单晶材料的产品利润率和市场竞争力。所制备单晶正极与硅/碳负极匹配可实现动力电池高能量密度（300 W·h/kg）、长寿命（10年）和高安全性等目标，解决新能源电动汽车“里程焦虑”难题。相关技术已获国家授权发明专利4件。

4.10 基于无机硅的纳米新材料及创新应用

4.10.1 项目简介

本项目是一个低成本、高效率的绿色科技兴农惠农项目。项目课题组研究发现，在施用纳米硅材料的同时，改变传统的农作物种植方式，可以提高作物的产量和质量，降低种植成本。因此，项目以新型的纳米硅材料为基础，通过改变传统的农作物种植管理方式，研发了几种农作物的科学种植技术，在农作物提质增产、农民增收创富中效果显著，在国家科技兴农和乡村振兴、夯实精准扶贫成果的战略中发挥了重要作用。

以冬小麦为例，通过材料处理，可以减少亩播种量1～2.5 kg，后期根据小麦的生长规律，喷施纳米材料，可以减少返青肥每亩25～40 kg。此项技术，既减少了农民的种植成本，又可以提高小麦的产量、质量。

以大蒜为例，通过纳米材料助力，改变传统的大蒜种植行间距，根据大蒜生长规律施用纳米材料，可以减少每亩地蒜种投入约25 kg，减少一些大蒜调节剂的使用，同时提高蒜薹和大蒜的产量、质量，在高青县的实验中，蒜薹和大蒜每亩增产12%左右。

4.10.2 竞争优势

据项目的调研，市场上以硅为基础的水溶性硅肥料都是硅酸酯类成分，即枸橼酸硅，其效果不及无机纳米硅材料显著，同时其生产工艺和材料来源造成其可能携带重金属，长期使用对作物和土壤并不友好，但让使用者明白这两者之间的区别，是需要进行市场培育和培训的。项目的服务模式能将上述问题逐一解决。

4.11 SiO_2 气凝胶复合微泡技术

4.11.1 项目介绍

随着世界性能源危机和生态环境的进一步恶化，保温节能材料已引起全世界人们的普遍关注。目前，市场上最常见的保温材料有岩棉、矿棉和聚苯板、挤塑板。岩棉、矿棉在生产和施工过程中，都存在粉尘和细小纤维，即污染环境又易滋生细菌，并且对人体伤害严重；吸水率高，会使保温层脱落，且保温隔热性能有限，必须达到一定的厚度才能实现保温隔热效果，应用范围受到限制。聚苯板、挤塑板存在不耐高温、施工难度大、易燃烧等缺点，而且在燃烧时会产生大量有毒有害气体，造成人员伤亡。发展隔热效果好，具有A级不燃、绿色环保的保温节能材料势在必行。团队自行研发的保温隔热材料是用 SiO_2 气凝胶通过复配技术并将其微度发泡，研制成水性膏状单组分的保温隔热涂料。气凝胶目前被称为可以改变世界的新材料之一，也是目前全球最轻的固体材料，有极高的孔隙率和极低的导热率。由于价格昂贵，一直应用在航空航天、军事领域当中，很难应用到工业和民用当中；另外，气凝胶的脆性大、力学强度低。为了克服这些缺点，团队经过近8年的努力，采用独特的高分子混合置换工艺，利用不同的纤维等材料并通过微度发泡工艺，降低成本，制作出水性膏状材料。

4.11.2 竞争优势

项目具有绿色环保、A级不燃、附着力好，密度低（180 kg/m^3）、导热率低（0.025）、$-65\sim1\,200$ ℃均可耐受等特点。隔热效果是传统材料的3～5倍，仅需3～5 mm的厚度即可达到传统材料的效果。施工快捷方便，滚涂、喷涂、抹涂均可。整体无接缝、无热桥产生。寿命长，可与建筑物同寿命。应用非常广泛，在航天军工、高铁轮船、石油化工、高温炉窑、热网管道、建筑内外墙、油库粮仓、集装箱、交通运输、电子电器等领域均有应用。

参考文献

[2] 陈志祥，韦文求，张会勤. 广东省新材料产业技术发展现状及对策研究 [J]. 广东科技，2022，31 (1)：13-17.

[4] 王密. 全球新材料发展现状及发展趋势：预计 2021 年中国新材料产业突破 7 万亿元 [EB/OL].（2020—04—10）[2022—09—29]. https：//www. chyxx. com/industry/202004/850677. html.

[6] 谢 曼，干 勇，王 慧. 面向 2035 的新材料强国战略研究 [J]. 中国工程科学，2020，22(5)：1-9.

[7] 韦福雷，胡彩梅. 中国战略性新兴产业空间布局研究 [J]. 经济问题探索，2012(9)：112-115+176.

[8] 师昌绪. 关于构建我国“新材料产业体系”的思考 [J]. 工程研究：跨学科视野中的工程，2013，5(1)：5-11.

[9] NAKAMURA S. Future technologies and applications of III-nitride materials and devices [J]. Engineering，2015，1(2)：161.

[10] 段炼，邱勇. OLED 照明及 OLED 有源显示材料与器件 [J]. 新材料产业，2011(2)：20-26.

[11] 中国工程科技发展战略研究院. 2014 中国战略性新兴产业发展报告 [M]. 北京：科学出版社，2014.

[12] TU H L. 450 mm silicon wafers are imperative for moore's law but maybe postponed [J]. Engineering，2015，1(2)：162-163.

[13] 李龙土. 功能陶瓷材料及其应用研究进展 [J]. 硅酸盐通报，2005，24(5)：107-110.

[14] 张兴栋，王宝亭. 我国生物医学材料科学与产业的崛起 [J]. 新材料产业，2009(10)：92-95.

第8篇

智慧技术在生态环境领域中的应用

第 1 章　智慧技术概况

1.1　前言

在大力推进生态文明建设的十年时间里，在全国范围内先后实施了“大气十条”“水十条”“土十条”，通过污染防治攻坚战等系列举措，深入推进了环境污染防治，生态环境质量得到大幅提升。同时，环境质量监测向天地空一体化、网格化、智能化监管发展，生态环境数据量得到爆炸式的增长，传统的信息化手段已难以应对生态环境管理的新形势、新发展。

近年来，随着物联网、5G、云计算、人工智能、大数据等技术的发展，计算机的算法和算力均得到了突破性提升，各行各业纷纷由信息化向数字化、智慧化转型，生态环境领域也不例外。在“数字中国”建设的大环境下，国家在政策上对生态环境智慧化建设给予了前所未有的支持和鼓励，生态环境智慧化迎来了发展的春天。

2016 年《生态环境大数据建设总体方案》出台，提出要通过生态环境大数据的发展和应用，推进环境管理转型，提升生态环境治理能力，为实现生态环境质量总体改善目标提供有力支撑，自此生态环境进入大数据时代。

2021 年 1 月，生态环境部印发《关于优化生态环境保护执法方式提高执法效能的指导意见》，提出进一步突出精准治污、科学治污、依法治污，强化非现场监管机制，以自动监控为非现场监管的主要手段，在污染物排放浓度自动监测的基础上，融合视频监控和环保设施用水、用电监控等物联网监管手段，利用大数据分析实现预警管理，提升智能化发现问题能力。

2021 年 11 月，《中共中央 国务院关于深入打好污染防治攻坚战的意见》正式印发，在提出要打好重污染天气消除攻坚战、城市黑臭水体治理攻坚战、农业农村污染治理攻坚战等八项标志性战役的同时，提出建立完善现代化生态环境监测体系，构建智慧高效的生态环境管理信息化体系。

2021 年 12 月，《“十四五”国家信息化规划》提出打造智慧高效的生态环境数字化治理体系，到 2023 年，自然资源、生态环境、国家公园、水利和能源动态监测网络和监管体系建设进一步完善；到 2025 年，自然资源监管、生态环境保护、国家公园建设、水资源保护和能源利用等数字化、网络化、智能化水平大幅提升，有力支撑美丽中国建设。

2022年1月，生态环境部印发《“十四五”生态环境监测规划》，指出全面强化生态环境质量持续改善和推动减污降碳协同增效的监测支撑。到2025年，政府主导、部门协同、企业履责、社会参与、公众监督的“大监测”格局将更加成熟定型。

2022年1月，生态环境部等联合印发的《农业农村污染治理攻坚战行动方案（2021—2025年）》，提出加强农村环境质量监测，推进农业面源污染监测网建设。鼓励有条件的地区，建设农业农村生态环境监管信息平台。

2022年3月，中共中央办公厅、国务院办公厅印发《关于推进社会信用体系建设高质量发展促进形成新发展格局的意见》。要求完善生态环保信用制度。全面实施环保、水土保持等领域信用评价，强化信用评价结果共享运用。深化环境信息依法披露制度改革，推动相关企事业单位依法披露环境信息。

2022年6月，国务院《关于加强数字政府建设的指导意见》提出，全面推动生态环境保护数字化转型，提升生态环境承载力、国土空间开发适宜性和资源利用科学性，更好支撑美丽中国建设。提升生态环保协同治理能力。建立一体化生态环境智能感知体系，打造生态环境综合管理信息化平台，强化大气、水、土壤、自然生态、核与辐射、气候变化等数据资源综合开发利用，推进重点流域区域协同治理。

1.2 智慧技术的基本概述

智慧技术一般指近年来新发展起来的新型信息化技术，其中以物联网、5G、云计算、人工智能、大数据等技术最为典型。数字孪生、区块链等技术在近期也得到了快速发展。

智慧技术的应用贯穿于生态环境监测、分析、治理的全过程，也贯穿于生态环境行政审批、环境监管、环境执法、环境规划、环境治理的全业务过程。

生态环境智慧化系统架构，一般包括感知层、基础设施层、支撑层、应用层，智慧技术贯穿于上述各个层级。

（1）感知层。采用物联网感知监测技术，实现生态环境质量监测、污染物排放监测、环保设施运行监测及环境违法行为视频监控等。

（2）基础设施层。该层主要涉及数据中心、公有云资源和本地专用硬件设备等，用于承载生态环境数据和应用的正常运行，包括计算、存储、网络、安全、云服务等IT基础设施设备；通过多种网络通信能力实现终端、设备、数据、应用等互联互通。通过政务外网、互联网、物联网、视频专网以及其他专网等，实现各相关部门的协同互连。

（3）支撑层。该层是用于支撑业务应用的核心支撑平台，包括大数据支撑、公共服务能力支撑等。大数据支撑主要为大数据服务平台，结合数据治理能力，加强数据共享和数据质量管控，为业务数据分析提供大数据分析工具。公共服务能力方面主要包括数字孪生平台、物联网平台、视频共享平台等。

（4）应用层。该层以生态环境实际业务需求出发，服务各业务信息化应用。

第2章　智慧技术在生态领域中的挑战与必要性

2.1　生态环境管理信息化面临的挑战

面对“十四五”期间更加繁重的生态环境统一监管任务，生态环境管理信息化也面临一系列挑战，主要表现在以下几个方面。

（1）基础数据不全、自动获取程度低。如地下水、农村环境、农业面源、生物多样性等方面数据缺乏，大气、地表水自动监测网还在不断完善，污染源自动监控规模偏小，对土壤、生态、辐射、固废危废、挥发性有机物（VOCs）等要素的监测仍以人工为主，数据实时性不强。

（2）全过程监管不足、技术手段较单一。环境监管是一个系统工程，仅依赖单一来源数据难以做出实时、准确的判断。如污染源在线自动监控以监测末端污染物排放浓度为主，缺少对用水、用电、用料和污染物产生、收集、治理和排放全过程的监管信息，数据的真实性和有效性不足。

（3）数据来源分散、关联应用程度不高。数据来源于在线监测、自动监测、手工填报、污染源普查、排污许可、环统以及互联网等多种渠道，缺少多源融合校验，数据的整合关联应用也不够，如污染源与环境质量综合关联分析不足、在线监控数据尚未有效应用于排污权交易等。

（4）事前监管和预警预报能力偏弱。由于数据的采集、整合、关联、共享及实时传输能力不足，当前政府部门更侧重于对环境污染的被动监测和事中事后监管，事前监管和预警预报能力亟待提升。

以上种种都制约了生态环境保护工作的开展，必须进一步加大新信息技术在生态环境保护工作中的应用力度，而智慧技术将在其中发挥重要作用。

2.2　智慧技术在生态环境领域中的必要性

智慧技术作为生态环境信息发展的必然阶段，是实现生态环境信息现代化管理的关键技术。加强智慧技术系统的建设与应用，将系统落实到防控减灾、资源分类、环境保护、水务管理、污染监控等多个服务体系中，在数据信息共享和整合的基础上，更好地保证资源的利用及保护效果，同时能降低自然灾害发生的概率，对城市安全有一定的保障作用。在现代智慧系统技术的应用中，通过对信息和多种数据的感知，在信息技术的帮助下实现数据的互通，利用云平台、大数据技术等多种现代化技术，对资源灾害发生情况进行模拟，针对实际危害产生的影响和效果，制定有效的改善措施。同时还能加强对资源的高效率利用，保护生态环境，实现现代化工程管理服务的发展，全面提升资源的精细化管理和服务的实际水平，为城市提升对自然灾害、突发灾害的防控能力，更好地为人们创造生活空间环境，实现国家经济和综合实力的全面提升，促进可持续发展战略目标的落实。

第3章　智慧技术在生态环境领域中的应用与分析

3.1　物联网传感技术

在现代生态工程建设中，需要加强对物联网传感技术的应用，对传感装置进行科学合理的选择，保证传感装置能符合现代智慧系统的应用标准，以此来方便后期物联网技术的应用，更好地将数据信息进行平台汇总，保证数据的快速采集。在现代智慧技术应用的阶段中，技术重点就是在于如何快速、精准、有效地对数据信息进行收集，保证数据信息的准确和全面，确保传感装置能够与数据信息之间产生平衡。物联网传感技术作为科学技术的重要体现，在系统中的应用不仅能够对系统建设成本进行控制，还能够有效地保证数据信息的全面性和准确性，将各种传感设备和物联网芯片进行结合，在降低能源损耗和成本的基础上，加强数据传输的效率和质量。在系统建设的过程中，可以使用太阳能小型电池板，为系统的正常运行提供良好保障，实现系统不间断的数据采集，加强监控的效果和质量，不断扩张监测控制的范围，为系统的良好应用奠定扎实基础。

3.2　GIS和BIM技术

GIS和BIM技术的联合使用，是现代智慧生态工程的主要特点之一。GIS和BIM技术作为现代化信息技术，在各行业都有着广泛的应用，并且技术的应用产生了良好的效果。在现代智慧生态系统中，应加强两种技术的综合应用。在数据方面，GIS技术能够对各种信息情况进行综合收集和展示，在技术应用中可以使用点击的方式，将数据进行快速地搜索和整理，并传输到智慧生态工程项目的具体位置。BIM技术作为较为先进的技术类型，自身具有较多的特点和优势，在智慧生态系统中将BIM技术全面进行融合，通过BIM技术的可视化功能优势，帮助管理人员对工程项目进行协调管理，确保技术人员能够充分全面地对现代智慧生态工程建设情况有着深入地掌握和了解，方便后期工程建设数据采集的快速性、准确性、全面性和完善性。此外，BIM技术还能够对工程进展情况进行模拟，对关键性的操作步骤进行详细的拆解，找出问题所在，针对问题内容进行优化和改善，加强对实际施工操作环境的模拟展示，为技术人员提供更加全面的保障，减少安全事故发生的同时，提升智慧生态工程建设的效果和质量。

3.3　遥感协同技术

智慧生态工程作为科学技术和信息技术的结合产物，在实践应用的阶段中，需要加强对现代化信息技术、科学技术的应用，对智慧技术专项系统以及无人机设备进行融合应用，实现自动化的遥感监测，利用遥感技术对环境地质情况进行数据采集，加强对数据信息的分析效果，结合重点数据信息和勘察区域的实际情况，完成环境保护的相关工作。在智慧生态系统技术的应用中，确保遥感技术能够快速有效地将相关数据传输到智慧系统中，不断扩大无人机自动监测的范围，利用计算机技术的自动公式计算能力，对数据中有价值的信息进行计算和整理，找出重叠数据和重点数据，再将数据信息传输到智慧系统中，智能化地对数据进行分析，为规划工作的开展提供更加准确的参考资料。

此外，遥感协同技术的应用，还能够对重点管理区域的水资源情况进行分析，促进水资源保护工作的全面开展，为后续工作的有效落实奠定更加扎实的基础，实现社会科学技术和信息技术的充分利用，为智慧系统的广泛应用提供保障。

3.4　云计算技术

现代智慧系统建设的阶段中，加强对云计算技术的应用，能够保证对数据信息的快速采集和处理。在智慧生态系统中，每日都会有大量的数据信息进行传输，为了减少工作人员数据处理的压力，应加强云计算技术的使用，找出大量数据中有价值、有意义的数据信息进行计算，在保证数据处理效果的基础上，发挥出云计算技术的应用优势，自动化对数据进行处理，为后续工作的开展奠定更加牢靠的基础。在云计算技术中，技术人员会事先建立基础的模型，对云端模型的数据出入接收口进行完善和优化，对计算方式进行轻量化处理，借助神经网络系统的计算方式，更好地对智慧系统信息数据进行分析、归纳和处理，为生态工程项目建设提供数据基础，为资源环境保护工作奠定理论实践基础，进一步促进行业发展的同时，加强对环境的保护效果。

3.5　5G 技术

5G 是第五代移动通信技术的英文简称，其技术特性可概括为高带宽、低时延、广连接和高安全。在现代智慧生态系统建设中，5G技术的应用能够将物联网、人工智能、大数据、云计算等新信息技术有力地聚集融合在一起，促进数字化转型，提高生态环境管理信息化的能力。

在环境监测中的应用，5G技术能提升监测终端的工作效能和数据实时性，使监测网络更加“耳聪目明”。更加丰富监测手段，高清视频、无人机高光谱成像等一批大数据流量手段将广泛运用，推动单一数据监测向综合监测转变，实现“一处布点、多要素采集”；进一步织密监测网络，一方面可加密点位实现高密度采集，另一方面可更多配置无人机、无人船、走航车等移动式终端，利用5G网络实时传输视频和数据，弥补点位覆盖面不足。

在污染源监控中的应用，5G与物联网、人工智能等技术结合，可促进“非现场、不接触”监管新模式的发展。对固定源的排放、工况数据进行全过程、高密度采集后，用人工智能对数据进行深度学习，训练出更加科学、智能的预测预警模型，然后将实时预测数据反馈给终端，有利于第一时间组织反控；对机动车、非道路移动机械、高风险移动放射源等移动源，通过车载终端实时监控其位置、排放和载物信息等，实现“能定位、能预警、能追溯”；对工地扬尘、秸秆焚烧等面源，可在周边安装全景视频监控，或用无人机按预设路线进行巡视，通过5G与边缘计算相结合，自动识别和锁定污染现场，及时向监控中心告警并发送相关视频和图片，比人工监控更精准、高效。

在环境执法中的应用，环境执法贵在精准，5G技术为提高执法精准度提供了新路径。“非现场、不接触”的监控新模式将部分执法环节从线下转到线上，线下更突出精准，减少了对企业正常生产的干扰；针对基层执法能力不足，可为执法人员配置便携式的智能化移动执法终端，后台通过对监测、监控、督察、信访等数据进行关联分析为执法人员提供实时支持，提高单兵现场精准执法能力；进入危险、有害区域取证，或遇设有水下暗管等人眼难以识别的情形时，可用无人机（船）等搭载执法智能机器人、5G+VR全景摄像机进行巡查，采样数据和图像、视频，实时回传指挥中心，实现线上线下协同执法。

在环境应急中的应用，5G技术在环境应急的预警、溯源和处置等环节中也将发挥重要作用。在化工园区、尾矿库和采选、冶炼等重点企业的内外敏感区域布设高密度预警站，在制高点或用无人机对有毒有害污染物进行光谱特征侦测巡测，形成感知精准、反应迅速的预警体系；突发水环境事件时，利用废水在荧光光谱中表现出的“水质指纹”，传回大数据中心同污染源水质指纹数据库进行比对，精确快速溯源排污行业或企业；利用卫星遥感和无人机航拍的高密度数据，在异地快速构建事故发生地的三维仿真模型，结合污染扩散模型和应急监测数据、现场视频等，可视化展现事故现场及周边情况，环境应急专家线上同步进行分析，共同为应急处置提供全面、直观、科学的决策支持。

3.6　区块链技术

狭义区块链是按照时间顺序，将数据区块以顺序相连的方式组合成的链式数据结构，并以密码学方式保证的不可篡改和不可伪造的分布式账本。广义区块链技术是利用块链式数据结构验证与存储数据，利用分布式节点共识算法生成和更新数据，利用密码学的方式保证数据传输和访问的安全，利用由自动化脚本代码组成的智能合约编程和操作数据的全新的分布式基础架构与计算范式。

基于区块链的环境监测质量管控系统充分利用区块链分布式数据存储、点对点传输、共识机制、加密算法、不可逆，不可篡改等先进技术特性，管控大气、土壤、噪声、辐射监测信息，在样品进入实验室以后，采用大型分析仪器直读的方式自动填写原始记录表并自动计算，将二审和三审的改动记录留痕，系统根据监测方法和评价标准自动生成监测报告并自动评价。在采样质控的基础上，实验室的原始记录表、化验人员、曲线对比、分析过程以及审核和报告全过程上链，实现环境监测数据透明化。

区块链将打破“数据孤岛”现象。目前，生态环境的各种数据，分别掌握在政府各部门、企业等手上，它们互相垄断，形成“数据孤岛”。在经济全球化、数据全球化的今天，数据开放是大势所趋，但如果贸然开放这些数据，如何保护个人隐私和信息安全又成了难题。而区块链技术可以以其可信任性、安全性和不可篡改性，让更多数据被解放出来，不仅可以保障数据的真实、安全、可信，如果数据遭到破坏，也可以通过区块链技术的数据库应用平台灾备中间件进行迅速恢复。

区块链可扩大数据规模，规范数据管理。巨大的区块链数据集合记录了生态环境从监测到分析、管理的全部过程，随着区块链技术的应用迅速发展，数据规模会越来越大，不同业务场景区块链的数据融合会进一步扩大数据规模和丰富性。区块链的可追溯性，使得数据从采集、交易、流通，以及计算分析的每一步记录，都可以留存在区块链上，保证数据分析结果的正确性。同时，区块链的自动化“基于规则”的运营和管理功能可有效提高数据管理透明度，并节约管理成本。

大数据能极大地提高区块链的数据价值。区块链的主要优势是保证数据的可信任性、安全性和不可篡改性等，而实际的数据的统计分析能力是较弱的，大数据则可以对数据进行深度分析和挖掘，这能够极大提升区块链数据的价值和使用空间。

3.7　计算机视觉和机器学习技术

目前，计算机视觉在机器学习与高性能计算帮助下，使快速、准确地处理海量的图像数据以及提取有用信息成为可能。基于人工智能技术的发展，环境工程研究领域内的超大范围时空图像处理及物理特征提取和图形化表达等新方法的利用，可以为环境工程领域内的一些问题提供新的研究思路。

物种识别：研究人员使用机器学习技术，通过显示已经由人类分类的图像的计算机数据集，教授计算机如何对图像进行分类。例如，机器将被显示为已知是来自不同角度的斑马图像的全部和部分图像，然后计算机将开始识别动物的图案，边缘和部分，并学习如何将图像识别为斑马。研究人员还可以利用其中的一些技能，帮助计算机识别其他动物，如鹿或松鼠。计算机还学会了识别空图像，这些图像是没有动物的图像。在某些情况下，这些空白图像约占所有相机陷印图像的80%。消除所有空图像可以大大加快分类过程。计算机在项目中识别空图像的准确率介于91.2%～98.0%之间，而识别特定物种的准确率介于88.7%～92.7%之间。虽然稀有物种的计算机分类准确度较低，但计算机也可以告诉研究人员对其预测的信心，删除低可信度预测可将计算机的准确度提高到公民科学家的水平。

垃圾分类：目前的垃圾分类领域主要应用的就是计算机视觉技术。实现垃圾分类的前提和基础是垃圾的识别，传统的垃圾分拣技术主要应用的是磁性和重量等传感设备，其根据垃圾的一些物理特性进行简单的分类，当垃圾类型比较复杂时，其分类效果比较差。

环境影响评价：计算机视觉技术不断发展，使得在大范围空间尺度上，针对城市环境评价基于街景图像数据的研究成为一种研究思路。对于城市环境评价来说，传统方法是利用现场调研，人工采集较小规模的数据来进行分析评价，其缺点是难以在大范围、精细化的尺度上进行评估。而街景全景已经在全球范围内广泛应用，与单纯地用现场观测采集到的数据相比较，分析街景图像用于评价城市环境是一种效率更高的方法，且可实现超大规模空间范围的城市环境评价，而且不同空间、不同时间的街景数据也可以通过比较结果来进行科学研究。

3.8 展望

在我国社会经济以及综合实力进步的背景下，人们的生活质量和生活水平得到全面的改善，各种信息技术和科学技术的进步发展，给社会企业带来挑战的同时也带来发展机遇。但是我国资源紧缺的问题也在不断加重，生态环境资源作为人们生活的重要组成部分，在社会发展中不断稀缺，资源污染问题逐渐严重、恶化，给生态环境造成严重影响的基础上，限制社会进步，给人们的生命安全带来威胁。

现代智慧生态系统的应用，不仅能够实现大气、地下水、农村环境、农业面源、生物多样性等多个方面的进步和发展，还能够将污染源对土壤、生态、辐射、固废危废、挥发性有机物等要素以及用水、用电、用料和污染物的产生的实际分布情况、污染情况、数据信息等进行整合，提高事前监管和预警预报能力，实现资源的全面共享，保证资源的科学合理利用，提升工作效率的同时，促进生态环境工程行业的现代化建设与发展，改善生态环境，实现可持续发展的战略目标。

第4章 “共筑梦想 创赢未来”绿色产业创新创业大赛2022年度生态环境领域智慧技术优秀项目

4.1 环境传感器技术及应用

4.1.1 项目简介

环境传感器技术及应用是以传感器技术为核心，自主研发，创新为主的国家高新科技技术，具有ISO 9001国际质量管理体系认证证书。产品体系涵盖元器件、传感器、变送器、记录仪、控制器和监测系统，主要产品有四大系列：温湿度系列、空气质量传感器系列、检测水分水质传感器系列、多参数环境检测仪系列（图8-1）。

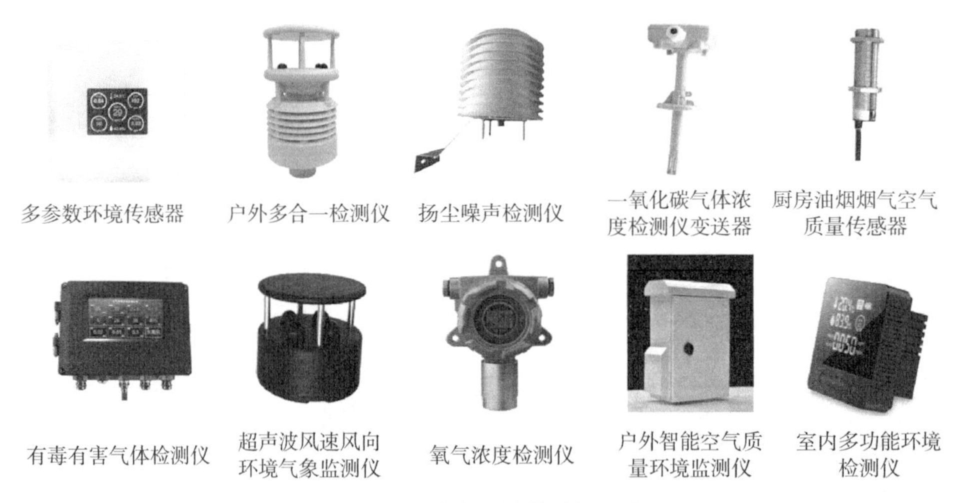

图8-1 多参数环境检测仪系列

4.1.2 竞争优势

此技术产品集成度高，芯片功能使用率达到90%以上，成本优化；功耗优化至同类产品的十分之一，有独特风道设计，彻底解决电路板温升问题，测量精确，响应快；应客户需求增减检测参数，匹配不同的输出方式，用于室内、室外等多种场合。适用于多种场景，如AI人体测温、暖通空调、智慧楼宇、消费电子、汽车电子、智能家居、智慧农业、工业检测、气象检测等。

4.2　水环境智慧管控的核心数字引擎

4.2.1　项目简介

水环境智慧管控一系列模型算法融合环境传感监测、大数据、人工智能、环境模型、物联网等先进的使能技术，建立起城市水体监测—预警—溯源—管理决策的综合系统，能够智能化、精细化地服务城市水体规划管理和运维管控。基本模式为通过监测获取水质变化状态，为后续的管控提供数据支撑，通过预警预报呈现出水质现在的异常变化和未来可能的变化趋势，当发生污染事件时，通过溯源找到污染源头。

4.2.2　竞争优势

该项目可面向政府部门，帮助其提高执法行政效率，降低人力成本，为其提供便捷准确的规划分析决策等服务；面向水务行业公司，为其提供水体运维需要的智能高效的管控工具；面向跨界进入水务领域的IT公司，为其提供底层环境模型开发经验；面向水务相关设计院、环科院，辅助其规划设计，提高设计效率、提高成果质量。

4.3　露天矿无人驾驶运输项目

4.3.1　项目简介

露天矿无人驾驶运输项目专注于矿区无人驾驶技术研发、产品开发及系统解决方案。通过端—边—云架构的智慧矿山整体系统规划，由云端调度管理、车联网通独有的“驾驶机器人＋线控”的混合驾驶执行技术可以适应多种车型和矿区；为矿区研发的环境感知融合技术、路径智能规划技术、动态路径智能规划技术、V2X智能协同交互技术、平台智能调度技术、车辆行驶优化技术及核心算法已经经过矿区的使用验证，具备可靠、高效的特点。

4.3.2　竞争优势

无人驾驶运输对优化露天矿运营有长期价值，可以持续降低矿山生产安全事故，避免人员伤亡事故，保障生产连续性；无人驾驶方案可帮助企业持续发现成本优化点，进一步提升利润水平；无人驾驶持续产生运输环节的大量数据，助力企业运营管理精细化、透明化；运输无人化，可以推动车辆/轮胎生产改进等。

4.4 智慧型循环水管理系统

4.4.1 项目简介

智慧型循环水管理系统根据用户需要将多种在线水质监测仪表（电导率仪、pH计、氯离子计或根据用户需求增加仪表种类）相结合，通过反馈数据、自动运算、自动控制循环水系统的补水及排水，实现循环水系统全自动、数据化、精细化管理。该系统是根据用户需要选配，并与自动或智能型垢菌清一起配套使用，无法单独使用。通过手机APP与能管中心的中央控制系统共同实现循环水全系统实时监控（图8-2）。

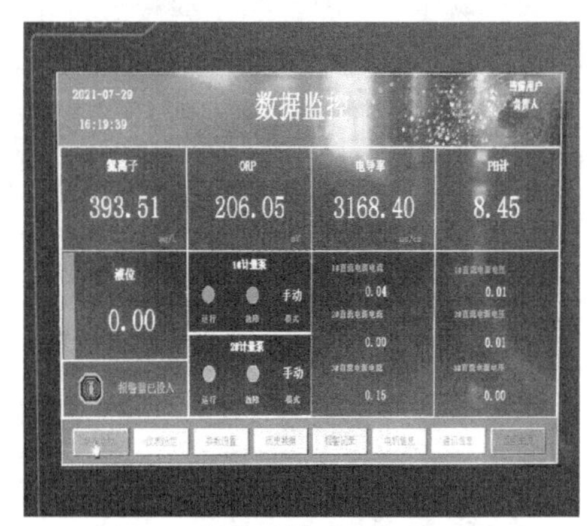

图8-2 智慧型循环水管理系统

4.4.2 竞争优势

智慧型循环水管理系统可以实现平均节水达30%甚至40%以上，运行成本低、换热效率高，运行费用仅为传统药剂法的10%左右，换热效率提高了30%以上。将消耗品支出转化为固定资产投资，还可申请政府技改补助，享受税收优惠政策。全自动智能化运行，无须人工值守，提高现场人员的安全性；实现数字化、信息化，物联网运行，实现万物互联。此项技术适用于化工、焦化、钢铁、制药、水泥等行业。

4.5 基于智能锂电的充换电管理系统

4.5.1 项目简介

基于智能锂电的充换电管理系统项目集智能电池研发和储能系统、智能换电站、充放电安全监测SaaS平台于一体，将大数据、互联网、人工智能等新一代数字化技术贯穿于换电站终端和用户终端，构成了智能换电多能协同的物联生态系统。提供两轮、三轮低速电动车，为外卖、快递、跑腿等高频骑手以及个人用户提供锂电销售、租赁及充换电服务。以智慧锂电为核心产品，建设分布式轻型储能换电站，响应国家碳达峰、碳中和战略部署，实现低碳出行、无限续航的终极目标。

4.5.2 竞争优势

此系统主要面向城市快递物流、外卖及到家服务、民用市场提供电池租售＋能源补给＋电池循环利用＋碳交易。根据市场预测，B端换电市场潜力巨大。

4.6 公路隧道安全节能智慧运营管理平台

4.6.1 项目简介

公路隧道安全节能智慧运营管理平台项目从驾驶员行车安全、稳定和舒适的视认需求理论出发，通过光环境研究、光环境特性评价指标体系及标准阈值的分析，采用4大核心技术，在确保安全通行的前提下，实现隧道运营的3次节能（图8-3）。以5G通信、人工智能、北斗导航、大数据、云储存等为技术支撑，通过该平台对隧道内硬件设施、设备进行智慧化管控，从而实现公路隧道智慧化运营管理。3次节能方案分别为同步照明技术，从光源上实现隧道照明节能；风光电储一体化，从能源结构实现隧道照明节能；高分子纳米材料，隧道墙体反光增亮达到节能。

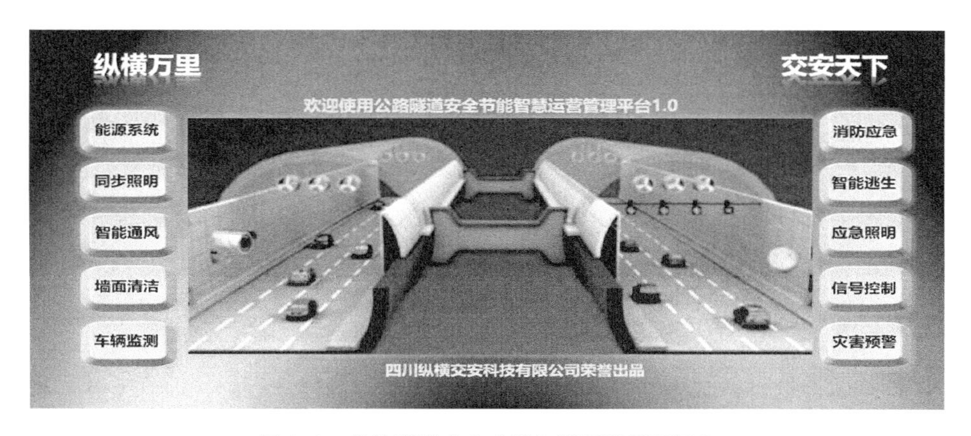

图8-3　公路隧道安全节能智慧运营管理平台

4.6.2 竞争优势

数据推演显示，该平台的使用可有效降低80％以上的隧道交通事故，确保交通参与者的生命财产安全，增强隧道通行的安全感。降低隧道维护风险。同步照明措施，可实现和自然光80％的亮度同步、93％的色温同步，从而消除“黑洞”和“白洞”现象，配合车距监测控制手段，可让隧道通行提速25％。通过3次节能措施和相关技术手段，可实现55％以上的节能效果。降低隧道运营管理成本，据测算，单洞/千米/月可减少电费支出近5万元。精准疏通公路通行的重要“堵点”，遇隧道不再降速通行，使公路路网运营更加畅通、高效。

参考文献

[1] 李超民. 智慧社会建设：中国愿景、基本架构与路径选择 [J]. 中国社会科学文摘，2019(11)：94-95.

[2] 刘焕，温楠楠. “互联网＋”智慧环保技术发展研究 [J]. 绿色环保建材，2021(1)：39-40.

[3] 蓝枫. 智慧城市 智慧建设 [J]. 城乡建设，2018(5)：20-23.

[4] 卢溪. 生态发展视角下的智慧城市探索 [J]. 硅谷，2013，6(15)：141-143.

[5] 吴琳琳，侯嵩，孙善伟，等. 水生态环境物联网智慧监测技术发展及应用 [J]. 中国环境监测，2022，38(1)：211-221.

附录

“共筑梦想　创赢未来”绿色产业创新创业大赛概况

2023年，“共筑梦想　创赢未来”绿色产业创新创业大赛（以下简称绿创赛）情况介绍。

一、绿创赛背景

2022年10月，党的二十大明确提出了中国的发展要实现“中国式的人与自然和谐共生的现代化”，并做出了“加快发展方式绿色转型、深入推进环境污染防治、积极稳妥推进碳达峰碳中和以及提升生态系统多样性、稳定性、持续性”的重要工作部署。2023年是贯彻二十大会议精神的初始之年，也是实现“十四五”规划任务的中坚之年，绿色产业作为推动生态文明建设的产业基础，并将在新时期的国家发展中发挥着日益重要的作用。

“共筑梦想　创赢未来”绿色产业创新创业大赛，由政府部门、研究机构、中央企业、行业联盟等共同举办，经过三年的发展，绿创赛吸引了众多“专精特新”企业、科研机构、投融资机构、社会组织等参与赛事合作，规模和影响力不断扩大。2023年，我们将不忘初心，继续筹备好绿创赛本年度的各项赛事，计划设置深圳、成都、海外以及国内重点创新城市等多个赛区，为推动绿色产业发展、助力经济社会发展的总体转型做出贡献。

二、绿创赛目的

引资源：为政府绿色发展战略引入创新资源。

注动力：为绿色产业全面发展注入第一动力。

搭舞台：为高校、科研机构和企业优秀人才提供展现能力和创造力的绝佳舞台。

选项目：为金融机构寻求优质投资标的。

促发展：促进参赛企业和团队的持续发展。

三、绿创赛基本情况

（一）指导单位、主办单位、承办单位

指导单位：生态环境部对外合作与交流中心、深圳市生态环境局、中国电力建设集团有限公司。

主办单位：中电建生态环境集团有限公司、一带一路环境技术交流与转移中心（深圳）、中国电建集团成都勘测设计研究院有限公司、中国电建集团国际工程有限公司等。主办单位正面向国内外征集。

承办单位：水环境治理产业技术创新战略联盟、深圳市华浩淼水生态环境技术研究院。

（二）组织形式

线下：国内演播厅连线国际嘉宾。

线上：网络同步直播。

（三）举办时间

2023 年 3—10 月赛事推介、项目征集、专家初评等，11 月举行全国总决赛及签约仪式。

（四）报名条件

团队组参赛条件：

(1) 在本届大赛截止报名日前尚未注册成立企业的、拥有科技创新成果和创业计划的创业团队（如海外创业团队、海外留学回国创业人员、进入创业实施阶段的优秀科技团队、学生创业团队等）。

(2) 团队核心成员不少于 3 人。

(3) 参赛项目属于绿色产业相关领域，项目的产品、技术、专利归属参赛团队，且无产权纠纷。

企业组参赛条件：

(1) 企业具有创新能力和高成长潜力，业务属于绿色产业相关领域，拥有知识产权且无产权纠纷。

(2) 在国内已经注册公司。

(3) 企业经营规范，社会信誉良好，无不良记录。

(4) 创新创业项目有落地或寻找合作伙伴的需求。

四、绿创赛奖励机制

1. 物质奖励

(1) 入围赛区比赛的项目将获得赛区入围证书。

(2) 比赛晋级项目将颁发优胜奖。

(3) 全国总决赛设置特、一、二、三等奖，创新创意奖和最佳人气奖。

2. 论文及产业报告

(1) 晋级绿创赛比赛的项目将在《水环境治理》杂志上发表相关文章。

(2) 晋级决赛的项目入选《中国水环境治理产业发展研究报告》。

3. 优秀项目支持

(1) 用户方推荐：获奖项目以及成功进入决赛的参赛项目将汇编成册，向相关领域和用户单位推送，以开展进一步合作孵化。

(2) 政策支持：对于符合科技创新相关政策要求的项目，将以技术咨询服务的方式协助其申请相关的政府配套政策。

(3) 融资及落地支持：对获奖项目提供投融资对接服务；协助获奖项目申请落户天津经济技术开发区及深圳市天安云谷产业园等，享受创业扶持政策和创业孵化服务，助力项目落地。

(4) 宣传推广：对获奖项目，组织公共服务平台和相关主流媒体、行业媒体，给予优先宣传推广。

2022年“共筑梦想　创赢未来”绿色产业创新创业大赛入围项目清单

绿创赛至今已成功举办3届，从2020年“天津＋深圳”双城互动的举办形式，发展到2022年在国内和国际设立多个分赛区，赛事影响力辐射京津冀、长三角、珠三角、成渝城市群等重点发展区域和美国、欧洲、日本等海外区域。经过几年的发展，赛事规模和影响力都在全面提升，已经汇集1 000余项优质创新项目，技术涵盖“绿色低碳、清洁能源、生态环境”等众多领域，涉及中国电力建设集团有限公司“水、能、砂、城、数”新发展战略的多个方面。

2022年绿创赛入围项目清单如下表所示。

序号	项目类别	项目名称	赛区
1	节能环保	环保新材料与环保高端装备	青岛赛区
2	节能环保	无橡胶、零排放非公路聚氨酯充气工程轮胎的产业化	青岛赛区
3	节能环保	生活垃圾消纳无废循环利用项目	青岛赛区
4	节能环保	爱降解有机垃圾处理及有机菌肥应用	青岛赛区
5	节能环保	柔性复合磨料及配套设备	青岛赛区
6	节能环保	85 ℃螺杆式高温水汽能热泵的研发与应用	青岛赛区
7	节能环保	基于固废利用的绿色低碳节能环保建筑材料	青岛赛区
8	节能环保	农林废弃物无害化以及资源化利用项目	青岛赛区
9	节能环保	HyFA“氢”电源项目	昆明赛区
10	节能环保	第三代环保减震保温材料制备技术研发及产业化	昆明赛区
11	节能环保	石墨烯远红外加热涂层技术	昆明赛区
12	节能环保	难降解有机污染物微活性氧高效处理技术	昆明赛区
13	节能环保	垃圾渗滤液及新能源行业高氨氮废水脱氨处理	昆明赛区
14	节能环保	基于合成微生物技术的生物膜流化床	昆明赛区
15	节能环保	污泥资源化环保处理的先行者	昆明赛区
16	节能环保	氮化镓外延片与微波/毫米波功率器件	昆明赛区

续表

序号	项目类别	项目名称	赛区
17	节能环保	飞行汽车终结者——甲翼机的研发及产业化	昆明赛区
18	节能环保	热分选气化裂解发电技术在碳中和中的应用	昆明赛区
19	节能环保	一种运用于有限空间的清淤机器人	昆明赛区
20	节能环保	一种可兼容碳银基芯片晶体管短沟道材料及柔性智能显示透光电极材料的中试量产项目	深圳赛区
21	节能环保	增材制造微细球形金属粉末材料在贵重难熔金属高质量绿色再生技术中的应用	深圳赛区
22	节能环保	高性能天然表面活性剂	深圳赛区
23	节能环保	绿色高效食用油制造——超临界压萃复合制油技术及装备集成	深圳赛区
24	节能环保	园林绿化废弃物处理新装备、新模式	深圳赛区
25	节能环保	节水型多功能水嘴	深圳赛区
26	节能环保	集医疗污水处理和杀菌消毒于一体的电氧化污水处理系统	深圳赛区
27	节能环保	以低品位弱磁铁尾矿固废加工铁精粉（代替进口铁矿石）资源再利用项目	深圳赛区
28	节能环保	手持储备应急电源	深圳赛区
29	节能环保	高效传热技术及热管理系统	深圳赛区
30	节能环保	材料创新驱动可持续水环境治理修复	深圳赛区
31	节能环保	环境传感器技术及应用	深圳赛区
32	节能环保	石油化工含油污泥和废水综合排放低碳创新技术及应用	深圳赛区
33	节能环保	微型无动力一体式原位微生物刺激技术——TWC 生物蜡	深圳赛区
34	节能环保	水环境智慧管控的核心数字引擎	深圳赛区
35	节能环保	能量吸收型材料	深圳赛区
36	节能环保	低碳节能绿色清洗剂在工业上的应用	深圳赛区
37	节能环保	国内领先的亚硝酸基同步脱氮（SNR-N）工艺在高氨氮废水中的应用	深圳赛区
38	节能环保	ECOFLEX 设计施工一体化软件	深圳赛区
39	节能环保	From CH_4 to H_2（Hydrogen）easy generator 从 CH_4 到 H_2（氢气）简易发电机	国际赛区
40	节能环保	八点以后 ZeroFoodWaste	国际赛区
41	节能环保	Sustainable Road Construction Using Lignin Fibers，A Quota to Climate Change Control 使用木质素纤维的可持续道路建设，气候变化控制的变量	国际赛区

续表

序号	项目类别	项目名称	赛区
42	节能环保	Utilizing and Storing the CO_2 by Carbonate the Solidwaste 固体废物中二氧化碳碳酸氢盐的利用和储存	国际赛区
43	节能环保	Wastewater Treatment Intelligent Process Control System 废水处理智能过程控制系统	国际赛区
44	节能环保	Development of Microbial Electrochemical Technology for Sustainable Water Remediation：From Waste To Watts 开发用于可持续水修复的微生物电化学技术：从废能到电能	国际赛区
45	节能环保	New Application of Wireless Online Radar Intelligent Level Gauge in Water Environment Treatment 无线云雷达智能液位计在水环境治理领域中的全新应用	国际赛区
46	节能环保	levapor@web. de	国际赛区
47	节能环保	Sudhir. Shreedharan@SchnellLiFi. com	国际赛区
48	清洁生产	智能型信息化循环水管理系统	青岛赛区
49	清洁生产	磁性等离子技术	昆明赛区
50	清洁生产	圆筒式风机应用	昆明赛区
51	清洁生产	低碳绿色仿木纹混凝土新型景观地铺材料	昆明赛区
52	清洁生产	基于源网荷储的区域级大型社区及园区能源近零碳技术应用	深圳赛区
53	清洁能源	大功率车载燃料电池用氢气循环系统	青岛赛区
54	清洁能源	金属加工液净化循环利用设备及管家式服务	青岛赛区
55	清洁能源	低成本超薄金属复合双极板产业化项目	青岛赛区
56	清洁能源	高性能动力锂电池单晶正极材料产业化	青岛赛区
57	清洁能源	基于无机硅的纳米新材料及创新应用	青岛赛区
58	清洁能源	基于智能锂电的充换电管理系统	昆明赛区
59	清洁能源	智慧沉浮式水能、路基能源回收发电与雾霾治理系统	昆明赛区
60	清洁能源	太阳能制备污泥为燃料技术装备	昆明赛区
61	清洁能源	大容量绿色飞轮储能电池研发及产业化	昆明赛区
62	清洁能源	中小功率燃料电池技术	深圳赛区
63	清洁能源	水系钠离子电池	深圳赛区
64	氢能	g. giorgi@esarobotic. com	国际赛区
65	氢能	磁性等离子技术	昆明赛区
66	基础设施	公路隧道安全节能智慧运营管理平台	昆明赛区

续表

序号	项目类别	项目名称	赛区
67	绿色服务	有机-无机聚合保水肥料（合子肥）	青岛赛区
68	绿色服务	VOC 尾气治理及废气中有价值气体回收再利用	青岛赛区
69	绿色服务	城市双碳大脑（全景数字孪生近零循环城市双碳治理云平台）	青岛赛区
70	绿色服务	海洋渔业碳汇项目	青岛赛区
71	绿色服务	工业有机废气超低排放控制技术	青岛赛区
72	绿色服务	无线无源绿色节能建筑 AIoT 智控系统	昆明赛区
73	绿色服务	绿巨能回收——互联网全品类回收循环生活服务平台	昆明赛区
74	绿色服务	环保与双碳管理数据平台项目	深圳赛区
75	绿色服务	碳迹-因子库	深圳赛区
76	绿色服务	综合能源管理及低碳路径研究	深圳赛区
77	绿色服务	Carbon Baseline	国际赛区

水环境治理产业技术创新战略联盟简介

水环境治理产业技术创新战略联盟（简称“水环境联盟”）成立于2016年12月29日，是在政府相关部门的指导和支持下，由中电建生态环境集团有限公司、北京大学环境科学与工程学院、中国环境科学研究院、南京水利科学研究院、清华大学土木水利学院、深圳市标准技术研究院、中国水利水电科学研究院、河海大学共同发起成立的技术创新合作组织。水环境联盟现有成员单位近200家，涵盖了国内外知名高校、科研院所及水环境治理产业链各个环节的优秀企业。目前，水环境联盟已获得教育部、科技部、工信部、中国科学院、中国工程院、广东省人民政府产学研结合协调领导小组办公室的产业技术创新联盟认定，并成为通过2018年中国产业技术创新战略联盟协同发展网网员注册的唯一一家环保行业联盟，是157家国家试点联盟之一。

水环境联盟的组建宗旨是以国家创新驱动战略为指导，整合集聚国家、社会和地方科技创新资源，建立产学研融、信息和知识产权等资源共享机制，推动水环境治理产业研究、实验、科研成果转移转化和标准化建设，形成具有自主知识产权的水环境治理产业关键技术和重大装备产品，建设成为水环境治理产业技术联合创新平台、水环境治理一揽子解决方案整体服务平台和水环境治理高端智库，形成具有自主知识产权的水环境治理产业核心技术和产品，为水环境治理产业发展做出贡献。

水环境联盟的创新总体目标定位为探索建立以企业为主体、市场为导向、产学研融结合的产业技术创新机制；集成和共享技术创新资源，加强合作研发，突破水环境治理产业共性和关键技术瓶颈，形成产业标准和规范，搭建联合攻关研发平台，实现创新资源的有效分工与合理衔接，实行知识产权共享；实施技术转移，加速科技成果的商业化运用，提升产业整体竞争力；联合培养人才，加强人员的交流互动，为产业持续创新提供人才支撑；开展技术辐射，培育水环境治理领域重大产品创新的产业集群主体，使水环境联盟成为国家技术创新体系的重要组成部分。

一、理事长单位

中电建生态环境集团有限公司

中电建生态环境集团有限公司（原中电建水环境治理技术有限公司，2019年7月26日，经深圳市工商局变更登记为中电建生态环境集团有限公司）是中国电力建设集团有限公司（简称“中国电建”）在深圳注册设立从事生态环境治理的专业化平台公司；是集团整合水利、生态环保、景观治理等领域咨询、设计、技术、施工、业绩和品牌资源，搭建的水利（水务）、环境产业高端营销平台；是集团引领水利（水务）建设、环境治理等战略性新兴业务，开展相关投资建设、运营管理的重要子企业。经过三年多的不懈努力，已逐步成长为具有生态环境治理核心优势的百亿级生态环境集团。

中电建生态环境集团有限公司拥有环保工程专业承包等3项一级资质，水利水电等4个专业的工程咨询资格。注册资本金33.44亿元人民币。目前，在深圳、广州、成都、南昌、福州等地有超过40个生态环境治理工程，累计中标金额超过800亿元。

作为国家高新技术企业，累计发布相关标准等33项，申报国家专利150项，获批74项，获准设立了博士后科研工作站、博士工作站，新登记软件著作权12项。公司依托深圳市茅洲河流域水环境综合整治工程，建成世界最大污泥处理厂，月处理污泥达15万 m^3，全面实现了茅洲河污泥的资源化利用。公司水环境治理信息化科技项目成果经济效益与生态效益显著，总体达到国际领先水平。

二、副理事长单位

北京大学环境科学与工程学院

北京大学环境科学与工程学院是北京大学的二级学院。北京大学在1972年创建我国最早的环境科学专业之一，包括环境化学分析、环境地学方向。1978年，获环境化学、环境地学专业等硕士点授权；1985年，正式以环境科学中心为单位招收研究生；1991年，建立“环境模拟与污染控制”国家重点联合实验室；1994年，成立北京大学中国持续发展研究中心；1995年，成立北京大学环境工程研究所；2002年，环境科学中心、城市与环境学系和技术物理系的环境化学教研室合并成立环境学院；2007年，北京大学正式成立环境科学与工程学院。

河海大学

河海大学是以水利为特色，工科为优势，经、管、文、理、法、艺、教、农等多学科协调发展的中华人民共和国教育部直属全国重点大学，教育部、水利部、国家海洋局与江苏省人民政府共建高校，是国家“双一流”建设高校，国家“211工程”重点建设、“985工程优势学科创新平台”建设以及设立研究生院的高校，全国首批具有博士、硕士、学士三级学位授予权的单位，入选国家“111计划”、“卓越工程师教育培养计划”、国家级大学生创新创业训练计划、国家建设高水平大学公派研究生项目、国家级新工科研究与实践项目、中国政府奖学金来华留学生接收院校、国家大学生文化素质教育基地、全国高校实践育人创新创业基地。

河海大学的前身可以追溯到1915年张謇创建于南京的“河海工程专门学校”，是中国首所培养水利人才的高等学府。1924 年与“国立”东南大学工科合并成立河海工科大学，1927 年并入“国立”第四中山大学，后更名为“国立”中央大学、南京大学。1952 年，南京大学水利系、交通大学水利系、同济大学土木系水利组、浙江大学土木系水利组以及华东水利专科学校合并成立“华东水利学院”。1960 年被中共中央认定为全国重点大学。1985 年恢复传统校名“河海大学”。

南京水利科学研究院

南京水利科学研究院是中国综合性水利科学研究机构、国家级社会公益类非营利性科研机构。主要从事基础理论、应用基础研究和高新技术开发，承担水利、交通、能源等领域中具有前瞻性、基础性和关键性的科学研究任务。同时受水利部、交通运输部、国家能源局领导。

南京水利科学研究院建于 1935 年，原名中央水工试验所，是中国最早成立的综合性水利科学研究机构；2001 年被确定为国家级社会公益类非营利性科研机构；2009 年更名为南京水利科学研究院。南京水利科学研究院有科研人员 1 300 余人，具有高级以上职称的有 670 多人。设有水文水资源研究所、水工水力学研究所、海洋资源利用研究中心等研究机构和南京瑞迪建设科技有限公司等研发机构。建有水文水资源与水利工程科学国家重点实验室和国家级国际联合研究中心，以及水利、交通、能源行业 9 个部级重点实验室、技术研发中心、工程技术研究中心。

清华大学土木水利学院

土木工程系是清华大学历史最悠久的系科之一。早在 1916 年清华学校（清华大学前身）即开始招收土木工程学科的留美专科生。1925 年清华学校建立大学部，1926 年学校成立工程系，含土木、机械、电机三科，由此正式揭开土木工程系的历史。1928 年，清华学校更名为“国立”清华大学，设文、理、法、工四个学院，16 个系，其中有土木工程系。

土木水利学院现有事业编制教职工 177 人，其中教学科研人员 149 人；在站博士后 128 人，合同制员工 197 人。教师中有两院院士 9 人，学院现有国家级教学团队 1 个，国家自然科学基金委创新研究群体 1 个，教育部创新团队 3 个。

深圳标准技术研究院

深圳市标准技术研究院成立于 1984 年，直属于深圳市市场监督管理局，是深圳市专业从事标准化研究、服务和应用工作的准公益类科研事业单位，也是国家标准委批复的国家欧洲标准研究中心、国际标准化组织发展中国家事务委员会（ISO/DEVCO）国内技术对口单位、国家技术标准创新基地及国际标准化人才培训基地等，是全球第 99 家 WTO 信息查询服务中心，加挂全国组织机构代码管理中心深圳分中心、中国物品编码中心深圳分中心等国家级技术机构牌子。

院内设部门 16 个，引进和培养了一支近 400 人（其中近 50%的人具有博士、硕士学位）的科研服务队伍，在全国地方标准院所中科研能力最强、员工总数最多、业务领域最广、国际标准化参与程度最高，是集计量、标准、认证、政府专业实验室为一体的综合性标准化科研机构。

中国环境科学研究院

中国环境科学研究院成立于1978年12月31日，隶属中华人民共和国生态环境部。中国环境科学研究院围绕国家可持续发展战略，开展创新性、基础性重大环境保护科学研究，致力于为国家经济社会发展和环境决策提供战略性、前瞻性和全局性的科技支撑，服务于经济社会发展中重大环境问题的工程技术与咨询需要。

中国水利水电科学研究院

中国水利水电科学研究院隶属中华人民共和国水利部，是从事水利水电科学研究的公益性研究机构。1958年经国务院规划委员会批准，将国内多家水利水电科研单位合并，组建了水利水电科学研究院。1994年经国家科委批准更名为中国水利水电科学研究院。

中国水利水电科学研究院以研究解决水利发展中战略性、全局性、前瞻性、基础性的科学技术问题为重点，为国家和行业宏观决策提供科技支撑；以研究解决经济建设中重大水利水电工程关键技术问题为重点，提供科技保障和服务。

中国电建集团港航建设有限公司

中国电建集团港航建设有限公司是世界500强企业——中国电建的重要专业化子公司、中国电力建设股份有限公司控股子公司。

2007年，中国水电建设集团为应对后水电时代、完善产业链，支撑子企业更好地承接含有水上施工的综合性项目，整合集团内港工疏浚业务资源，设立了中国水电建设集团港航建设有限公司。2017年，公司更名为中国电建集团港航建设有限公司。公司注册地位于天津市滨海新区，注册资本金14.6亿元。

公司主要从事港口航道、疏浚吹填、水环境治理、水利水电、生态修复、市政、房建、公路、基础处理、园林绿化等大型基础设施建设，以及相关的投资、运营、咨询等业务，为客户提供投资、咨询规划、设计建造、管理运营等完备的服务解决方案。公司拥有港口与航道工程施工总承包一级、水利水电工程施工总承包一级、市政公用工程施工总承包一级、建筑工程施工总承包一级等多项总承包和专业承包资质，通过国家质量、环境和职业健康安全管理体系认证。公司按照业务方向下设港湾工程、水资源与环境、水利水电、基础设施多个分公司和超过20个国内外经营分支机构。公司经营区域覆盖国内除港澳台以外的所有省份，海外业务涉及亚洲、非洲、南美洲，足迹遍布全球十多个国家。公司拥有一支年富力强、结构合理、专业素质过硬的人才队伍。本科及以上学历人员占比超过员工总数的60%，有注册建造师、造价师、会计师、结构工程师、安全工程师数百名。公司拥有近百艘绞吸、打桩、抓斗、起重等各类大型工程船舶和上千台（套）港工、水利、公路等配套施工设备，设备自动化程度处于世界领先水平。

中国电建集团西北勘测设计研究院有限公司

中国电建集团西北勘测设计研究院有限公司（简称“西北院”），成立于1950年，是世界500强企业——中国电建的重要子企业。是我国首批成立的大型勘察设计企业，持有工程勘察、工程设计、工程监理、工程咨询资信评价等“四综甲”资质资信。拥有水利水电工程、电力工程、市政公用工程施工总承包一级资质及支持多业务发展的一系列行政许可及信用评价。

西北院注册资本金21.5亿元，现有各类用工6 000余名，业务遍及国内多个省区和21个海外国家（地区），在水电与抽水蓄能、新能源与电力、水利与生态环境、城乡建设与基础设施等领域形成了鲜明的技术特色、工程管理、投融资和全过程智慧化服务能力，是集规划咨询、勘测设计、工程承包、投资运营于一体的科技型工程公司，具备为政府、社会、投资方、合作伙伴提供一揽子综合解决方案的综合能力和一流水平。

70余年来，西北院始终坚持服务国家战略，实现了一次次跨越，成功打造了“西北水电”“NWH”“NWE”等知名品牌。现有中国工程设计大师1人，签约院士/大师5人，省级或行业勘察设计大师16人，高级及以上专业技术人才2 300余人；拥有6个国家级创新平台，8个省部级创新平台，6个政企/校企联合创新平台，4个院士工作站/室；获得国家科技进步奖27项（特等奖1项）、省部级科技奖329项，国家级、省部级等优秀工程奖453项；拥有授权专利和软著1 030项（发明专利150余项），国际专利3项，省部级工法40余项；每年在编国家/行业/地方/团体等技术标准100余项，在编国际标准3项，出版技术专著38部。荣膺“全国五一劳动奖状”，入选国务院国资委“科改示范企业”，获评国家高新技术企业、国家知识产权示范企业、国家知识产权优势企业、陕西省知识产权示范企业和陕西省技术创新示范企业。

放眼未来，西北院将全面推进“一二四四”中长期发展战略，以服务可再生能源开发、生态环境治理、基础设施建设，引领行业进步，促进社会发展为使命，致力于发展一流技术、打造一流管理、提供一流服务、培养一流人才，建设成为国际一流科技型工程公司。

中国电建集团中南勘测设计研究院有限公司

中国电建集团中南勘测设计研究院有限公司（简称“中南院”）始建于1949年，总部位于湖南省长沙市，是世界500强企业——中国电建的重要成员企业。具有工程设计综合甲级和工程勘察、工程咨询、工程监理、环境影响评价等16项甲级证书，同时拥有对外承包工程资格证书等多项其他资质。现有在职职工约2 500人，其中，培养了2位中国工程院院士，拥有享受国务院政府特殊津贴的专家10人，教授级高级工程师约450人，持有各类注册执业资格证书员工人数约1 300人。2006年5月，中南院被人社部和全国博士后管理委员会授予博士后工作站单位。

中南院面向国内、国际两个市场，经营格局涵盖技术服务（含规划、勘测、设计、科研、咨询等）、工程承包（含EPC、设备成套、岩土施工等）、投资运营三大板块，业务领域涉足能源电力、水资源与环境保护、基础设施三大领域，形成了以水利、电力勘测设计及工程承包建设为核心，涉及公路和轨道交通、市政、房屋、水生态环境治理等领域综合发展的“大土木、大建筑”的多元化经营格局。

中国水利水电第七工程局有限公司

中国水利水电第七工程局有限公司（简称“水电七局”）组建于1965年，系世界500强企业——中国电建旗下的骨干成员企业，国家“高新技术企业”，全国建筑100强企业。总部位于四川省成都市天府新区。

水电七局具有国家水利水电工程施工总承包特级；建筑工程施工、市政公用工程施工、房屋建筑工程施工、电力工程施工总承包一级资质等近40项专业资质，拥有对外工程承包经营权。

经过50余年的发展，现已成为集施工、设计、科研、投资、物资贸易、电力生产与销售、机械设备制造与加工等多产业于一体的大型中央在川骨干企业，形成了建筑、投资、制造三大主业，水利电力（含水环境治理）、市政工程、轨道交通、房屋建筑、投资运营、装备制造六大业务协同发展的格局。现有职工10 000余人，高中级技术管理人员7 000余人，大、中型施工设备8 000多台（套）。

水电七局在全国31个省（市、自治区）和亚、非、欧、拉美等20多个国家同时执行400多个合同项目。曾为长江三峡、南水北调、西电东送、京沪高铁等重大项目建设的主力军，建成大中型水电站300余座，总装机容量近5 000万kW，并在铁路、地铁、公路、市政、风电、光伏等领域取得辉煌业绩。荣获全国守合同重信用企业，全国工程质量信得过企业，全国建筑业科技进步与技术创新先进企业等荣誉称号。

中国电建集团成都勘测设计研究院有限公司

中国电建集团成都勘测设计研究院有限公司（简称“成都院”），其历史可以追溯至1950年成立的燃料工业部西南水力发电工程处。经过70多年的发展壮大，在能源电力、水务环境、城市建设与基础设施等领域为全球客户提供规划咨询、勘察设计、施工建造、投资运营全产业链一体化综合服务。

人才是第一资源，创新是第一动力。具有包含2名院士（在站）、3名国家勘察设计大师、2名国家百千万人才专家、1名国家监理大师、18名四川省勘察设计大师在内的5 000名高素质人才队伍；国家能源水能风能研究分中心等4个国家级研发机构，四川省城市水环境治理工程技术研究中心等13个高端创新科研中心；工程设计综合甲级、工程勘察综合类甲级、工程咨询资信综合甲级与电力、水利水电、市政公用工程施工总承包一级等 40 余项资质证书，为四川省唯一“三综甲”单位；70 多项国内国际领先技术成果、200 多项国家与行业标准、800 多项省部级国家级奖项、1 700 余项专利技术；遍布全球 60 多个国家和地区的 500 多个工程，使成都院一直保持行业领先地位。

北京金河水务建设集团

北京金河水务建设集团其前身为北京市第一水利工程处。公司员工发扬“开拓、求实、团结、发展”的企业精神，公司已发展成为以水利水电工程施工、建筑装饰、构件生产为支柱的综合企业集团。

公司具有水利水电工程施工总承包一级，具备房屋建筑、市政公用工程、铁路工程、桥梁工程承包资质，下属的装饰装修公司具有甲级设计资质和一级施工资质；水利工程构件厂具有混凝土构件生产二级资质，试验室具有水利工程一级资质。公司拥有一批施工经验丰富、专业知识扎实的施工技术人员和管理骨干队伍，专业技术人员占员工总数的 2/3 以上。

公司 2005 年通过了质量/环境/职业健康安全（GB/T 19001—2000、GB/T 24001—2004、GB/T 28001—2001）管理体系的认证。

公司本着站稳本市水利工程市场，积极开拓外埠市场新天地的原则，为企业今后的发展开辟更大更广阔的领域空间。其中，承建的水利工程主要有转河水系整治工程、京密引水渠技术改造工程、城市水系治理工程、永定河滞洪水库堤防工程、云南省听湖水库除险加固工程、内蒙古额济纳旗黑河生态治理工程、天津引滦入津水源保护工程等。完成的市政桥梁工程主要有南四环跨凉水河主路桥、南北辅桥（最大跨度 40 米）；西外西延车道沟桥等工程。

以上工程质量均为优良，部分工程先后荣获过“部优工程”、“市优工程”以及部级“文明工号”等多项荣誉；城市水系治理工程等 8 项工程被授予北京市长城杯；转河工程等 2 项工程荣获市政基础设施竣工长城杯金质奖。1993 年，公司被国务院发展中心、建设部、国家统计局评为全国五百家最佳经济效益二级建筑企业第 30 名，水利电力系统最佳经济效益第 25 名；1994 年又被国务院发展研究中心、建设部评为全国 100 家最佳经济效益建筑企业第 60 名；公司先后被水利部评为全国水利系统“十强企业”；被北京市工商局评为守信企业。1996—2004 年连续九年被首都精神文明建设委员会授予“首都文明单位标兵”称号。

武汉圣禹智慧生态环保股份有限公司

武汉圣禹智慧生态环保股份有限公司（原武汉圣禹排水系统有限公司，简称“圣禹”）是一家从事城市智慧排水系统、水环境治理技术研发及智能装备制造的高新技术企业；一直致力于为城市水环境治理提供研发、设计、建设、咨询和运营服务，2016 年被认定为高新技术企业，2020 年被评为支柱产业细分领域隐形冠军企业。

圣禹建有院士工作站（任南琪院士，住建部海绵城市建设技术指导专家委员会主任委员，曾任哈尔滨工业大学副校长），在美国、德国和武汉均设有研发机构，研发设计队伍达 150 余人。拥有水环境综合治理领域自主知识产权 1 100 余项，占行业 90%以上；也是住建部《城市黑臭水体整治排口、管道及检查井治理技术指南》《截流井设计规程》的参编企业，是全国 20 多个省市黑臭水体和海绵城市建设导则、规范和图集的参编企业，是住建部市长培训班、水利部河长培训班讲师单位，为国内水环境治理领域的行业规范和技术革新作出了突出贡献。

圣禹在引进欧美（美国、德国）水环境成熟治理理念的基础上，研发出符合中国国情的第四代排水系统——清污分流，并树立了“四位一体”的水环境治理体系。国家生态环境部认为，清污分流技术理念先进、工艺成熟，具有针对性较强、投资较少、成本较低、施工周期较短和施工简便等优点，符合《城市黑臭水质整治工作指南》等相关政策，对解决我国黑臭水体问题具有积极意义。

圣禹具备水环境综合治理的方案规划设计、智能成套装备制造、水生态修复、智慧运维等综合能力。经过几年的努力，圣禹已经成为国内有效整治城市水环境的中坚力量，敢于承诺对水质结果负责。

湖南东尤水汽能节能有限公司

湖南东尤水汽能节能有限公司成立于 2012 年，是率先提出水汽能概念，并利用水汽能进行技术开发与应用的公司，利用水汽能这种生态能源为建筑物提供“制冷、供暖、供热水”三位一体的解决方案，实现“节能减排、清洁供暖、治理雾霾”的目标。公司先后与中国建筑科学研究院、国家空调设备质量监督检验中心、清华大学、湖南大学、中南大学、湖南科技大学、湖南省建筑设计研究院等单位的科研人员及教授开展产学研合作，致力于具国际先进水平的水汽能生态能源及水汽能热泵节能空调系统的技术研究与推广。经过十多年的潜心研发与项目实践，公司先后成功开发出能源天网、全天候太阳能热泵中央空调、中央空调节能控制系统、复合源水地源热泵机组、全天候太阳能水源热泵、水汽能热泵等世界领先的空调系统专利技术，并成功进行产业化应用。目前，公司已成为一家集水汽能技术的产业运营、水汽能区块链及电子商务平台等产融结合的新兴企业

近几年已投产的高精技术产品，成功通过中国住房及城乡建设部的审核认证，载入《中国建筑节能推广手册》，获得“世界自然基金会节能环保气候创行者”奖，公司热源塔热泵系统关键技术和成套装置整体技术已被科技厅认定为“国际先进水平”。2015 年 5 月，本公司报送的全天候太阳能热源塔热泵技术被列入长沙市节能新技术新产品目录。

目前，公司积极响应中央节能减排的号召，大力推广无污染、零排放的水汽能热泵中央空调，并采用 EMC \ BOT \ PPP 等多种合作模式，大力推动新建及改造项

目的节能减排工作。日益壮大的东尤，以立足湖南、辐射全国为战略目标，竭诚为广大客户提供最优质的节能中央空调系统服务。

三、其他成员单位（按拼音顺序排列）

安徽国祯环保节能科技股份有限公司
安徽雷克环境科技有限公司
安徽正一水务有限公司
北京超图软件股份有限公司
北京恒通国盛环境管理有限公司
北京建筑大学海绵城市研究院
北京京阳环保工程有限公司
北京蓝源恒基环保科技有限公司
北京绿景行科技发展有限公司
北京市格雷斯普科技开发公司
北京沃尔德斯水务科技有限公司
北京雪迪龙科技股份有限公司
北京铮实环保工程有限公司
北京正和恒基滨水生态环境治理股份有限公司
北京中科乾和环保科技服务有限公司
柏林水务中国控股有限公司
博天环境集团股份有限公司
长地空间信息技术有限公司
长春天皓环境科技有限公司
成都龙之泉科技股份有限公司
佛山市碧沃丰生物科技股份有限公司
佛山水木金谷环境科技有限公司
佛山玉凰生态环境科技有限公司
福建中榕重态环保有限公司
古福承三友（广州）环保科技有限公司
广东河海工程咨询有限公司
广东三江蓝生态科技有限公司
广东省电信规划设计院有限公司
广东省广和生态环境股份有限公司
广东顺德环境科学研究院有限公司

广东天鉴检测技术服务股份有限公司
广东新环环保产业集团有限公司
广东粤海水务股份有限公司
广东鑫国环保科技有限公司
广东中灏勘察设计咨询有限公司
广东智水科技发展股份有限公司
广东酌希生态环境科技有限公司
广东卓信环境科技股份有限公司
广州地理研究所
广州和源生态科技发展有限公司
广州华浩能源环保集团股份有限公司
广州市景泽环境治理有限公司
广州太和水生态科技有限公司
广州粤澄环境科技有限公司
广州昭和环保科技有限公司
广州中科云图智能科技有限公司
广州资源环保科技股份有限公司
国合凯希水体修复江苏有限公司
哈尔滨工业大学环境学院
哈希水质分析仪器（上海）有限公司
河北泉恩高科技管业有限公司
河南郑大建筑材料有限公司
湖南尚佳绿色环境有限公司
湖南易净环保科技有限公司
湖南泽通实业有限公司
华测检测认证集团股份有限公司
华创天元实业发展有限责任公司
华南泵业有限公司
华融证券股份有限公司深圳分公司
环境保护部华南环境科学研究所
建华建材（中国）有限公司
剑科云智（深圳）科技有限公司
江苏复城建设集团有限公司
江苏力鼎环保装备有限公司

江苏启创环境科技股份有限公司
江苏双良环境科技有限公司
江西金达莱环保股份有限公司
金科环境股份有限公司
昆明康德尔电子有限公司
芒果传感技术（深圳）有限公司
南京市市政设计研究院
南京中科水治理股份有限公司
浦华环保股份有限公司
青岛浩澳环保科技有限公司
青岛颐杰鸿利科技有限公司
青岛中亚环保工程有限公司
清华大学深圳国际研究生院
三峡大学
山东水发优膜科技有限公司
汕头市弘东环境治理有限公司
上海凡清环境工程有限公司
上海海德隆流体设备制造有限公司
上海水源地建设发展有限公司
上海同臣环保股份有限公司
上海威尔泰仪器仪表有限公司
上海中晟环能碳科技有限公司
深圳地大水务工程有限公司
深圳国说检测技术有限公司
深圳晶圣科技发展有限公司
深圳深态环境科技有限公司
深圳市百欧森环保科技股份有限公司
深圳市北京大学深圳研究院分析测试中心有限公司
深圳市长降科技有限公司
深圳市碧园环保技术有限公司
深圳市长隆科技有限公司
深圳市固昇财务顾问有限公司
深圳市广汇源环境水务有限公司
深圳市广水建设集团有限公司

深圳市汉源生物科技开发有限公司
深圳市鸿效节能股份有限公司
深圳市环境工程科学技术中心有限公司
深圳市进和实业发展有限公司
深圳市昆特科技有限公司
深圳市朗石科学仪器有限公司
深圳市南科环保科技有限公司
深圳市前海微升科学股份有限公司
深圳市清研环境科技有限公司
深圳市深港产学研环保工程技术股份有限公司
深圳市深水水务咨询有限公司
深圳市水务规划设计院有限公司
深圳市水务（集团）有限公司
深圳市天之泰道路材料有限公司
深圳市铁汉生态环境股份有限公司
深圳市巍特环境科技股份有限公司
深圳市沃而润生态科技有限公司
深圳市郁南生物科技有限公司
深圳市粤环科检测技术有限公司
深圳市智薯环保科技有限公司
深圳天澄科工水系统工程有限公司
深圳同道环保科技有限公司
深圳文科园林股份有限公司
深圳永清水务有限责任公司
深圳宇华环境科技有限公司
深圳中兴网信科技有限公司
水电水利规划设计总院
四川中科水务科技有限公司
四创科技有限公司
苏交科集团股份有限公司
泰州晟禾水处理设备制造有限公司
天津海之凰科技有限公司
天津万润华夏环境技术有限公司
武汉大学资源与环境科学学院

武汉理工大研究院有限公司
武汉新烽光电股份有限公司
武汉中仪物联技术股份有限公司
西安理工大学
厦门美华敬良环保设备有限公司
厦门市市政工程设计院有限公司
新地环境科技（深圳）有限公司
新乡市国环宏博节能环保科技有限公司
新兴铸管股份有限公司
扬州佳境环境科技股份有限公司
亿利生态修复股份有限公司
亿昇（天津）科技有限公司
宜兴华都琥珀环保机械制造有限公司
宇星科技发展（深圳）有限公司
云南省环境科学研究院
云南筑辉建材有限公司
浙江阿凡柯达环保科技有限公司
浙江爱迪曼环保科技股份有限公司
中车环境科技有限公司
中德科教文交流协会
中电建水环境科技有限公司
中电建水环境投资有限公司
中国电建集团北京勘测设计研究院有限公司
中国电建集团成都勘测设计研究院有限公司
中国电建集团贵阳勘测设计研究院有限公司
中国电建集团华东勘测设计研究院有限公司
中国电建集团江西省电力建设有限公司
中国电建集团江西省电力设计院有限公司
中国电建集团昆明勘测设计研究院有限公司
中国环境出版集团有限公司
中国水利水电第八工程局有限公司
中国水利水电第九工程局有限公司
中国水利水电第六工程局有限公司
中国水利水电第十六工程局有限公司

中国水利水电第十四工程局有限公司
中国水利水电第四工程局有限公司
中国银行股份有限公司深圳宝安支行
中建环能科技股份有限公司
中建三局绿色产业投资有限公司
中节能兆盛环保有限公司
中能建股权投资基金（深圳）有限公司
中山大学水资源与环境研究中心
中水珠江规划勘测设计有限公司
中兴仪器（深圳）有限公司
中以水处理技术发展有限公司